U0322366

低压电器虚拟样机仿真技术

黄世泽　郭其一　屠旭慰　著

科学出版社
北京

内 容 简 介

低压电器是使用量大、应用面广的基础性电器设备，但长期以来，低压电器的研发是通过反复的试验来优化设计参数，产品开发周期较长。虚拟样机能够克服传统设计方法的弊端，真实地模拟样机的各种物理性能，快速设计最佳方案。本书详细介绍低压电器、虚拟样机的概念和发展状况以及常用虚拟仿真软件。然后以控制与保护开关电器为研究对象，详细介绍虚拟样机技术在低压电器中的运用。在介绍过程中，以解决研发中存在的问题为出发点，以揭示低压电器的工作机理为目标，力求通过详细的过程描述，使读者掌握虚拟样机技术的具体运用方法。

本书适用于电气工程及相关专业的学生学习和掌握低压电器虚拟样机技术，特别适合从事低压电器研发的工程技术人员利用本书快速掌握虚拟样机技术，结合具体低压电器产品提升研发手段，在缩短研发周期的同时优化设计方案。

图书在版编目(CIP)数据

低压电器虚拟样机仿真技术/黄世泽，郭其一，屠旭慰著. —北京：科学出版社，2017.6

ISBN 978-7-03-052894-0

Ⅰ.①低… Ⅱ.①黄… ②郭… ③屠… Ⅲ.①低压电器-计算机仿真 Ⅳ.①TM52-39

中国版本图书馆 CIP 数据核字(2017)第 113300 号

责任编辑：张海娜 王 苏 / 责任校对：桂伟利
责任印制：张 倩 / 封面设计：蓝 正

科学出版社 出版
北京东黄城根北街 16 号
邮政编码：100717
http://www.sciencep.com
新科印刷有限公司印刷
科学出版社发行 各地新华书店经销
*
2017 年 6 月第 一 版 开本：720×1000 1/16
2017 年 6 月第一次印刷 印张：13 3/4
字数：274 000

定价：80.00 元

（如有印装质量问题，我社负责调换）

前　言

虚拟样机(virtual prototype)也称为虚拟原型或虚拟模型,是指一个基于计算机仿真的原型模型或原型子模型。与物理样机相比,虚拟样机的功能在一定程度上更加真实。利用虚拟样机技术从分析解决产品性能及实现优化设计目标出发,克服了传统设计方法的弊端,可以直接利用三维图形技术在计算机提供的虚拟环境中建立设计对象的三维虚拟样机,利用可视化仿真软件真实地模拟样机的各种物理性能,快速分析各种设计方案,进行传统物理样机难以进行或根本无法进行的试验,直到获得最佳的设计方案。

低压电器是指工作在额定电压交流为 1200V、直流为 1500V 及以下的电路中,实现对电路或非电路对象的切换、控制、检测、保护、变换和调节的电器。它对电能的输送、分配与使用起着接通、分断、保护、控制、调节、检测及显示等作用。低压电器是组成成套电气设备的基础配套元件。低压电器的主要发展趋势为高性能、高可靠、小型化、电子化、数字化、组合化、集成化与网络化,其核心是智能化与网络化。长期以来,低压电器的研发是通过反复的试验来优化设计参数,产品开发周期较长。

控制与保护开关电器(CPS)是低压电器的新型大类产品,其以单一的模块化结构集成了隔离器、断路器(熔断器)、接触器、过载(或过流)保护继电器、欠电压保护继电器等电器元件的主要功能,因此其具有的保护特性、控制特性可以与产品内容协调配合,即 CPS 具有自配合性。

本书详细介绍低压电器、虚拟样机的概念及发展状况,并介绍低压电器研发所涉及的常用虚拟仿真软件。然后以 CPS 为研究对象,详细介绍虚拟样机技术在低压电器中的运用,主要包括以多体动力学仿真软件为基础的断路器机构仿真模块、以 ANSYS 仿真软件为基础的磁场仿真模块(用于触头系统磁场计算和瞬时脱扣器仿真)、以流体动力学仿真软件为基础的开关电弧仿真模块,以及低压电器短路分断对自身通信功能的影响机理。在介绍过程中,以解决研发中存在的问题为出发点,以揭示低压电器的工作机理为目标,力求通过详细的过程描述,使读者掌握虚拟样机技术的具体运用方法。

通过阅读本书,读者可以了解常用的虚拟样机技术,掌握常用的仿真软件,并能够以低压电器为研究对象熟练运用虚拟样机技术。同时,能够对低压电器有系统的认识,熟练掌握低压电器特别是 CPS 的工作原理。本书是在对相关资料的参考、引用和整理的基础上编写而成的,在此感谢所引用资料或文献的作者。另外,感谢浙江中凯科技股份有限公司为本书的研究和应用提供的产品和案例。本书的出版得到了住房和城乡建设部2016年科学技术项目计划“基于节能CPS的建筑消防设备智能控制系统研究”(课题编号:2016-K1-007)的支持,也得到了同济大学中央高校基本业务经费学科交叉项目的资助,在此表示感谢。

由于作者的学识和经验有限,掌握的资料不够全面,对产品的研究也有待深入,加之低压电器仿真的研究进展迅速,新成果层出不穷,书中疏漏之处在所难免,恳请广大读者指正和赐教。

目 录

第1章　绪　　论

低压电器是电力系统中的基础电器设备，也是机械工业重要的基础元件。凡是用电的地方都离不开低压电器，其产品性能与质量直接影响国民经济各行业用电系统的安全可靠运行，在国民经济中有着不可取代的地位。低压电器的设计要对设计对象进行电气和机械性能的计算与仿真。如果能够将虚拟样机技术引入低压电器设计中，将大大提高产品设计的质量和效率，通过各种仿真软件，在产品试制之前即可通过图形交互技术，改变各种设计参数，达到优化设计的目标。

1.1　低压电器

1.1.1　低压电器的定义

低压电器是指工作在额定电压交流为1200V、直流为1500V及以下的电路中，实现对电路或非电路对象的切换、控制、检测、保护、变换和调节的电器。它对电能的输送、分配与使用起着接通、分断、保护、控制、调节、检测及显示等作用。

低压电器是组成成套电气设备的基础配套元件。采用电磁原理构成的低压电器元件，称为电磁式低压电器；利用集成电路或电子元件构成的低压电器元件，称为电子式低压电器；利用现代控制原理构成的低压电器元件或装置，称为自动化电器或智能化电器；根据低压电器的控制原理、结构原理及用途，又有终端组合式电器、智能化电器和模数化电器等。低压电器的发展趋势是功能化、电子化、模块化、组合化、智能化[1]。

1.1.2　低压电器的分类

低压电器的种类繁多，但根据其用途或所控制的对象可分为如下两大类：

(1) 低压配电电器。如刀开关、转换开关、熔断器、自动开关和保护继电器，主要用于低压配电系统中，要求在系统发生故障情况时动作准确，工作可靠，有足够的热稳定性和动稳定性。

(2) 低压控制电器。如控制继电器、接触器、启动器、控制器、调整器、主令电器、电阻器、变阻器和电磁铁等，主要用于电力传动系统中，要求其寿命长、体积小、质量轻和工作可靠。

低压电器按其动作性质也可分为如下两大类：

(1) 自动电器。自动电器的接通、分断、启动、反向和停止等动作是通过电磁(或压缩空气)做功来完成的(只需给操作机构输入一个信号)。

(2) 手动电器。手动电器是通过人力做功(用手或通过杠杆),直接扳动或旋转手柄,来完成接通、分断、启动、反向和停止等动作的,如刀开关、刀形转换开关及主令电器等。

低压电器按防护形式又可分为第一类防护形式和第二类防护形式两大类:

(1) 第一类防护形式是指防止固体异物进入内部及防止人体触及内部的带电或运动部分的防护。

(2) 第二类防护形式是指防止水进入内部,造成有害影响的防护。

低压电器根据工作条件又可分为一般工业用电器、船用电器、化工电器、矿用电器、牵引电器和航空电器六大类;根据使用环境可分为一般工业用电器、干热带电器、湿热带电器和高原(海拔 2500m 及以上)电器等[2]。

1.1.3 低压电器的主要特征

(1) 低压电器量大面广。据统计,发电设备产生的电能 80%以上通过低压电器传输而消耗。低压电器在电力系统中一般作为配套设备(在电力行业中作为基础件),其需求量很大。据统计,发电设备每增加 1 万 kW,发电设备需要 6~8 万件低压电器与之配套。低压电器广泛用于国民经济各行各业低压配电与控制系统中,也用于千家万户用电设备的控制与保护。低压电器产品质量不好或其可靠性下降等原因造成产品工作失效,会导致整个线路故障或成套设备无法工作,甚至造成设备和人身事故,它在国民经济发展和人民日常生活中有着不可取代的地位。

(2) 低压电器结构种类繁多,没有固定的模式,但一般有两个相同的基本部分:一是感收部分,它接收外界信号并发出动作指令,如断路器中脱扣器,接触器、继电器中的电磁系统,手控电器中的手柄等;二是执行部分,它根据感受部分发出的指令完成电路的开关动作,如触头系统。部分电器还有中间传递部分,如断路器中的操动机构,它的任务是把感受和执行两部分联系起来,使它们协调一致,按要求动作。

(3) 低压电器运行时存在电、磁、光、热、机械等能量的转换。这些能量转换大多是暂态过程,许多参数变化又是非线性的,它使低压电器的理论分析变得极为复杂,因此,低压电器设计至今尚无系统的定量计算方法。目前,产品设计除部分借助理论分析和计算推导外,还必须依赖成熟的经验数据并通过试验予以验证。计算机辅助设计和最近发展起来的虚拟样机技术、计算机仿真和现代测试技术,为低压电器提供了更为科学的研发手段和设计方法,但是,低压电器新产品设计仍不能完全摆脱经验数据和试验验证。

(4) 低压电器产品一般成系列大批量生产,每一系列产品往往有很多规格品种。必须充分注意同一系列产品的标准化与通用化,这样有利于组织大批量生产与管理,对保证产品质量、降低制造成本、节省材料等均有重大意义,同时有利于用户的选用、安装与维护。为适应大批量的生产需求,低压电器产品整体结构与零、部件设计时,必须充分考虑制造工艺的要求。从低压电器制造要求来说,生产单个和一批合格产品并不困难,难的是生产成千上万台,甚至十万台、上百万台产品时,保持其性能的一致性与可靠性。为此,对低压电器生产管理、生产环境与制造工艺要求很高,对材料性能、精度及性能稳定性要求也很高。低压电器除确保零部件模具的精度外,生产与装配过程中的工装夹具、生产装配线、在线检测也显得十分重要。

(5) 由于上述诸多因素,低压电器产品开发周期与推广时间较长,同时,低压电器生命期也比较长,重要系列产品的更新换代周期一般在10年以上。

1.1.4 我国低压电器的发展现状

从20世纪50年代至今半个多世纪里,我国共开发了三代低压电器约600多个系列产品,目前低压电器市场仍处于三代同堂的状态。

第一代产品:从20世纪50年代到70年代中期,共开发了近400个系列产品。基本上满足了新中国成立初期国民经济发展的需要。这批产品的总体技术水平相当于国外20世纪50~60年代的水平。其主要特征是产品体积大、性能指标低、功能单一。其中大部分产品由于市场原因以及产品性能落后,不符合国际电工委员会(International Electro-technical Commission,IEC)标准等原因已经淘汰,目前生产的这一代产品约有60个系列,其产值约为低压电器行业总产值的10%~15%。由于低压电器新技术、新产品不断发展以及低压电器主要原材料价格居高不下,这批产品由于耗材、耗能终将在不远的将来被全面淘汰。

第二代产品:1975~1990年,通过自行开发、技术引进、夺标攻关完成了低压电器的更新换代,共125个系列产品。其总体技术水平相当于国外20世纪70年代末、80年代初的水平。其主要技术特征是产品性能与第一代产品相比有相当大的提高,体积明显缩小,保护功能逐步完善,产品性能符合国家标准和IEC标准。随着第一代产品逐步淘汰,第二代产品绝大部分已成为低档产品(或经济型产品),目前的市场占有率为35%~40%[3]。

我国第三代产品的研发是伴随着低压电器相关新技术不断发展开始的,特别是电子技术快速发展。微处理器逐步在低压电器中应用,低压电器开始具有智能化功能,同时,低压电器新技术(如灭弧技术)以及新材料、新工艺有了新的突破,使低压断路器分断能力及可靠性进一步提高。为了更好地满足国民经济发展和市场需求,我国一批优秀企业与上海电器科学研究所联合发展了我国第三代低压电器。其主要包括以下八大类产品:智能化万能式断路器、高性能小型化塑壳断路器、模块化交流接触器、电子式电动机保护器、软启动器、低压真空断路器、双电源自动转换开关、控制与保护开关电器。第三代低压电器的主要技术特征是高性能、小型化、电子化、智能化、模块化和组合化。

1.2 虚拟样机技术

1.2.1 虚拟样机技术简介

虚拟样机技术属于科学计算可视化(visualization in scientific computing)技术范畴,后来简称可视化仿真。20 世纪 80 年代,美国科学基金会在华盛顿召开的一次会议上提出“将图形和图像技术应用于科学计算是一个全新的领域”,并把这种技术命名为科学计算可视化。它是涉及计算机图像学、图形处理、计算机辅助设计、计算机视觉及人机交互技术等多个领域的一个崭新的技术领域。在工程设计方面,可视化仿真定义为对科学计算或仿真计算所获得的数据进行可视化加工或三维图形和动画显示,并可通过交互地改变参数来观察计算结果的全貌及其变化。由于可视化仿真对各门学科和工程技术发展有着极其重要的意义和使用价值,因此该技术在它一开始出现时就得到了人们的极大重视[4]。

计算机用于数值计算已有很多年的历史。长期以来,由于计算机软硬件技术水平的限制,数值计算只能以批处理方式进行,不能用图形交互方式处理,大量的输入和输出数据采用人工处理,不仅十分烦琐,所花费时间往往是计算时间的十几倍甚至几十倍,并且不能得到有关计算结果直观形象的整体概念,而且可能丢失大量信息。因此改进科学计算输入数据的前处理和计算结果的后处理已经成为提高科学计算质量和效率的主要问题之一。

科学计算的可视化具有多方面的重要意义,它能大大加快数据的处理速度,使庞大的数据得到有效的利用;能把不能或不易观察到的工程现象变为使人们能观察到的现象;进一步发现并理解被设计和被研究对象所产生的物理过程,从而提出改进设计的具体措施;可以实现对计算过程的引导,通过图形交互手段可方便快速地改变设计和计算的原始数据和条件,通过三维图形或动画来显示和观察改变原始数据后对研究对象基本特性的影响,从而达到对象优化设计的目的。

电器的设计要求是对设计对象进行电气和机械性能的计算。例如,通过温度场计算确定产品的热分布;通过各零部件的应力分析检查零部件强度及相互配合;通过断路器机构运动过程的动态分析模拟机构的运动特性;通过电磁场计算确定脱扣器或电磁系统的静态和动态特性等。若借助虚拟样机技术实现可视化仿真,将大大提高仿真的质量和效率。

低压电器的市场竞争越来越激烈，缩短开发周期、提高产品质量、降低成本成为竞争者所追求的目标。企业若能早对手一步推出有市场竞争力和技术含量的产品，将会在市场竞争中占得先机。而传统的低压电器设计方式需要较长的开发周期。

在传统的设计与制造过程中，首先是概念设计和方案论证，然后进行产品设计。在设计完成后，为了验证设计，通常要制造样机进行试验，有时这些试验甚至是破坏性的。当通过试验发现缺陷时，再修改设计并用样机验证，只有通过周而复始的设计—试验—设计过程，产品才能达到要求的性能。这一过程的长短取决于样机的复杂程度和开发者的经验，通常都是非常冗长的，特别是对于结构复杂的系统，设计周期无法缩短。而为了加快市场的反应速度，有时企业和设计工程师为了保证产品按时投放市场，而在通过样机试验时就不再进行优化设计，可能会导致产品在上市时便有先天不足的隐患。因此基于传统物理样机上的设计验证过程严重地制约了产品质量的提高、成本的降低，也降低了产品的市场竞争力。

虚拟样机技术是从分析解决产品整体性能及其相关问题的角度出发，解决传统设计与制造过程弊端的高新技术。在该技术中，工程设计人员可以直接利用虚拟样机相关软件所提供的各零部件的物理信息及其几何信息，在计算机上定义零部件间的连接关系，并对机械系统进行虚拟装配，从而获得机械系统的虚拟样机，使用系统仿真软件在各种虚拟环境中真实地模拟系统的运动，并对其在各种工况下的运动和受力情况进行仿真分析，观察并试验各组成部件的相互运动情况，它可以在计算机上方便地修改设计缺陷，仿真试验不同的设计方案，对整个系统进行不断改进，直至获得最优的设计方案以后，再做出物理样机[4]。

虚拟样机技术可使产品设计人员在各种虚拟环境中真实地模拟产品整体的运动及受力情况，快速分析多种设计方案，进行对物理样机而言难以进行或根本无法进行的试验，直到获得系统级的优化设计方案。虚拟样机技术的应用贯穿在整个设计过程当中，它可以用在概念设计和方案论证中，设计师可以把自己的经验与想象结合在计算机内的虚拟样机里，让想象力和创造力充分发挥。当虚拟样机用来代替物理样机验证设计时，不仅可以缩短开发周期，而且设计质量和效率得到了提高[5]。

1.2.2 虚拟样机技术在低压电器中的应用

由于虚拟样机技术的先进性，近年来，国际上各著名电气公司纷纷建立研发新系列产品的专用仿真系统，例如，金钟·默勒公司用于研发低压断路器的仿真系统，该系统由三个模块组成：以多体动力学仿真软件为基础的断路器机构仿真模块；以 ANSYS 仿真软件为基础的磁场仿真模块(用于触头系统磁场计算和瞬时脱扣器仿真)；以流体动力学仿真软件为基础的开关电弧仿真模块。把这三部分仿真与电路瞬态方程综合起来，即形成塑壳断路器开断过程仿真系统。又如，

ABB公司与德国德里斯顿大学(Technical University of Dresden)在20世纪50年代就合作进行开关电器的温度场仿真和热分析研究。目前,温度场仿真系统作为ABB公司的基本设计工具,可用于设计低压断路器、接触器、真空断路器和中压开关柜、高压GIS等开关电器设备。ABB公司在开发Tmax新系列塑壳断路器时,也充分利用了仿真技术优化设计断路器操作机构、导电部件及其他部件。日本富士公司建立了用于开发接触器的仿真系统,电磁接触器的主要性能取决于操作电磁铁、触头和灭弧室的设计。要研发小尺寸、节能和长寿命的高性能接触器,计算机仿真与优化设计起着关键的作用。

我国在20世纪70年代末即开始研究有限元分析在电磁铁特性仿真和优化设计方面的应用,20世纪80年代后期和90年代初,我国低压电器工厂引进了国外著名的三维CAD软件,如UGI和Pro/E等,并迅速得到推广,使我国低压电器产品的结构设计和制造水平有了显著的提高。但上述软件仅能解决零部件三维造型和装配的问题,不能保证设计的产品达到预期的性能指标,无法发挥设计人员的创造性和想象力,以达到优化设计的目标。进入21世纪,国内市场的竞争也日趋激烈。目前,我国低压电器产品仍旧三代同堂,按产值计算:第一代产品市场占有率为15%;第二代产品市场占有率为45%;第三代产品市场占有率为40%。第三代产品的当前技术性能相当于国外20世纪90年代的水平,和国际上新一代产品在性能、可靠性以及外观质量上尚有不少差距,因此,要适应市场需要,急待开发高水平、有自主知识产权的新产品。要实现这一目标,在国内推广和采用虚拟样机技术,改变传统的研发手段,得到了国内企业和高等学校的重视[4]。本书正是基于这一背景,将作者十年来将虚拟样机技术运用于低压电器产品研发中的实践进行总结。

1.3 控制与保护开关电器

1.3.1 CPS简介

控制与保护开关电器(control and protective switching device,CPS),简称控制保护器,是低压电器中的新型大类产品。CPS是除手动控制外还能够自动控制、带或不带就地人力操作装置的开关电器(设备)。IEC标准IEC 60947-6-2和我国国家标准GB 14048.9—2008中规定该产品类别代号为CPS。

CPS作为多功能电器,集成了隔离器、断路器(熔断器)、接触器、过载(或过电流)保护继电器、欠电压保护继电器等电器元件的主要功能,具有远距离自动控制和就地直接人力控制功能、机电信号报警功能(机械报警主要指面板指示,电气信号报警指通过指示灯等电信号指示)、协调配合的时间-电流保护特性,其具有的各种保护特性、控制动作特性在产品内部协调配合,即具有自配合性能。

1.3.2　CPS在电控系统中的技术优势

在低压配电与电控系统中,为了实现对电动机(M)的控制与保护,有两种方式。一种是采用传统的分立器件构成电控系统,如图1.1(a)所示,其主要电器元件构成为熔断器(FU)+断路器(QF)+接触器(KM)+热继电器(FR)。基本工作原理是:在正常情况下,由KM控制电路的通断,当过载或断相时,由FR控制KM切断电路,当短路故障出现时,由QF(FU)断开故障电路。第二种是采用新型多功能集成化的控制与保护开关电器(CPS)构成的电控系统,如图1.1(b)所示。

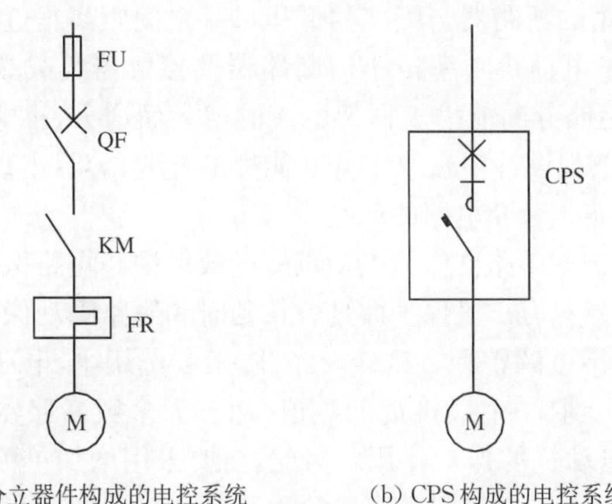

(a) 分立器件构成的电控系统　(b) CPS构成的电控系统

图1.1　低压电控系统的构成

由于以下几方面的原因,要达到完善的选择性保护或是各种保护特性协调配合的目标,难度很大。

在分立器件构成的电控系统中,由于以下原因很难做到保护特性的协调配合:采用不同考核标准的电器产品之间组合在一起使用时,保护特性、控制特性配合不协调;设计人员选择电器元器件可能匹配不当;成套购置不同生产厂家的元器件产品的质量不同和装配调整不当;用户现场整定不当;元器件生产厂家推广和技术服务不到位。

这些原因经常导致电控系统中出现以下现象:接触器的主触头烧毁,甚至造成飞弧,使故障扩大,影响邻近供电回路;断路器在系统出现短路故障时不能正常分断电路;保护装置不能起到保护电动机的功能,造成误动或拒动等。具体分析如下。

一般接触器的接通能力为10～12倍的额定电流,分断能力为8～10倍的额定电流,当线路中出现超过接触器主触头分断能力的短路电流时,接触器的主触头在短路电流产生的强大的电动力作用下,极易发生接触器的主触头烧毁并同时产生飞弧，导致事故的进一步扩大，甚至造成人身伤害。此类故障在工矿企业电气事故中占有相当高的比例，因此，在一些工程设计和建设中，为了达到断路器与接触器动作时间的配合，应采用耐受电流大的接触器和限流型断路器，通常采用放大接触器容量这个既不合理又不经济的办法。

电动机作为用电负载，通常使用在支路或线路末端。对于大多数直接启动的中小型电动机，用量最大的一般为 30kW 或 45kW 及以下。过去由于采用终端分立控制，当负载点发生短路故障时，短路电流一般在 10kA 左右。但是，随着配电与控制技术的发展，目前的一些工矿企业为了减少电能传输过程的损耗，方便运行管理，往往将一些电动机的控制设置于变配电站内的电动机控制中心(MCC)内，使电动机保护用的断路器与配变的低压母排之间距离很近，导致控制电器出线端的阻抗很小，使电动机功率虽小但断路器及接触器负载端的短路电流却很大。目前，断路器短路分断能力随框架电流的增大而增大，小电流的断路器分断能力较小，或者在工程设计中疏忽了分断能力的校验，容易出现断路器在系统出现短路故障时不能正常分断电路的问题。

传统电动机保护型断路器作为电动机的过载保护和短路保护存在以下缺陷：电动机保护型断路器只有二段保护即过载长延时和短路瞬动保护，且大多数断路器的整定电流都是不可调整型。这样，在实际工程选用中，电动机选用的断路器额定电流一般是向上取一个最接近的数值，加上大多数断路器没有断相保护功能，往往起不到对电动机的保护作用。为此，需要采用增加单独的热继电器作为过载和断相保护，后者的反时限整定电流也只是较粗地调节，各种元器件的特性配合很难达到圆满的协调选择，而且保护功能比较简单。

CPS 具有多种分立器件的组合功能，且这些功能在产品内部具有协调配合的特性，因此，由 CPS 构成的电控系统与由分立器件构成的系统具有以下优点：

(1) 具有控制与保护自配合的特性。CPS 集控制与保护功能于一体，相当于断路器(熔断器)＋接触器＋热继电器＋辅助电器。很好地解决了分离元件不能或很难解决的元件之间的保护与控制特性匹配的问题，使保护与控制特性配合更完善合理。只要根据负载功率或电流即可正确选择单一产品，代替以往包括自电源进线至负载端的各种电器，大大节省了材料。

(2) 具有较高的运行可靠性和系统的连续运行性能。CPS 在分断短路电流后无须维护即可投入使用，即具有分断短路故障后的连续运行性能，CPS 在进行了不小于 1500 次的 AC-44 操作性能后(相当于 AC-44 电寿命)紧接着完成分断额定运行短路电流(I_{cs}:O—CO—CO)试验后，仍具有不小于 1500 次的 AC-44 操作性能。这是由断路器等分立器件构成的系统所难以达到的，CPS 的这一特性极大地提高了系统的运行可靠性和系统的连续运行性。

(3) 具有较好的温升特性和较低的能耗。CPS 构成的电控系统从进线端到出线端只需要6个接点。而在电控系统中,接触点由于接触电阻大,温升较高,是主要的能量损耗点。而由分立元器件构成的电控系统中,共有24个接点。因此由CPS构成的电控系统在运营维护中能大大降低能耗。

1.3.3 CPS的基本结构及工作原理

以下以KB0系列CPS产品为例,介绍单一结构形式的集成化CPS的基本结构及工作原理。

KB0具有短路保护、自动控制、就地操作与指示等功能,主要由躯壳、主体面板、电磁传动机构、操作机构、主电路接触组(包括触头系统、短路脱扣器)等部件构成。KB0主体如图1.2所示。

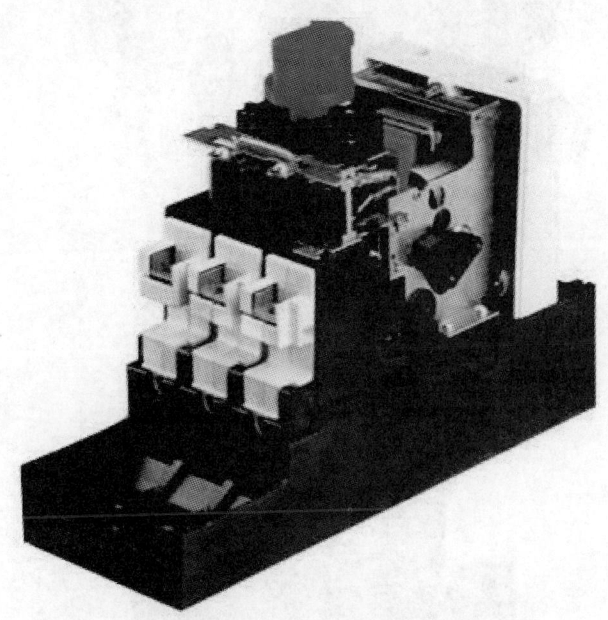

图1.2 KB0主体

KB0电磁传动机构主要由线圈、铁心、控制触点、机械传动机构及基座等组成(类似接触器的电磁控制系统,具有欠电压保护功能),能接收通断操作指令,控制主电路接触组中的主触头接通或分断主电路,如图1.3所示。

KB0能接收每极主电路接触组的短路信号和来自热磁脱扣器的故障信号,通过控制触点切断线圈回路,由电磁操作机构分断主电路。故障排除后由操作手柄复位,操作手柄如图1.4所示。KB0操作机构的工作状态在主体面板上的符号及指示器位置含义如图1.5所示。

图 1.3　电磁传动机构

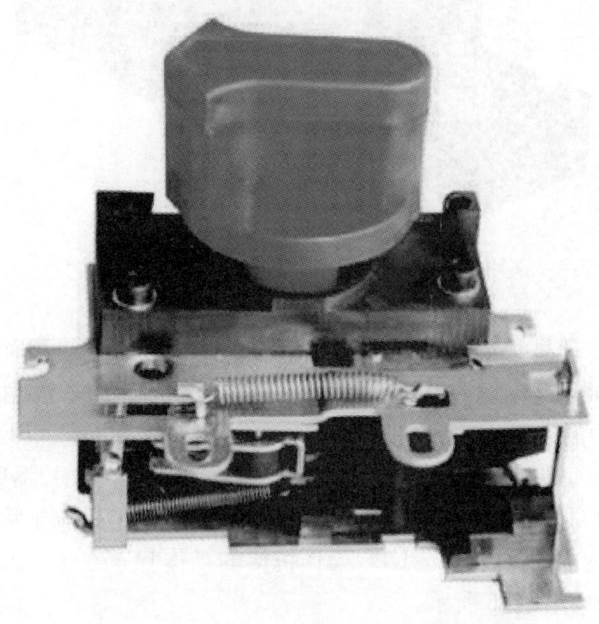

图 1.4　操作手柄

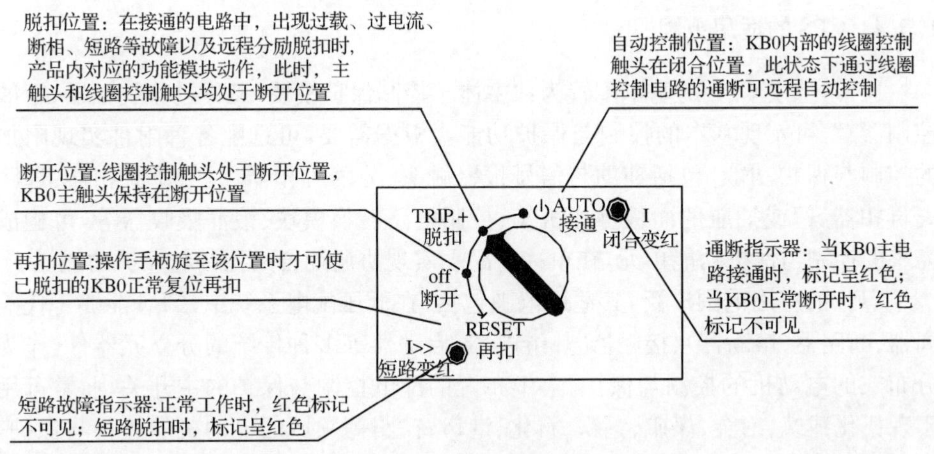

图 1.5　主体面板

KB0 主电路接触组(图 1.6)由动、静双断点触头(序号 2、1)、栅片灭弧室(序号 8)和限流式快速短路脱扣器(序号 4)动作机构组成，每极相互独立；主电路接触组中装有限流式快速短路脱扣器与高分断能力的灭弧系统，实现高限流特性(限流系数小于 0.2)的短路保护。在负载发生短路时，快速短路脱扣器(序号 4)快速动作(2～3ms)，通过拨杆(序号 5)打开主触头，同时带动操作机构切断控制线圈电路使主电路的各极全部断开。

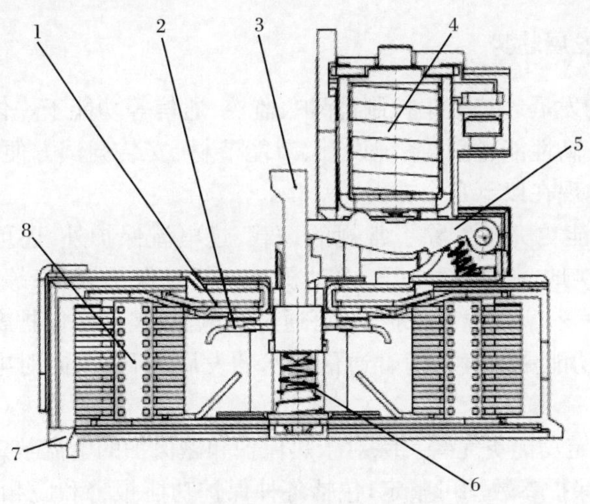

图 1.6　主电路接触组

1-静触头；2-动触头；3-触头支持；4-快速短路脱扣器；
5-拨杆；6-触头弹簧；7-壳；8-栅片灭弧室

1.3.4 CPS的适用范围

通常，选用CPS的基本配置为："主体＋控制保护模块(又称过载脱扣器、智能控制器)"，可实现基本的控制与保护功能。根据需要，可选配各种附件实现附加的控制与保护功能，包括辅助与信号报警触头、分励脱扣器、欠电压脱扣器、远距离再扣器、门或抽屉的面板操作机构、控制电路转换模块、浪涌吸收器等，可构成完整的控制与保护功能单元，在单一产品上实现协调配合的控制与保护功能。

CPS的应用范围广泛，其适用范围包括：在低压配电系统中，CPS能够替代隔离器、断路器(熔断器)、接触器、热继电器、启动器等多种传统的分立元器件，作为分布式的电动机的控制与保护、集中布置的配电控制与保护的主开关，通常可用于现代化建筑、冶金、煤矿、钢铁、石化、港口、铁路等领域的电动机的控制与保护，而且特别适用于以下场合：

(1) MCC较小的空间需要很多分支回路的场合；

(2) 要求高分断能力的MCC(如要求 I_{cu} 或 I_{cs} 达到50kA或更高的配电控制系统)；

(3) 在靠近变压器的出线端，对于较小容量的负载，选择断路器、接触器、保护器时，由于极限分断能力有限，不能解决保护的安全与可靠性问题的场合；

(4) 工厂或车间的单机控制与保护，如动力终端箱；

(5) 智能化电控系统、应用现场总线的配电电控系统等。

1.3.5 CPS的发展趋势

CPS技术的发展趋势是集控制、保护、监控、通信等功能于一体，具有集成化、模块化、小型化、高性能、简化系统设计、节能节材、安装调试方便等特点，其技术发展特征主要体现在以下几个方面：

(1) 保护功能更完善。除了常规的过载、过电流保护外，还可增加三相不平衡、堵转、阻塞、接地/漏电、过电压、电动机加速超时保护、相序等故障保护，还可通过热敏电阻检测，实现温度保护，并可通过欠电流、欠功率保护实现对相关设备的保护，且保护功能更准确。随着通信技术的发展，CPS可向对电动机的故障诊断方向发展。

(2) 定值整定功能更完善。除对于热保护和磁保护的电流整定值在一定范围内可调外，其余保护参数均可整定，包括各种保护功能报警和脱扣域值、脱扣级别(即可分别对轻载和重载采取不同的保护曲线)、脱扣时间、脱扣后的复位时间、温度保护用热敏电阻的类型等。保护方式还可分别整定为脱扣(分断)或报警，增加了不同应用场合的灵活性。同时，为了方便用户的使用，CPS可实现用户自适应整定，或根据历史运行数据自学习并进一步完成自整定。

(3) 节能。在CPS运行过程中，电磁系统需要吸合并消耗能量。CPS可通过智能化的节能控制电路，让线圈在运行时保持低功耗。

(4) 测量功能。CPS通过内置的测量和保护电流互感器，可测量三相电流用以实现CPS的保护功能。随着检测技术和位处理器技术的发展，未来CPS可以采集更多的信息，包括频率、功率、电能以及谐波质量等，可进一步在电动机保护回路替代智能电表。

(5) 带多路通信接口。现有CPS的通信接口大多是现场总线，主要是Modbus、Profibus总线。未来可进一步集成工业以太网接口。随着云技术和移动互联网技术的发展，未来CPS可以直接将采集数据上传云端，通过Web进行访问，还可以通过手机APP进行监测和控制。

(6) 系列化。一方面，小规格产品趋向体积的小型化、模数化，如在45mm宽度尺寸内发展32A甚至更高电流规格的CPS；另一方面，以小容量的集成化CPS产品作为主控制器，配以中、大容量的接触器或其他中、大容量的开关电器，以此发展中大容量的产品，如800A甚至更高电流规格的CPS。

第 2 章　常用仿真软件

与传统产品设计反复多次的“物理样机制造—试验验证—修改设计”过程相比，虚拟样机技术从系统的角度出发，综合多学科的知识，集成和积累设计与制造中的先进理论、先进技术、基础数据和实际经验，在产品全生命周期内对产品性能进行全方位分析、测试和评估，使产品的设计者、制造者和使用者在实物样机的试制与试验之前就利用虚拟样机对产品进行创新设计与优化、性能分析与预测、制造与使用仿真。通过上述方法，可以提早发现产品设计方案中许多潜在的设计缺陷，有效地减少所需建立的物理样机的数量，从而降低产品的开发成本、校验以及测试等费用，缩短产品研制周期，有效提高产品设计质量与开发速度[6]。利用虚拟样机技术进行产品开发的模式如图 2.1 所示。

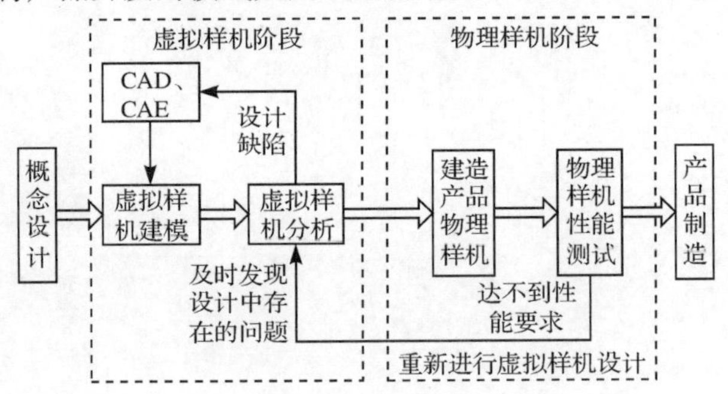

图 2.1　虚拟样机技术产品开发模式

随着虚拟现实(virtual reality)技术、产品造型技术和产品性能仿真技术的发展，部分学者给出虚拟样机技术的三要素：用于实现可视化与表达的虚拟环境模型、表达几何形状与结构的 CAD 模型和进行功能分析的仿真模型[7]。在低压电器的虚拟样机阶段，通常用到以下几种软件：三维综合仿真软件 ANSYS、机械系统动力学自动分析软件 ADAMS、产品造型技术及其软件 UG、数值分析软件 MATLAB。本章将对这些软件及其使用进行简单介绍。

2.1　三维综合仿真软件 ANSYS

2.1.1　ANSYS 简介

ANSYS 软件是一个融结构、热、电磁、流体、声学于一体的功能强大而灵活的大型通用有限元分析软件。该软件提供了一个不断改进的功能清单，具体包括：结构高度非线性分析、电磁分析、计算流体动力分析、优化设计、接触分析、自适应网格划分、大应变有限转动功能以及利用 ANSYS 参数设计语言（APDL）的扩展宏命令功能。主要过程通过以下三大模块进行[8,9]。

1. 前处理模块 PREP7

双击实用菜单中的 Preprocessor，进入 ANSYS 的前处理模块。这个模块主要有两部分内容：实体建模和网格划分。

(1) 实体建模。ANSYS 程序提供了两种实体建模方法：自顶向下与自底向上。自顶向下进行实体建模时，用户定义一个模型的最高级图元，如球、棱柱，称为基元，程序则自动定义相关的面、线及关键点，用户利用这些高级图元直接构造几何模型，如二维的圆、矩形和三维的块、球、锥和柱。无论使用自顶向下还是自底向上的方法建模，用户均能使用布尔运算来组合数据集，用户均能使用布尔运算来组合数据集，从而“雕塑出”一个实体模型。ANSYS 程序提供了完整的布尔运算，如相加、相减、相交、分割、黏结和重叠。在创建复杂实体模型时，对线、面、体、基元的布尔操作能减少相当可观的建模工作量。ANSYS程序还提供了拖拉、延伸、旋转、移动和复制实体模型图元的功能，附加的功能还包括圆弧构造、切线构造，通过拖拉与旋转生成面和体，线与面的自动相交运算，自动倒角生成，用于网格划分的硬点的建立、移动、复制和删除。自底向上进行实体建模时，用户从最低级的图元向上构造模型，即用户首先定义关键点，然后依次是相关的线、面、体。

(2) 网格划分。ANSYS 程序提供了使用便捷，高质量的对 CAD 模型进行网格划分的功能。主要包括四种网格划分方法：延伸网格划分、映像网格划分、自由网格划分和自适应网格划分。延伸网格划分可将一个二维网格延伸成一个三维网格。映像网格划分允许用户将几何模型分解成简单的几部分，然后选择合适的单元属性和网格控制，生成映像网格。ANSYS 程序的自由网格划分器功能是十分强大的，可对复杂模型直接划分，避免了用户对各个部分分别划分然后进行组装时，各部分网格不匹配带来的麻烦。自适应网格划分是在生成了具有边界条件的实体模型以后，用户指示程序自动生成有限元网格，分析、估计网格的离散误差，然后重新定义网格大小，再次分析计算、估计网格的离散误差，直至误差低于用户定义的值或达到用户定义的求解次数。

2. 分析计算模块 SOLUTION

前处理阶段完成建模以后，用户可以在求解阶段获得分析结果。在该阶段，用户可以定义分析类型、分析选项、载荷数据和载荷步选项，然后开始有限元求解。

ANSYS 软件能完成结构静力、结构动力学、热分析、电磁场、动力学、流体动力学等多种工程分析问题。其中,热分析程序可处理热传递的三种基本类型:传导、对流和辐射。热传递的三种类型均可进行稳态和瞬态、线性和非线性分析。热分析还具有可以模拟材料固化和熔解过程的相变分析能力以及模拟热与结构应力之间的热-结构耦合分析能力。

电磁场分析主要用于电磁场问题的分析,如电感、电容、磁通量密度、涡流、电场分布、磁力线分布、力、运动效应、电路和能量损失等,还可用于螺线管、调节器、发电机、变换器、磁体、加速器、电解槽及无损检测装置等的设计和分析领域。

3. 后处理模块 POST1 和 POST26

ANSYS 软件的后处理过程包括两个部分:通用后处理模块 POST1 和时间历程后处理模块 POST26。通过友好的用户界面,可以很容易地获得求解过程的计算结果并对其进行显示,这些结果可能包括位移、温度、应力、应变、速度及热流等,输出形式可以有图形显示和数据列表两种。

(1) 通用后处理模块 POST1。这个模块对前面的分析结果能以图形的形式显示和输出。例如,计算结果(如应力)在模型上的变化情况可用等值线图表示,不同的等值线颜色代表了不同的值(如应力值)。浓淡图则用不同的颜色代表不同的数值区(如应力范围),清晰地反映了计算结果的区域分布情况。

(2) 瞬态过程后处理模块 POST26。这个模块用于检查在一个时间段或子步历程中的结果,如节点位移、应力或支反力。这些结果能通过绘制曲线或列表查看,绘制一个或多个变量随时间、频率或其他量变化的曲线,有助于形象化地表示分析结果。另外,POST26 还可以进行曲线的代数运算。

2.1.2 ANSYS 基本使用方法简介

下面简单介绍 ANSYS 的仿真过程。

1. 过滤图形界面

选择 Main Menu→Preferences,弹出 Preferences for GUI Filtering 对话框,如图 2.2 所示。选中 Magnetic-Nodal 复选框,对后面的分析进行菜单及相应图形界面过滤。

2. 定义工作标题

选择 Utility Menu→File→Change Title,在弹出的对话框中输入标题,单击 OK 按钮,如图 2.3 所示。

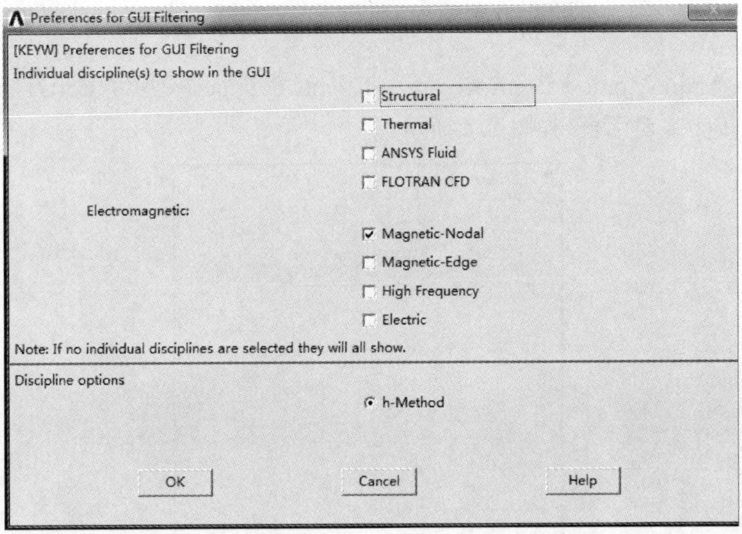

图 2.2 Preferences for GUI Filtering 对话框

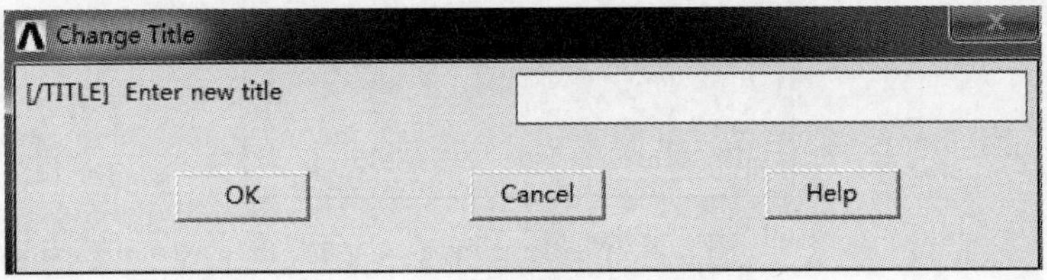

图 2.3 Change Title 对话框

3. 指定工作名

选择 Utility Menu→File→Change Jobname，输入 ForceCal，单击 OK 按钮，如图 2.4 所示。

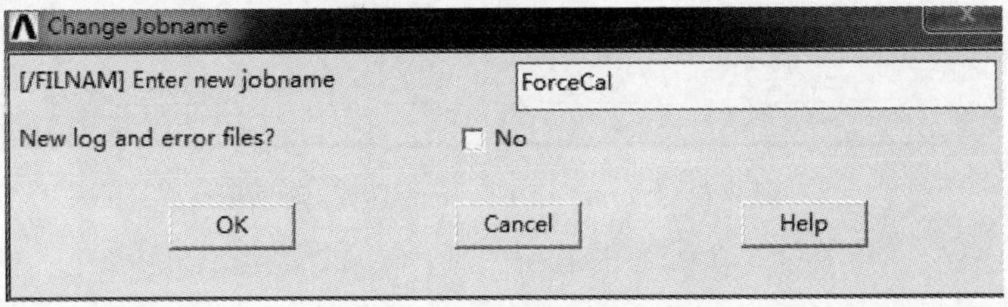

图 2.4 Change Jobname 对话框

4. 定义单元类型

选择 Main Menu→Preprocessor→Element Types→Add/Edit/Delete 弹出 Element Types 对话框，如图 2.5 所示。

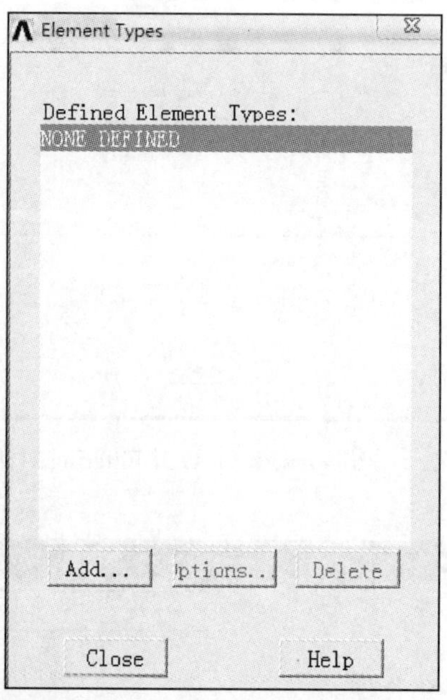

图 2.5 Element Types 对话框

单击 Add 按钮，弹出 Library of Element Types 对话框，如图 2.6 所示。

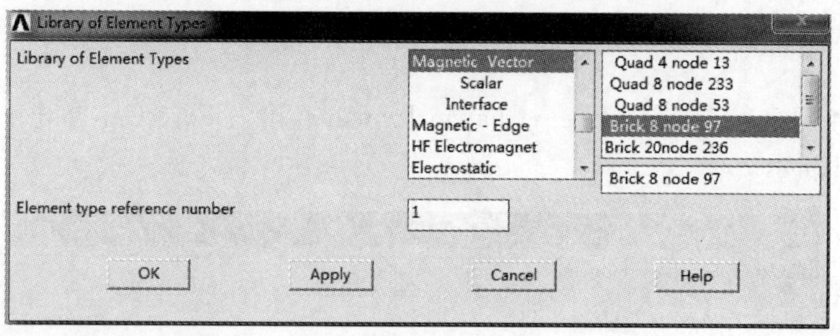

图 2.6 Library of Element Types 对话框

5. 定义材料属性

1) 设定空气相对磁导率为 1

选择 Main Menu→Preprocessor→Material Props→Material Models Available→

Electromagnetics→Relative Permeability→Constant，其界面如图 2.7 所示。材料属性设置如图 2.8 所示。

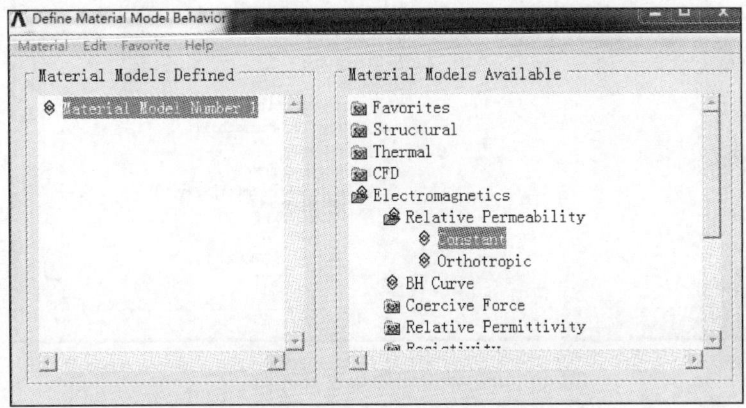

图 2.7　空气相对磁导率设置界面

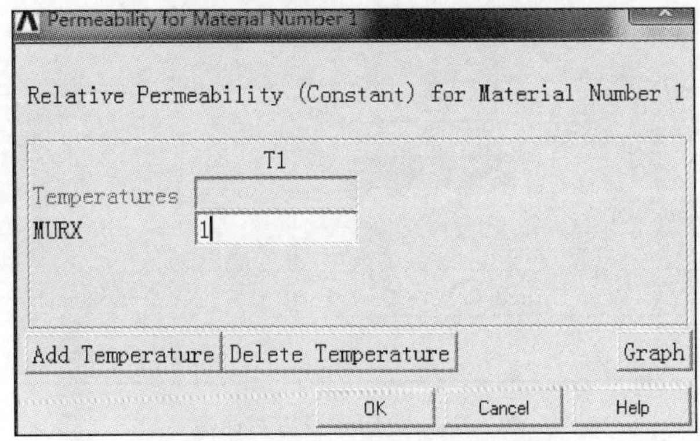

图 2.8　空气相对磁导率设置对话框

2) 设定电阻率为 1.75×10^{-8}

选择 Main Menu→Preprocessor→Material Props→Material Models Available→Electromagnetics→Resistivity→Constant，其设置界面如图 2.9 和图 2.10 所示。

6. 划分网络

选择 Main Menu→Preprocessor→Meshing→MeshTool，其对话框如图 2.11 所示。弹出 MeshTool 对话框，选择 Volumes，单击 Set 按钮，弹出如图 2.11 所示的对话框，选择相应实体，选中 Smart Size 前面的复选框，设置网络划分等级为 6。

生成的网格结果如图 2.12 所示。

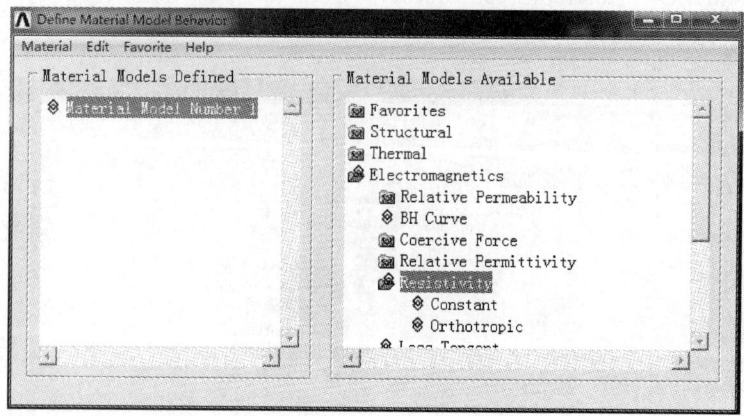

图 2.9 电阻率设置界面

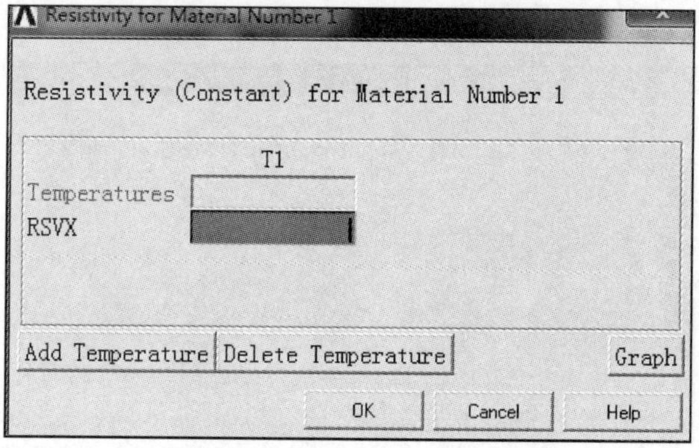

图 2.10 电阻率设置对话框

选择 Preprocessor→Coupling/Ceqn→Couple DOFs，弹出 Define Coupled DOFs，点选 Box，如图 2.13 所示。

选好后，弹出 Define Coupled DOFs 对话框如图 2.14 所示，按照图 2.14 中内容进行设置。

结果如图 2.15 所示。

7. 加边界条件

选择 Preprocessor→Load→Define Load→Apply→Magnetic→Boundary→Vector Poten→Flux Normal→On Areas，弹出如图 2.16 所示对话框，依次选择 6 个面。

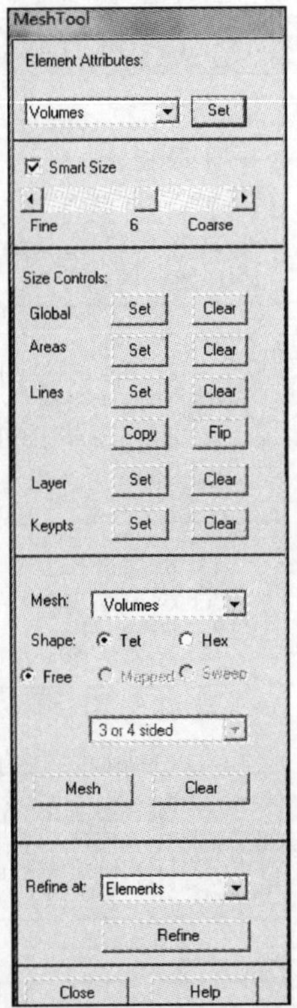

图 2.11　划分网络对话框

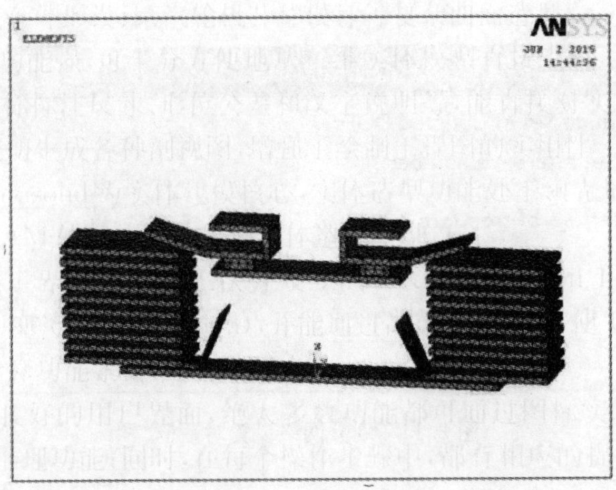

图 2.12　划分网络结果

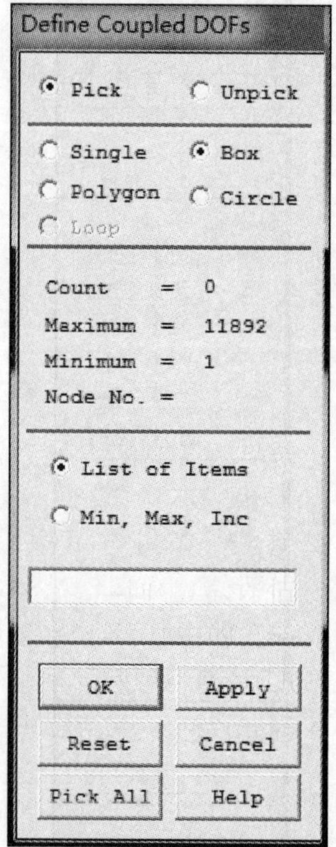

图 2.13 点选 Box 对话框

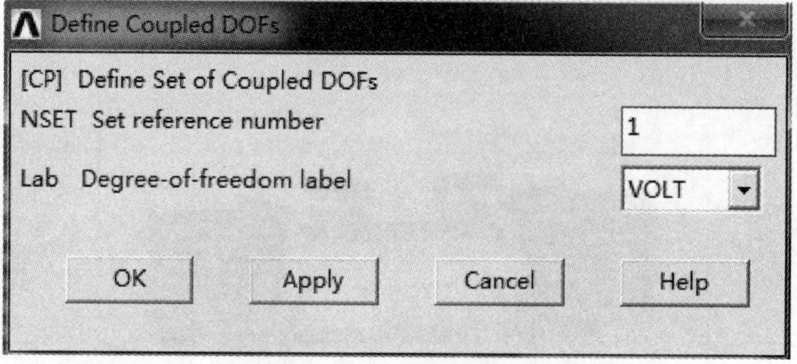

图 2.14 划分网络设置对话框

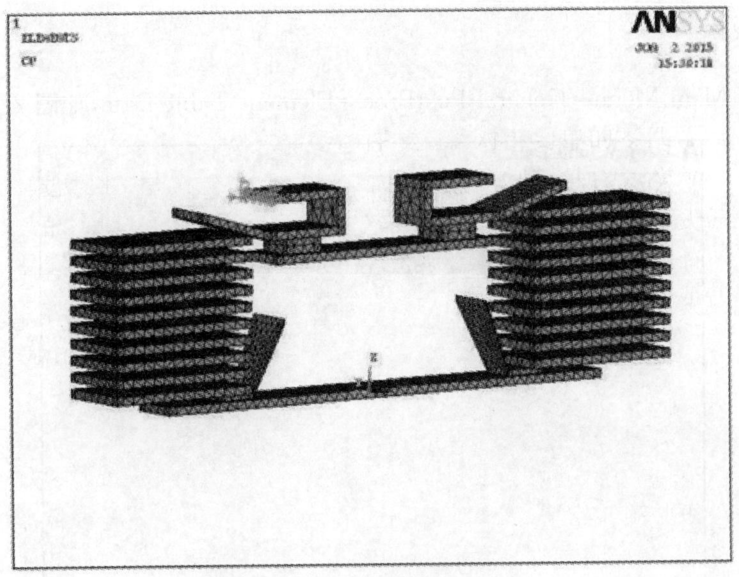

图 2.15　划分网络结果

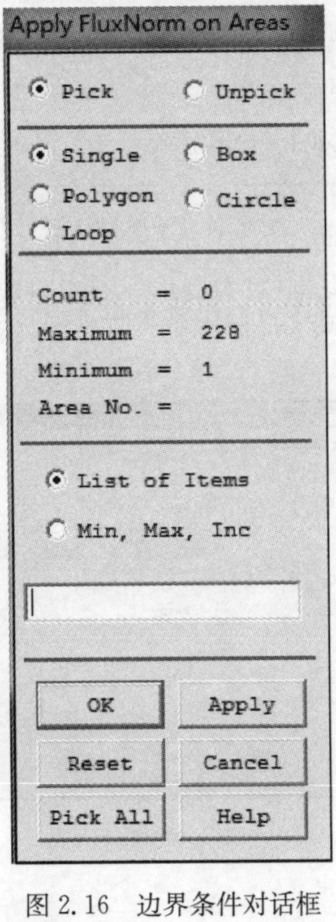

Apply FluxNorm on Areas

Pick　Unpick

Single　Box

Polygon　Circle

Loop

Count = 0

Maximum = 228

Minimum = 1

Area No. =

List of Items

Min, Max, Inc

OK　Apply

Reset　Cancel

Pick All　Help

图 2.16　边界条件对话框

8. 求解

选择 Main Menu→General PostProc→Element Table Data,如图 2.17 所示。

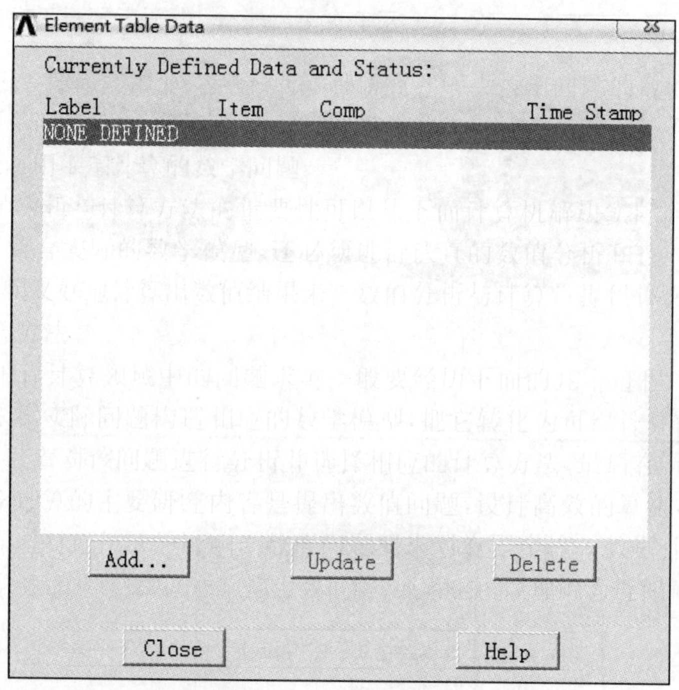

图 2.17　求解对话框

单击 Add 按钮,弹出如图 2.18 所示的对话框,选择 Nodal force data 和 FMAGZ,单击 OK 按钮。

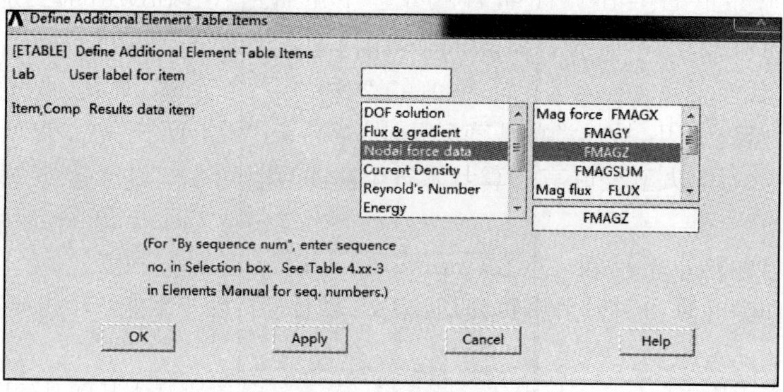

图 2.18　求解对话框

然后对单元表进行求和，选择 Main Menu→General PostProc→Element Table→Tabular Sum of Each Element Table Item，出现的对话框如图 2.19 所示。

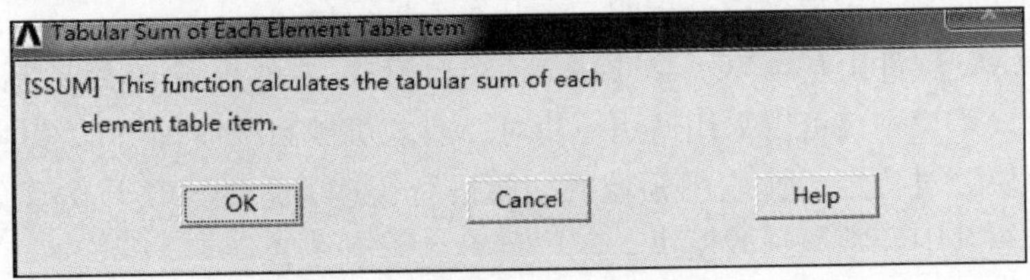

图 2.19　求解对话框

单击 OK 按钮，得出结果，如图 2.20 所示。

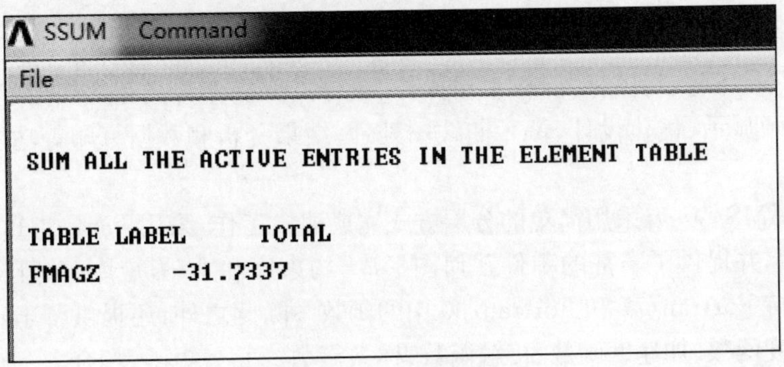

```
SSUM   Command
File

SUM ALL THE ACTIVE ENTRIES IN THE ELEMENT TABLE

TABLE LABEL      TOTAL
FMAGZ        -31.7337
```

图 2.20　求解对话框

2.2　多体动力学仿真软件 ADAMS

2.2.1　ADAMS 软件概述

ADAMS 软件，即机械系统动力学自动分析软件（automatic dynamic analysis of mechanical systems，ADAMS），是美国 MDI 公司（Mechanical Dynamics Inc.）开发的虚拟样机分析软件。目前，ADAMS 已经被全世界各行各业的数百家主要制造商采用。

ADAMS 软件使用交互式图形环境和零件库、约束库、力库，创建完全参数化的机械系统几何模型，其求解器采用多刚体系统动力学理论中的拉格朗日方程方法，建立系统动力学方程，对虚拟机械系统进行静力学、运动学和动力学分析，输出位移、速度、加速度和反作用力曲线。ADAMS 软件的仿真可用于预测机械系统的性能、运动范围、碰撞检测、峰值载荷以及计算有限元的输入载荷等。

ADAMS 软件一方面是虚拟样机分析的应用软件，用户可以运用该软件非常方便地对虚拟机械系统进行静力学、运动学和动力学分析；另一方面，ADAMS 软件是虚拟样机分析开发工具，其开放性的程序结构和多种接口可以成为特殊行业用户进行特殊类型虚拟样机分析的二次开发工具平台。

ADAMS 软件由基本模块、扩展模块、接口模块、专业领域模块及工具箱五类模块组成。用户不仅可以采用通用模块对一般的机械系统进行仿真，而且可以采用专用模块针对特定工业应用领域的问题进行快速有效的建模与仿真分析。下面简单介绍其中经常用到的模块。

2.2.2 ADAMS 软件基本模块

1. 用户界面模块(ADAMS/View)

ADAMS/View 是 ADAMS 系列产品的核心模块之一，采用以用户为中心的交互式图形环境，将图标操作、菜单操作、鼠标点取操作与交互式图形建模、仿真计算、动画显示、优化设计、*X-Y* 曲线图处理、结果分析和数据打印等功能集成在一起。

ADAMS/View 采用简单的分层方式完成建模工作，采用 Parasolid 内核进行实体建模，并提供了丰富的零件几何图形库、约束库和力/力矩库，并且支持布尔运算、支持 Fortran/77 和 Fortran/90 中的函数。除此之外，还提供了丰富的位移函数、速度函数、加速度函数、接触函数、样条函数、力/力矩函数、合力/力矩函数、数据元函数、若干用户子程序函数以及常量和变量等。

自 ADAMS/View9.0 版后，ADAMS/View 采用用户熟悉的 Motif 界面(UNIX 系统)和 Windows 界面(NT 系统)，从而大大提高了快速建模的能力。在 ADAMS/View 中，用户利用 Table Editor，可像用 Excel 一样方便地编辑模型数据，同时还提供了 Plot Browser 和 Function Builder 工具包。DS(设计研究)、DOE(试验设计)及 Optimize(优化)功能可使用户方便地进行优化工作。ADAMS/View 有自己的高级编程语言，支持命令行输入命令和 C++ 语言，有丰富的宏命令以及快捷方便的图标、菜单和对话框创建和修改工具包，而且具有在线帮助功能。ADAMS/View 模块界面如图 2.21 所示。

ADAMS/View9.0 新版软件采用了改进的动画/曲线图窗口，能够在同一窗口内同步显示模型的动画和曲线图；具有丰富的二维碰撞副，用户可以对具有摩擦的二维点-曲线、圆-曲线、平面-曲线、曲线-曲线、实体-实体等碰撞副自动定义接触力；具有实用的 Parasolid 输入/输出功能，可以输入 CAD 中生成的 Parasolid 文件，也可以把单个构件或整个模型或在某一指定的仿真时刻的模型输出到一个 Parasolid 文件中；具有新型数据库图形显示功能，能够在同一图形窗口内显示模型的拓扑结构，选择某一构件或约束(运动副或力)后显示与此项相关的全部数

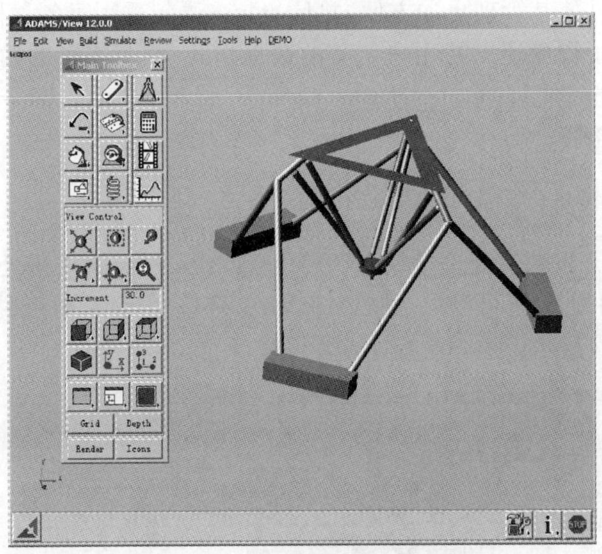

图 2.21　ADAMS/View 模块界面

据；具有快速绘图功能，绘图速度是 ADAMS/View 的 20 倍以上；采用合理的数据库导向器，可以在一次作业中利用一个名称过滤器修改同一名称中多个对象的属性，便于修改某一个数据库对象的名称及其说明内容；具有精确的几何定位功能，可以在创建模型的过程中输入对象的坐标、精确地控制对象的位置。

2. 求解器模块(ADAMS/Solver)

ADAMS/Solver 是 ADAMS 系列产品的核心模块之一，是 ADAMS 产品系列中处于心脏地位的仿真器。该软件自动形成机械系统模型的动力学方程，提供静力学、运动学和动力学的解算结果。ADAMS/Solver 有各种建模和求解选项，以便精确有效地解决各种工程应用中的问题。

ADAMS/Solver 可以对刚体和弹性体进行仿真研究。为了进行有限元分析和控制系统研究，用户除要求软件输出位移、速度、加速度和力外，还可要求模块输出用户自己定义的数据；用户可以通过运动副、运动激励，高副接触、用户定义的子程序等添加不同的约束；用户同时可求解运动副之间的作用力和反作用力或施加单点外力。

ADAMS/Solver 新版中对校正功能进行了改进，使积分器能够根据模型的复杂程度自动调整参数，仿真计算速度提高了 30%；采用新的 S12 型积分器(stabilized index 2 intergrator)，能够同时求解运动方程组的位移和速度，显著增强积分器的鲁棒性，提高复杂系统的解算速度；采用适用于柔性单元(梁、衬套、力场、弹簧-阻尼器)的新算法，可提高 S12 型积分器的求解精度和鲁棒性；可以将样条数据存储成独立文件使其管理更加方便，并且 spline 语句适用于各种样条数据文件，样条数据文件子程序还支持用户定义的数据格式；具有丰富的约束摩擦特性功能，在 Translational、Revolute，Hooks、Cylindrical，Spherical、Universal 等约束中可定义各种摩擦特性。

3. 后处理模块(ADAMS/PostProcessor)

MDI 公司开发的后处理模块 ADAMS/PostProcessor，用来处理仿真结果数据、显示仿真动画等，既可以在 ADAMS/View 环境中运行，也可脱离该环境独立运行，如图 2.22 所示。

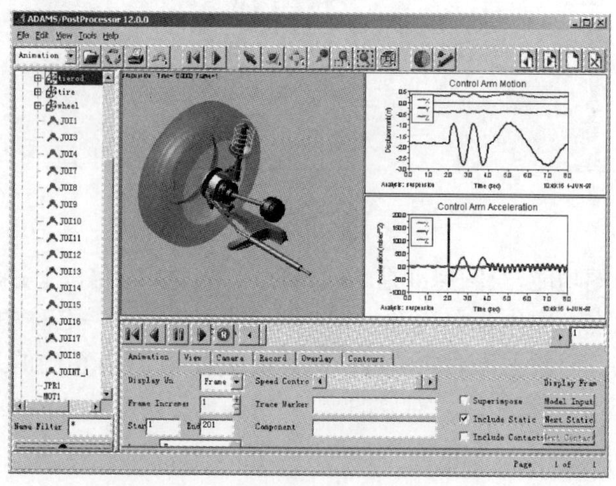

图 2.22　ADAMS/PostProcessor 模块

ADAMS/PostProcessor 的主要特点是，采用快速高质量的动画显示，便于从可视化角度深入理解设计方案的有效性；使用树状搜索结构，层次清晰，并可快速检索对象；具有丰富的数据作图、数据处理及文件输出功能；具有灵活多变的窗口风格，支持多窗口画面分割显示及多页面存储；多视窗动画与曲线结果同步显示，并可录制成电影文件；具有完备的曲线数据统计功能，如均值、均方根、极值、斜率等；具有丰富的数据处理功能，能够进行曲线的代数运算、反向、偏置、缩放、编辑和生成波特图等；为光滑消隐的柔体动画提供了更优的内存管理模式；强化了曲线编辑工具栏功能；能支持模态形状动画，模态形状动画可记录的标准图形文件格式有 *.gif、*.jpg、*.bmp、*.xpm、*.avi 等；在日期、分析名称、页数等方面增加了图表动画功能；可进行几何属性细节的动态演示。

ADAMS/PostProcessor 的主要功能包括：ADAMS/PostProcessor 为用户观察模型的运动提供了所需的环境，用户可以向前、向后播放动画，随时中断播放动画,而且可以选择最佳观察视角,从而使用户更容易地完成模型排错任务;为了验证 ADAMS 仿真分析结果数据的有效性,可以输入测试数据,并将测试数据与仿真结果数据进行绘图比较,还可对数据结果进行数学运算、对输出进行统计分析;用户可以对多个模拟结果进行图解比较,选择合理的设计方案;可以帮助用户再现 ADAMS 中的仿真分析结果数据,以提高设计报告的质量;可以改变图表的形式,也可以添加标题和注释;可以载入实体动画,从而加强仿真分析结果数据的表达效果;还可以实现在播放三维动画的同时,显示曲线的数据位置,从而可以观察运动与参数变化的对应关系。

2.2.3 ADAMS 软件扩展模块

1. 线性化分析模块(ADAMS/Linear)

ADAMS/Linear 是 ADAMS 的一个集成可选模块,可以在进行系统仿真时将系统非线性的运动学或动力学方程进行线性化处理,以便快速计算系统的固有频率(特征值)、特征向量和状态空间矩阵,使用户能更快而较全面地了解系统的固有特性。

ADAMS/Linear 的主要功能特点包括:利用该模块可以给工程师带来许多帮助:可以在大位移的时域范围和小位移的频率范围间提供一座"桥梁",方便地考虑系统中零部件的弹性特性;利用它生成的状态空间矩阵可以对带有控制元件的机构进行实时控制仿真;利用求得的特征值和特征向量可以对系统进行稳定性研究。

2. 高速动画模块(ADAMS/Animation)

ADAMS/Animation 是 ADAMS 的一个集成可选模块,使用户能借助于增强透视、半透明、彩色编辑及背景透视等方法精细加工所形成的动画,增强动力学仿真分析结果动画显示的真实感。用户既可以选择不同的光源,并交互地移动、对准和改变光源强度,还可以将多台摄像机置于不同的位置、角度同时观察仿真过程,从而得到更完善的运动图像。该模块还提供干涉检测工具,可以动态显示仿真过程中运动部件之间的接触干涉,帮助用户观察整个机械系统的干涉情况;同时可以动态测试所选的两个运动部件在仿真过程中距离的变化。

该模块主要功能是:采用基于 Motif/Windows 的界面,为标准下拉式菜单和弹出式对话窗,易学易用;与 ADAMS/View 模块无缝集成,在 ADAMS/View 中只需要点一下鼠标就可转换到 ADAMS/Animation;其使用的前提条件是必须要有 ADAMS/View 模块和 ADAMS/Solver 模块。

3. 试验设计与分析模块(ADAMS/Insight)

ADAMS/Insight 是基于网页技术的新模块，利用该模块，工程师可以方便地将仿真试验结果置于 Intranet 或 Extranet 网页上，这样，企业不同部门的人员(设计工程师、试验工程师、计划/采购/管理/销售部门人员)都可以共享分析成果，加速决策进程，最大限度地减少决策的风险。

应用 ADAMS/Insight，工程师可以规划和完成一系列仿真试验，从而精确地预测所设计的复杂机械系统在各种工作条件下的性能，并提供了对试验结果进行各种专业化统计分析的工具。ADAMS/Insight 是选装模块，既可以在 ADAMS/View、ADAMS/Car、ADAMS/Pre 环境中运行，也可脱离 ADAMS 环境单独运行。工程师在拥有这些能力后，就可以对任何一种仿真进行试验方案设计，精确地预测设计的性能，得到高品质的设计方案。

ADAMS/Insight 采用的试验设计方法包括全参数法、部分参数法、对角线法、Box-Behnkn 法、Placket-Bruman 法和 D-Optimal 法等。当采用其他软件设计机械系统时，工程师可以直接输入或通过文件输入系统矩阵对设计方案进行试验设计;可以通过扫描识别影响系统性能的灵敏参数或参数组合采用响应面法(response surface method)通过对试验数据进行数学回归分析，帮助工程师更好地理解产品的性能和系统内部各个零部件之间的相互作用;试验结果采用工程单位制，可以方便地输入其他试验结果进行工程分析;通过网页技术可以将仿真试验结果通过网页进行交流，便于企业各个部门评价和调整机械系统的性能。

另外，ADAMS/Insight 能帮助工程师更好地了解产品的性能，能有效地区分关键参数和非关键参数;能根据客户的不同要求提出各种设计方案，可以清晰地观察对产品性能的影响;在产品制造之前，可综合考虑各种制造因素的影响，大大地提高产品的实用性;能加深对产品技术要求的理解，强化在企业各个部门之间的合作。应用 ADAMS/Insight，工程师可以将许多不同的设计要求有机地集成为一体，提出最佳的设计方案，并保证试验分析结果具有足够的工程精度。

2.2.4 ADAMS 软件接口模块

1. 柔性分析模块(ADAMS/Flex)

ADAMS/Flex 是 ADAMS 软件包中的一个集成可选模块，提供了与 ANSYS、MSC/NASTRAN、ABAQUS、I-DEAS 等软件的接口，可以方便地考虑零部件的弹性特性，建立多体动力学模型，以提高系统仿真的精度。ADAMS/Flex 模块支持有限元软件中的 MNF(模态中性文件)格式，结合 ADAMS/Linear 模块，可以对零部件的模态进行适当的筛选，去除对仿真结果影响极小的模态，并可以人为控制各阶模态的阻尼，进而大大提高仿真的速度。同时，利用 ADAMS/Flex 模块，还可以方便地向有限元软件输出系统仿真后的载荷谱和位移谱信息，利用有限元软件进行应力、应变以及疲劳寿命的评估分析和研究。

2. 控制模块(ADAMS/Controls)

ADAMS/Controls 是 ADAMS 软件包中的一个集成可选模块。在 ADAMS/Controls 中，设计师既可以通过简单的继电器、逻辑与非门、阻尼线圈等建立简单的控制机构，也可利用通用控制系统软件(如 MATLAB、MATRIX、EASY5)建立的控制系统框图，建立包括控制系统、液压系统、气动系统和运动机械系统的仿真模型。

在仿真计算过程中，ADAMS 采取两种工作方式：其一，机械系统采用 ADAMS 解算器，控制系统采用控制软件解算器，两者之间通过状态方程进行联系；其二，利用控制软件绘制描述控制系统的控制框图，然后将该控制框图提交给ADAMS，应用 ADAMS 解算器进行包括控制系统在内的复杂机械系统虚拟样机的同步仿真计算。使用 ADAMS/Controls 的前提是需要 ADAMS 与控制系统软件同时安装在相同的工作平台上。

3. 图形接口模块(ADAMS/Exchange)

ADAMS/Exchange 是 ADAMS/View 的一个集成可选模块，其功能是利用 IGES、STEP、STL、DWG/DXF 等产品数据交换库的标准文件格式完成 ADAMS 与其他 CAD/CAM/CAE 软件之间数据的双向传输，从而使 ADAMS 与 CAD/CAM/CAE 软件更紧密地集成在一起。

ADAMS/Exchange 可保证传输精度、节省用户时间、增强仿真能力。当用户将 CAD/CAM/CAE 软件中建立的模型向 ADAMS 传输时，ADAMS/Exchange 自动将图形文件转换成一组包含外形、标志和曲线的图形要素，通过控制传输时的精度，可获得较为精确的几何形状，并获得质量、质心和转动惯量等重要信息；用户可在其上添加约束、力和运动等，这样就减少了在 ADAMS 中重建零件几何外形的要求，节省了建模时间，增强了用户观察虚拟样机仿真模型的能力。

4. Pro/E 接口模块(Mechanical/Pro)

Mechanical/Pro 是连接 Pro/E 与 ADAMS 之间的桥梁。两者采用无缝连接的方式，使 Pro/E 用户不必退出其应用环境，就可以将装配的总成根据其运动关系定义为机构系统，进行系统的运动学仿真，并进行干涉检查、确定运动锁止的位置、计算运动副的作用力。

Mechanical/Pro 是采用 Pro/Develop 工具创建的，因此 Pro/E 用户可以在其

熟悉的CAD环境中建立三维机械系统模型，并对其运动性能进行仿真分析。通过一个按键操作，可将数据传送到ADAMS中，进行全面的动力学分析。

2.2.5 ADAMS的动态仿真过程

用ADAMS/View进行动态仿真的基本步骤如图2.23所示。以下对主要步骤进行介绍并总结在使用中应注意的一些问题。

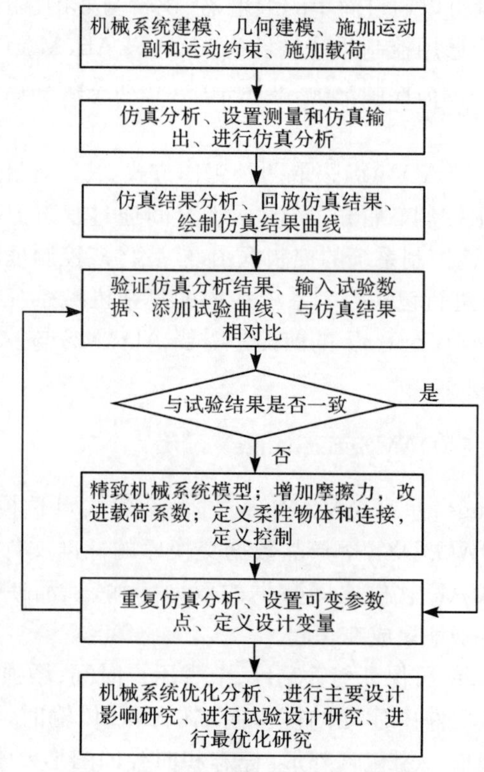

图2.23 虚拟样机仿真分析步骤

1. 样机建模

对于虚拟样机的几何建模，ADAMS提供了四种类型的几何体：刚性形体、柔性形体、点质量和地基形体。点质量是指仅有质量而没有惯性矩的点。地基形体指没有质量和速度，自由度为零，任何时候都保持静止的物体。每一个新产生的几何体都设有一个参考坐标系：零件机架坐标系，在仿真过程中，几何体的尺寸和形状相对于该几何体参考坐标系静止不变。

ADAMS提供了丰富的基本形体建模工具库，如长方体、圆环等，也可以将若干基本形体通过一定的方式组合，如通过合并两个相交的实体来形成复杂的几何形体，并且可以添加几何体细节结构如边缘倒角、挖空等。除几何形状外，仿真分析时所需的构件特性还包括质量、转动惯量、初始速度等。在几何建模时，程序根据设置的默认值自动确定构件的相关值，也可根据需要修改构件特性。

相对于专业三维实体软件如 SolidWorks、UG 等，ADAMS 在复杂造型这一方面的功能较差，但它提供了一个 Exchange（图形接口）模块，其功能是利用 IGES、STEP、STL、DWG/DXF 等产品数据交换库的标准文件格式完成 ADAMS 与其他 CAD/CAM/CAE 软件之间数据的双向传输，使 ADAMS 与 CAD/CAM/CAE 软件更紧密地集成在一起。ADAMS/Exchange 自动将图形文件转换成一组包含外形、标志和曲线的图形要素，通过控制传输时的精度获得较为精确的几何形状。

在使用 Exchange 模块转换 CAD 图形文件时，应注意以下问题：

(1) 在转换图形文件时，若遇到 ADAMS 不支持的图形信息，Exchange 将采用线性近似技术转换图形，如将 IGES 格式图形文件中的一些非线性形体转换为多边形或多义线。

(2) 构件的质量信息是进行仿真的重要基础数据，在转换 CAD 图形文件时，可能会丢失构件的质量和转动惯量信息，因此在输入图形后，应检查构件这一信息，必要时重新输入。

(3) 在 CAD 应用程序中确立的零件装配关系，ADAMS 中可能不再使用，此时需要采用一些特殊的方法来重新确定。

2. 样机约束的施加

建模时，可以通过各种约束关系限制构件之间的某些相对运动，并以此将不同构件组成一个机械系统，被连接的构件可以是刚体构件、柔性构件或者点质量。ADAMS 可以处理四种类型的约束：

(1) 常用运动副约束，如转动副、棱柱副等，这类约束通过约束不同构件间的旋转和移动自由度来使构件按需要运动。

(2) 指定约束方向，即限制某个运动方向，如限制一个构件总是沿着平行于另一个构件的方向运动。

(3) 接触约束，定义两构件在运动中发生接触时是怎样相互约束的。

(4) 约束运动，例如，指定一个构件遵循某个时间函数按指定的轨迹规律运动，这类约束通过定义机构遵循一定的规律进行运动，可以约束机构的某些自由度，此外，也决定了是否需要施加力来维持所定义的运动。

在添加约束时应注意以下几个方面：

(1) 应逐步对构件施加各种约束，并经常对施加的约束进行试验，保证没有约束错误，要注意选择对象的顺序和约束方向是否正确，ADAMS 中设定两个被连接的构件中，构件 1 被连接到构件 2 上面。

(2) 应该注意约束的方向是否正确，错误的约束方向可以导致某些自由度没有被约束而使系统运动混乱。

(3) 尽量用一个运动副来完成所需的约束，如果使用多个，每个运动副实现的自由度约束有可能重复，这样会导致无法预料的结果。

(4) 在没有作用力的状态下，通过运行系统的动力学分析来检验样机加的各种约束是否正确。

3. 仿真分析

在建模和正确施加约束后，就可以对系统进行仿真。在仿真前，应确定仿真分析要求获得的输出，并且进行一些最后的检验，建立正确的初始条件，然后设置相关参数，如分析类型、时间、分析步长和分析精度等。ADAMS/View 可以自动调用求解程序，再由求解程序完成以下四种类型的仿真分析：

(1) 动力学仿真(Dynamic)：通过求解一系列非线性微分方程和代数方程，仿真分析自由度大于 1 的复杂系统的运动和各种力。

(2) 运动学仿真(Kinematics)：通过求解一系列代数方程组，仿真分析自由度等于 1 且有确定运动系统的运动。

(3) 静态分析(Static)：通过力的平衡条件，求解构件各种作用力的静态分析。

(4) 装配分析(Assemble)：用于发现校正装配和操作过程中的错误连接，以及不恰当的初始条件。

完成仿真分析后，程序自动回到 View 界面，因此可以视 Solver 为一个黑匣子。ADAMS/Solver 默认的仿真输出包括两大类：一类是样机各种对象(构件、力、约束等)基本信息的描述，如构件质心位置等；另一类输出是各种对象的有关分量信息，如构件在 X、Y、Z 方向的分力和总的合力等。此外，还可以利用 ADAMS/View 提供的测量手段和指定输出方式自定义一些特殊的输出。

仿真结果的后处理是通过调用独立的 PostProcessor 来完成的，这个模块主要提供仿真结果的回放和分析曲线的绘制功能。通过仿真结果的后处理，可以完成以下工作：

(1) 对进一步调试样机提供指南；

(2) 可以通过多种方式验证仿真的结果；

(3) 可以绘制各种仿真分析曲线并进行一些曲线的数学和统计计算；

(4) 可以通过图形和数据曲线比较不同条件下的分析结果。

一般程序默认的仿真初始设置是较理想的，不要随便改动。在对一个新的样机分析时，应该最少进行不同迭代精度的多次分析，比较前后两次不同精度时的仿真结果,在两种不同的迭代分析结果基本相同时,才可以认为获得了较可靠的仿真结果,而且此时的迭代精度是最佳的迭代精度。

4. 精制模型

初步仿真结果和实际情况相差很大,因为在实际的系统中,存在许多未知参数,如弹簧的阻尼系数、各种类型的摩擦系数等,这就需要把仿真结果同某些在实际中容易测量的试验曲线相对比,然后精制模型。在 ADAMS 中,试验数据可以以文本的格式输入,并以图形的方式显示出来。精制模型是指通过修改各种约束的参数来使样机与实际情况更接近。例如,ADAMS 在定义接触副时有两接触物体的刚度系数、产生接触力的非线性指数、最大黏滞阻尼系数、最大阻尼时物体的变形深度、动、静态阻尼系数等参数,定义转动副时有转动摩擦力矩臂长、摩擦力矩预载荷、动态和静态摩擦力矩阻尼系数等参数,通过调节这些参数的值可以使仿真结果与试验结果很好地吻合。

5. 参数化建模与设计

精制模型后就可以仿真某些不易测量的量,但在实际应用过程中,有时需要对虚拟样机可能出现的情况进行进一步的深入分析,并进行优化设计。这时利用 ADAMS 提供的参数化建模和参数化分析功能可以大大提高分析效率。通过参数化建模,可以将参数值设置为可以改变的变量。在分析过程中,只需改变样机模型中有关的参数,程序可以自动更新整个样机模型,还可以有程序根据预先设置的可变参数,自动进行一系列的仿真分析,观察不同参数值下样机的变化。进行参数化设计分析的第一步是确定影响样机性能的关键输入值,然后对这些输入值进行参数化处理。ADAMS 提供了参数表达式、参数化点坐标、运动参数化和设计变量四种参数化方法。除了这四种参数化方法,ADAMS 还提供了几种参数化分析工具。参数化分析中,ADAMS 采用不同的设计参数,自动运行一系列仿真分析,然后返回分析结果,这样就可以观察设计参数变化的影响。

ADAMS 提供三种参数化分析过程:①设计研究(design study):设计研究考虑一个设计变量的变化对样机性能的影响;②试验设计(design of experiments):试验设计可以考虑多个设计变量同时发生变化时对样机性能的影响;③优化分析(optimization):通过优化分析,可以获得在给定设计变量变化范围内,目标对象达到最大或最小值的工况。

根据图 2.23 所示步骤可以完成一个复杂的机械系统的仿真,但为了使仿真能顺利进行,在仿真中应注意以下几个问题:

(1) 在最初的仿真分析建模时,不必过分追求几何形体的细节部分与实际零件完全相同,因为这要花费大量的几何建模时间,而此时的关键是能够顺利进行仿真并获得初步的结果。从软件的求解原理来看，只要仿真构件几何形体的质量、质心位置、惯性矩和惯性积与实际构件相同，其仿真结果就是等价的。待获得满意的仿真分析结果以后，再完善零件几何形体的细节部分和视觉效果。

(2) 如果模型中含有非线性的阻尼，可以先从分析线性阻尼开始，待线性阻尼分析顺利完成后，再改为非线性阻尼进行分析。

(3) 在进行较复杂的系统仿真时，可以将整个系统分解为若干个子系统，先对这些子系统进行仿真分析和试验，逐个排除建模等仿真过程中隐含的问题，最后进行整个系统的仿真分析试验。

(4) 虽然 ADAMS/View 可以进行非常复杂的机械系统的分析，但在设计虚拟样机时，应该尽量减小系统的规模，仅考虑影响样机性能的构件。

2.3 三维建模软件 UG

2.3.1 常用三维建模软件 UG 的介绍

在计算机技术还没有得到广泛应用之前，产品造型设计的任务主要由设计人员通过手工绘制图板的方式来完成。随着计算机技术和计算机图形学技术的飞速发展，基于 CAD 和 CAM 等工具的数字化设计模式直接参与了产品设计与生产的各个环节，从而取代了传统的图板式设计模式。

产品造型设计是 CAD 的重要研究领域，它包括平面构成系统、实体造型系统、色彩及真实感物体的计算机生成、环境设计系统等，利用计算机的三维建模和渲染技术进行产品造型设计成为主流。一方面，设计人员利用计算机描述设计产品的形状、结构、大小，模拟在光线照射下产品表面的色彩、明暗和纹理等，用产品模型来代替实际产品，并能对其进行任意修改和调整、设计和处理以达到最优化；另一方面，计算机辅助产品造型设计能够真实而精确地描述产品的几何特性以及各零部件之间的相互关系，并在计算机内部通过动态仿真对所设计的产品进行预先检验和修正，满足了机械制造过程中加工和装配的精密化和自动化的要求。

利用计算机建立产品三维模型的过程大致分为建模、渲染和影响后处理三个阶段。建模是最基本也是最重要的工作，设计人员的创意构思以及产品的形状、尺寸、结构等信息都要在建模阶段通过三维线框模型体现出来。渲染是为模型赋予色彩和质感等元素，以增强模型的真实感。影像后处理是指对二维影像进行图形修整、编辑和补充以提高影像的整体表现效果。至此即可得到产品逼真形象的三维效果图[10]。

Unigraphics NX 7.0 是当今世界最先进的计算机辅助设计、分析和制造软件之一，它集 CAD/CAE/CAM 于一体，涵盖了产品设计、工程和制造中的全套开发流程，融入了各行业内最广泛的集成应用程序，广泛应用于航空、航天、汽车、造船、通用机械和电子等工业领域，已成为如今应用最广泛的计算机辅助设计软件之一。

Unigraphics CAD/CAM/CAE 系统提供了一个基于过程的产品设计环境，使产品开发从设计到加工真正实现了数据的无缝集成，从而优化了企业的产品设计与制造。UG 面向过程驱动的技术是虚拟产品开发的关键技术，在面向过程驱动技术的环境中，用户的全部产品以及精确的数据模型能够在产品开发全过程的各个环节中保持相关，从而有效地实现了并行工程。

UG 不仅具有强大的实体造型、曲面造型、虚拟装配和产生工程图等设计功能；而且，在设计过程中可进行有限元分析、机构运动分析、动力学分析和仿真模拟，提高设计的可靠性；同时，可用建立的三维模型直接生成数控代码，用于产品的加工，其后处理程序支持多种类型的数控机床。另外，它所提供的二次开发语言 UG/Open GRIP、UG/Open API 简单易学，实现功能多，便于用户开发专用 CAD 系统。具体来说，该软件具有以下特点：

(1) 具有统一的数据库，真正实现了 CAD/CAE/CAM 等各模块之间的无数据交换的自由切换，可实施并行工程。

(2) 采用复合建模技术，可将实体建模、曲面建模、线框建模、显示几何建模与参数化建模融为一体。

(3) 用基于特征（如孔、凸台、型胶、槽沟、倒角等）的建模和编辑方法作为实体造型基础，形象直观，类似于工程师传统的设计办法，并能用参数驱动。

(4) 曲面设计采用非均匀有理样条作为基础，可用多种方法生成复杂的曲面，特别适合于汽车外形设计、汽轮机叶片设计等复杂曲面造型。

(5) 出图功能强，可十分方便地从三维实体模型直接生成二维工程图。能按 ISO 标准和国标标注尺寸、形位公差和汉字说明等，能直接对实体做旋转剖、阶梯剖和轴测图挖切生成各种剖视图，增强了绘制工程图的实用性。

(6) 以 Parasolid 为实体建模核心，实体造型功能处于领先地位。目前著名的 CAD/CAE/CAM 软件均以此作为实体造型基础。

(7) 提供了界面良好的二次开发工具 GRIP（Graphical Interactive Programing）和 UFUNC（User Function），并能通过高级语言接口，使 UG 的图形功能与高级语言的计算功能紧密结合起来。

(8) 具有良好的用户界面，绝大多数功能都可通过图标实现；进行对象操作时，具有自动推理功能；同时，在每个操作步骤中，都有相应的提示信息，便于用户做出正确的选择。

2.3.2 UG 在低压电器产品设计中的应用

低压电器产品门类多、结构多样，可靠性、安全性要求高，外形要求美观而力求简练，要求体积小而又利于客户安装，零件结构复杂，工艺烦琐。为了防止因质量问题而影响公司的形象，产品在设计和生产过程中的每一个环节都必须严格把关。产品设计周期一般较短。企业为了在市场中能占据优势，每一款产品从市场调研、方案设计、零部件设计到定型、模具图及二维图，需要在短时间内完成。下面简单介绍用 UG 进行产品设计的过程。

1. 方案设计

新产品的设计主要是客户的需求和公司内新类型产品的开发，而资料的来源往往是客户提供的手绘产品外形草图、技术要求、照片、DXF 文档、CGM 文档、点云数据或模型等。这些数据 UG 都提供了转化接口，可以直接传递。UG/StylingDesign 和 studi 提供了产品外观曲面生成、评估分析和修剪的功能，它具有参数化的自由曲线和曲面的建模特点，而其中的 Free Form Feature 和 Shape 可完成复杂的外观设计及创意，完成了的外观再经过 UG/Photo 渲染成逼真的三维实体模型送给客户确定或进行市场调研，再进行产品开发、试样、生产。

UG/Capture 模块，可根据得到的大量点云(points cloud)数据，自动智能化地抽象出三维形体特征，重新测量实物形体的几何数字特征。此外，国际上著名的工业设计软件 AliasV9.0 与 UG 的数据可以直接传递，创建几何图形非常方便。例如，当产品开发的原始资料仅仅是图片时，可通过 UG/Raster Image 调入等比例的 TIFF 文档。利用 UG 的曲线(spline、eurves、sketch)造型功能进行外观描绘及截面绘制。曲线在外观造型中起到主导作用，曲线的曲率光顺度将决定曲面的光顺度、模型的合理性及美感。生成的曲线用 UG Free Form Feature 和 Shape 进行产品外观曲面构造和修剪，然后依据功能准则、美学准则、检查准则进行评估分析，在做出必要修改后进行 UG/Photo 产品的真实性渲染。将完成后的产品外观图再送给客户确定或进行市场调研，可行后将进行产品零部件设计。

2. 零部件设计

在方案设计阶段，设计工程师已经着手进行零部件设计，这是一个由计算机支持的协同工作(computer supported cooperative work，CSCW)进行产品设计过程，产品数据由 UG/Manager 管理。UG/Manager 应用主模型方法创建 Part 的数据，主模型是以软件为中心的一个中央数据库，它包括与产品相关的所有几何和非几何信息，为产品开发过程的各个阶段和各个部门提供服务，所有用户均可通过这个单一的主模型完成其技术任务，这些任务可由不同的工程师完成，主模型可保证操作者工作的独立性、安全性和工程数据的集中性。UG 的建模技术结合了传统建模和参数化建模的优点，采用尺寸驱动技术，具有全相关的参数化功能，是一种“复合建模”工具。应用 UG 的建模功能，设计工程师可快速进行零件设计，交互建立和编辑各种复杂的零部件模型。对于简单的零件，可以直接使用 UG 特征模型，如圆柱、凸台、块、锥等特征的相互配合，如加、减、交等快速创立；对于一般复杂的零件可以采用曲线绘制基本轮廓以及特征拉伸的方式创建；而对于特别复杂的零件，则可用自由曲面创建，使用 UG 不但建模方便，而且准确灵活，便于改进。在三维建模完成后，可以非常方便地二维出图，利用图块功能，可以非常方便地调出各种视图。

3. 装配及分析

在完成零件设计后，UG 提供了方便的装配导航工具，用户可以方便地调入已设计好的各种零件，按照实际装配情况进行装配，可以非常准确地模拟实际生产。UG 软件可以分析各种装配关系，检查几何尺寸和公差配合，在装配中可利用 Analysis Simple Interference 进行静态干涉检查，确定相邻两零件间是否有干涉情况，若有干涉，则两零件的干涉区域将生成干涉条块，呈高亮显示。设计者可据此对主模型进行相应的修改，消除两零件间的静态干涉。UG/Advanced Assembly 提供了 Clearance Analysis，它可检查一个群组中所有零件的五种干涉情况。当输入一公差值时，选择相应的待检零件群组，就可生成一张对应零件间的五种干涉情况报表，设计者可根据报表内容进行相应的修改以满足功能要求。UG 的各种应用功能既可对模型进行装配操作、创建二维工程图，也可对模型进行机构运动学、动力学分析和有限元分析，进行设计评估和优化；通过机构仿真分析，可以模拟动触头运动轨迹，测算触头参数，使产品性能在设计过程中得到十分有效的控制。

4. 模具制造

利用 UG 软件，还可根据模型设计工装夹具，进行加工处理，直接生成数控程序，用于产品的加工。为了缩短产品的开发周期，在产品设计确定之后就可以着手进行模具设计、NC 编程及刀路编排等相关的准备工作，使设计与制造有机结合，且相关的产品数据由 UG/Manager 统一管理于一个主模型中。当产品文件的某个面或特征数据被修改时，相应的二维图、模具图和 NC 刀位数据信息将会自动更新，这个过程与传统模具设计制造相比就缩短了产品模具设计与制造的时间。UG/CAM 支持高速加工及复杂的曲面加工，如五轴铣。高速铣（HSM）的转轴速度可达 10000r/min 以上，配以高强度超微型铣刀，模具加工可以一次性成型，且不用手工抛光，提高了加工质量，也保证了内部结构的精确位置尺寸。最后，辅以电火花（EDM）加工进行修整。

2.4　数值计算软件 MATLAB

2.4.1　数值分析与计算软件 MATLAB 的介绍

数值分析也称计算方法，它不仅是一种研究并解决数学问题的数值近似解的方法，而且是在计算机上使用的解数学问题的方法。它的计算对象是那些在理论上有解，而无法用手工计算的数学问题。

学习数值分析与计算方法的重要性可以从下面计算机解决实际问题的全过程看出，有了符合实际的数学模型，还必须进行认真的数值分析和选择好的计算方法，才能又快又好地计算出数值结果来。数值分析与计算将提供许多常用的和有价值的计算方法。

科学与工程计算领域中的问题求解一般要经历下面的几个过程，如图 2.24 所示。首先根据实际问题构造相应的数学模型，把它转化为可以计算的问题，称为数值问题，接着对该问题进行分析并选择相应的计算方法，最后在计算机上编程求解。科学计算的主要研究内容是提出数值问题，设计高效的算法，并探讨全过程中各种误差对近似解的影响。数值问题要求对有限个输入数据计算得出有限个输出数据，这些输出数据通常称为数值解，或者也可以理解为近似解[11]。

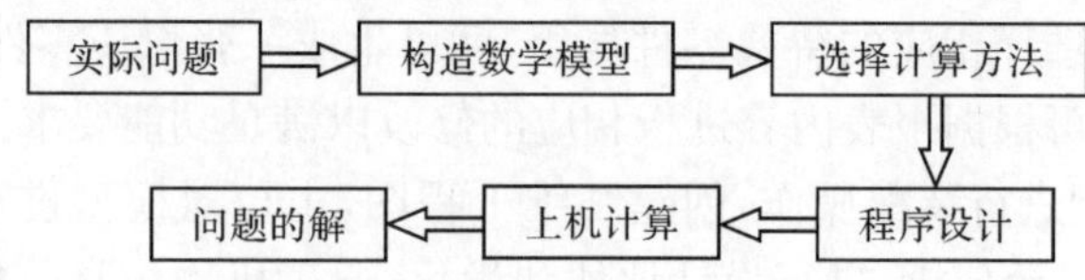

图 2.24　科学与工程计算领域问题求解过程示意图

1982 年，MathWorks 公司推出了一套高性能的数值计算和可视化软件 MATLAB。它集矩阵运算、数值分析、图形显示和信号处理于一体，形成了一个方便、界面良好的用户环境。

MATLAB 是美国 MathWorks 公司出品的商业数学软件，用于算法开发、数据可视化、数据分析以及数值计算的高级技术计算语言和交互式环境，主要包括 MATLAB 和 Simulink 两大部分。

MATLAB 是矩阵实验室(matrix laboratory)之意。除具备卓越的数值计算能力外，还提供了专业水平的符号计算、文字处理、可视化建模仿真和实时控制等功能。

MATLAB 的基本数据单位是矩阵，它的指令表达式与数学、工程中常用的形式十分相似，故用 MATLAB 来解算问题要比用 Fortran、C 等语言简洁得多。

在 MATLAB 进入市场前，国际上的许多软件包都是直接以 Fortran、C 语言等编程语言开发的。这种软件的缺点是使用面窄，接口简陋，程序结构不开放以及没有标准的基库，很难适应各学科的最新发展，因此很难推广。MATLAB 的出现，为各国科学家开发学科软件提供了新的基础。在 MATLAB 问世不久的 20 世纪 80 年代中期，原先控制领域里的一些软件包纷纷被淘汰或在 MATLAB 上重建。

时至今日，经过 MathWorks 公司的不断完善，MATLAB 已经发展成为适合多学科、多种工作平台的功能强大的大型软件。在国外，MATLAB 已经经受了多年考验。在欧美等地的高校，MATLAB 已经成为线性代数、自动控制理论、数理统计、数字信号处理、时间序列分析、动态系统仿真等高级课程的基本教学工具，成为攻读学位的大学生、硕士生、博士生必须掌握的基本技能。在设计研究单位和工业部门，MATLAB 被广泛用于科学研究和解决各种具体问题。可以说，无论从事工程方面的哪个学科，都能在 MATLAB 里找到合适的功能。

2.4.2　MATLAB 的主要特点

一种语言之所以能够如此迅速地普及，显示出如此旺盛的生命力，是由于它有着不同于其他语言的特点，正如同 Fortran 和 C 等高级语言使人们摆脱了需要直接对计算机硬件资源进行操作一样，被称作第四代计算机语言的 MATLAB，利用其丰富的函数资源，使编程人员从烦琐的程序代码中解放出来。MATLAB 最突出的特点就是简洁，MATLAB 用更直观的、符合人们思维习惯的代码，代替了 Fortran 和 C 语言的冗长代码。MATLAB 给用户带来的是最直观、最简洁的程序开发环境。MATLAB 的主要特点如下：

(1) 语言简洁紧凑，使用方便灵活，库函数极其丰富。MATLAB 程序书写形式自由，利用起丰富的库函数避开繁杂的子程序编程任务，压缩了一切不必要的编程工作。由于库函数都由本领域的专家编写，用户不必担心函数的可靠性。可以说，用 MATLAB 进行科技开发是站在专家的肩膀上。

(2) 运算符丰富。由于 MATLAB 是用 C 语言编写的，MATLAB 提供了和 C 语言几乎同样多的运算符，灵活使用 MATLAB 的运算符将使程序变得极为简短。

(3) MATLAB 既具有结构化的控制语句(如 for 循环、while 循环、break 语句和 if 语句)，又有面向对象编程的特性。

(4) 程序限制不严格，程序设计自由度大。例如，在 MATLAB 里，用户无须对矩阵预定义就可使用。

(5) 程序的可移植性很好，基本上不做修改就可以在各种型号的计算机和操作系统上运行。

(6) MATLAB 的图形功能强大。在 Fortran 和 C 语言里，绘图都很不容易，但在 MATLAB 里，数据的可视化非常简单。MATLAB 还具有较强的编辑图形界面的能力。

(7) MATLAB 的缺点是,它和其他高级程序相比,程序的执行速度较慢。由于 MATLAB 的程序不用编译等预处理,也不生成可执行文件,程序为解释执行,所以速度较慢。

(8) 功能强大的工具箱是 MATLAB 的另一特色。MATLAB 包含两个部分:核心部分和各种可选的工具箱。核心部分中有数百个核心内部函数,其工具箱又分为两类:功能性工具箱和学科性工具箱。功能性工具箱主要用来扩充其符号计算功能,图示建模仿真功能,文字处理功能以及与硬件实时交互功能,功能性工具箱用于多种学科。学科性工具箱是专业性比较强的,如 Control、Toolbox、Signal Processing Toolbox、Communication Toolbox 等,这些工具箱都是由该领域学术水平很高的专家编写的,所以用户无须编写自己学科范围内的基础程序,而直接进行高、精、尖的研究。

(9) 源程序的开放性。开放性也许是 MATLAB 最受人们欢迎的特点,除内部函数以外,所有 MATLAB 的核心文件和工具箱文件都是可读可改的源文件,用户可通过对源文件的修改以及加入自己的文件构成新的工具箱。

2.4.3 MATLAB 的优势

MATLAB 应用广泛,主要有以下的技术优势:

(1) 友好的工作平台和编程环境。MATLAB 由一系列工具组成。这些工具方便用户使用 MATLAB 的函数和文件,其中许多工具采用的是图形用户界面,包括 MATLAB 桌面和命令窗口、历史命令窗口、编辑器和调试器、路径搜索和用于用户浏览帮助、工作空间、文件的浏览器。随着 MATLAB 的商业化以及软件本身的不断升级,MATLAB 的用户界面也越来越精致,更加接近 Windows 的标准界面,人机交互性更强,操作更简单。而且新版本的 MATLAB 提供了完整的联机查询、帮助系统,极大地方便了用户的使用。简单的编程环境提供了比较完备的调试系统,程序不必经过编译就可以直接运行,而且能够及时地报告出现的错误及进行出错原因分析。

(2) 简单易用的程序语言。MATLAB 是一个高级的矩阵/阵列语言,它包含控制语句、函数、数据结构、输入和输出以及面向对象编程特点。用户可以在命令窗口中将输入语句与执行命令同步,也可以先编写好一个较大的复杂的应用程序(M 文件)后再一起运行。新版本的 MATLAB 语言是以最流行的 C++ 语言为基础的,因此语法特征与 C++ 语言极为相似,而且更加简单,更加符合科技人员对数学表达式的书写格式,使之更利于非计算机专业的科技人员使用。而且这种语言可移植性好、可拓展性极强,这也是 MATLAB 能够深入科学研究及工程计算各个领域的重要原因。

(3) 强大的科学计算机数据处理能力。MATLAB 是一个包含大量计算算法的集合，其拥有 600 多个工程中要用到的数学函数，可以方便地实现用户所需的各种计算功能。函数中所使用的算法都是科研和工程计算中的最新研究成果，此前经过了各种优化和容错处理，在计算要求相同的情况下，使用 MATLAB 的编程工作量会大大减少。MATLAB 的这些函数集包括从最简单最基本的函数到如矩阵、特征向量、快速傅里叶变换的复杂函数，函数所能解决的问题大致包括矩阵运算和线性方程组的求解、微分方程及偏微分方程组的求解、符号运算、傅里叶变换和数据的统计分析、工程中的优化问题、稀疏矩阵运算、复数的各种运算、三角函数和多维数组操作以及建模动态仿真等。

(4) 出色的图形处理功能。MATLAB 自产生之日起就具有方便的数据可视化功能，将向量和矩阵用图形表现出来，并且可以对图形进行标注和打印。高层次的作图包括二维和三维的可视化、图像处理、动画和表达式作图，可用于科学计算和工程绘图。新版本的 MATLAB 对整个图形处理功能作了很大的改进和完善，使它不仅在一般数据可视化软件都具有的功能(如二维曲线和三维曲面的绘制和处理等)方面更加完善，而且对于一些其他软件所没有的功能(如图形的光照处理、色度处理以及四维数据的表现等)，MATLAB 同样表现了出色的处理能力。同时对一些特殊的可视化要求，如图形对话等，MATLAB 也有相应的功能函数，保证了用户不同层次的要求。另外，新版本的 MATLAB 还着重在图形用户界面(GUI)的制作上进行了很大的改善，对这方面有特殊要求的用户也可以得到满足。

(5) 应用广泛的模块集合工具箱。MATLAB 对许多专门的领域都开发了功能强大的模块集和工具箱。一般来说，它们都是由特定领域的专家开发的，用户可以直接使用工具箱学习、应用和评估不同的方法而不需要自己编写代码。目前，MATLAB 已经把工具箱延伸到了科学研究和工程应用的诸多领域，如数据采集、数据库接口、概率统计、样条拟合、优化算法、偏微分方程求解、神经网络、小波分析、信号处理、图像处理、系统辨识、控制系统设计、LMI 控制、鲁棒控制、模型预测、模糊逻辑、金融分析、地图工具、非线性控制设计、实时快速原型及半物理仿真、嵌入式系统开发、定点仿真、DSP 与通信、电力系统仿真等，都在工具箱(Toolbox)家族中有了自己的一席之地。

(6) 实用的程序接口和发布平台。新版本的 MATLAB 可以利用 MATLAB 编译器和 C/C++ 数学库及图形库，将自己的 MATLAB 程序自动转换为独立于 MATLAB 运行的 C 和 C++ 代码，允许用户编写可以和 MATLAB 进行交互的 C 或 C++ 语言程序。另外，MATLAB 网页服务程序还允许在 Web 应用中使用自己的 MATLAB 数学和图形程序。

第 3 章　低压电器操作机构动力学仿真分析

3.1　低压电器操作机构简介

操作机构是低压电器实现控制与保护功能的中枢部分，控制与保护开关电器的操作机构接收来自操作机构手动旋钮的手动信号、每极接触组的短路信号和来自热磁脱扣器的故障信号等，通过操作机构的摇臂与电磁传动机构连接，控制电磁传动机构动作，控制触点切断线圈回路、分断主电路，从而实现控制与保护功能。故障排除后由操作旋钮复位。

操作机构结构上主要包括安装面板部分和面壳部分。面壳上标有自动控制位置、脱扣位置、分断位置、复位位置及隔离位置，安装面板内装有能分别和控制与保护开关电器的热磁脱扣器、主电路接触组、电磁传动机构、隔离机构并联的推杆、推板、摇臂、拉杆，并有手动操作的指示按钮，该指示按钮能分别置于自动控制位置、脱扣位置、分断位置、复位位置及隔离位置。

安装板内还分别装有侧凸轮、侧止动器、中凸轮、中止动器、侧止动器、弹簧和一些推杆推板等，如图 3.1 所示。手动操作指示旋钮由脱扣位置旋转至复位位置，在旋转过程中，中凸轮跟随指示旋钮一起做逆时针旋转，并推动侧凸轮做顺时针旋转，再由侧凸轮带动侧止动器做同向顺时针旋转。当指示旋钮操作一定角度后，由复位位置旋转至自动控制位置。在这个过程中，反力弹簧的作用，使侧凸轮

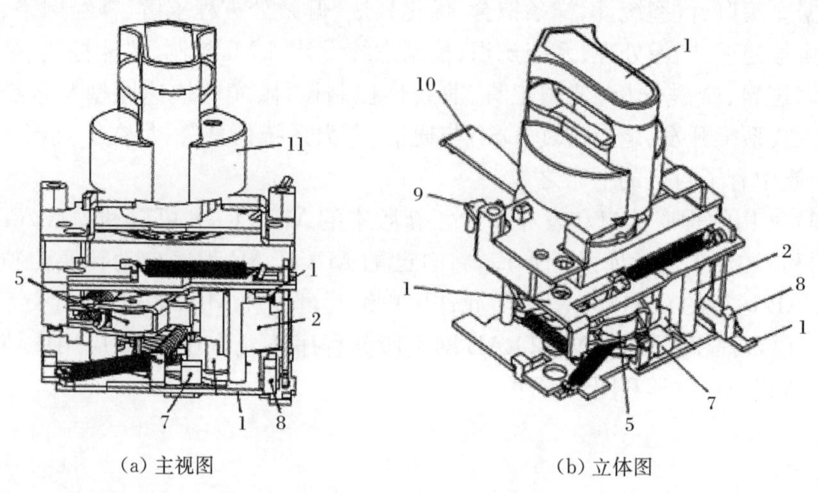

(a) 主视图　　(b) 立体图

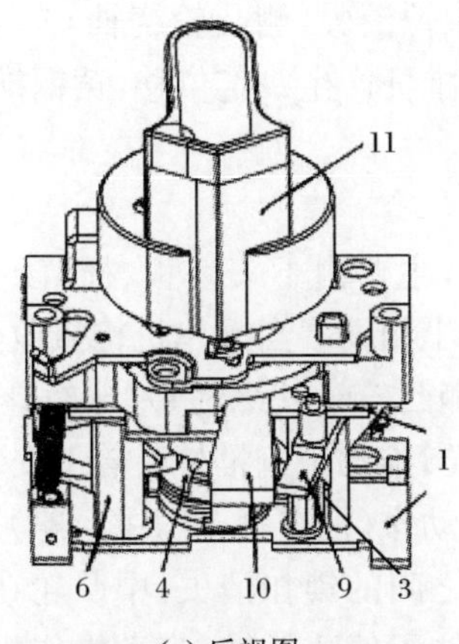

(c) 后视图

图 3.1　操作机构立体图、主视图和后视图

1-安装板；2-侧凸轮；3-黄铜推杆；4-中凸轮；5-中止动器；
6-侧止动器；7-推板；8-推杆；9-摇臂；10-拉杆；11-指示旋钮

往回运动，此时由侧止动器阻止其运动，使侧凸轮的弹簧产生储能，当指示旋钮操作到自动控制位置时，中止动器在反力弹簧的作用下，扣住中凸轮，使其能够停留在自动控制位置。

操作机构主要分为三大部分：侧凸轮部分、摇臂部分和主轴部分。

1）侧凸轮部分

如图 3.2 所示，侧凸轮部分包括下安装板、侧止动器、推杆和侧凸轮，图中标号代表的结构与图 3.1 相同。当操作机构接收到短路、过载和过流等一般故障信号时，侧止动器受到推杆给其 L 方向的力，推动侧止动器逆时针旋转，旋转一定角

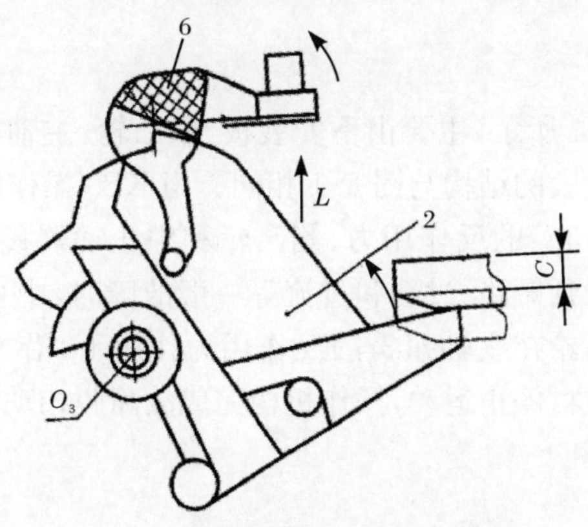

图 3.2　操作机构侧凸轮部分结构图

度后，侧止动器对侧凸轮的限位消失，侧凸轮绕轴 O_3 逆时针旋转，带动 KB0 系列控制与保护开关电器中黄铜推杆产生一定位移，黄铜推杆带动 KB0 系列控制与保护开关电器报警触头动作。

2) 摇臂部分

摇臂部分如图 3.3 所示，主要由下安装板、摇臂、中止动器和黄铜推杆组成，图中标号代表的结构与图 3.1 相同。当操作机构接收到短路、过载和过流等一般故障信号时，中止动器受到侧凸轮给其绕轴 O_2 顺时针旋转的力，同时带动摇架和摇臂随其绕轴 O_2 顺时针旋转，推动黄铜推杆沿着下安装板滑动，带动 KB0 系列控制与保护开关电器报警触头动作(报警触头图中省略)，当摇架随中止动器旋转至一定角度后，摇架和中凸轮之间的锁扣消失，中凸轮在主轴扭簧作用下开始逆时针旋转，侧凸轮在中凸轮限位下停止旋转，带动操作机构的指示旋钮由自动控制位置旋转到脱扣位置，操作机构完成短路脱扣动作，实现 CPS 控制与保护功能。

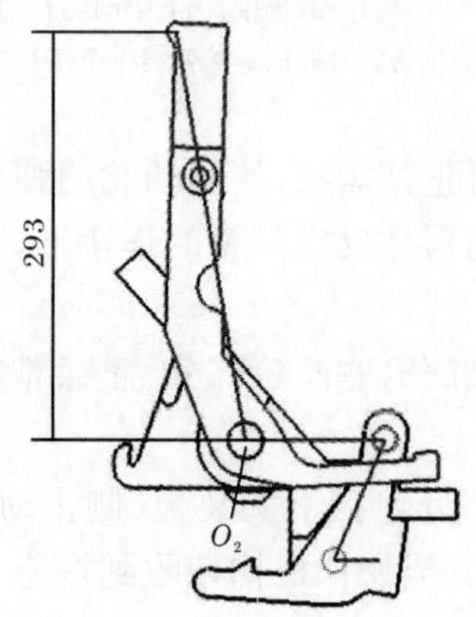

图 3.3　操作机构摇臂部分结构图

3) 主轴部分

主轴部分如图 3.4 所示，主要由下安装板、中凸轮、主轴 O_1、主轴扭簧和中止动器组成，图中标号代表的结构与图 3.1 相同。当 KB0 操作机构处于自动控制位置时，主轴 O_1 在主轴扭簧的反作用力、侧凸轮和中止动器接触限位下，处于锁扣状态，当操作机构接收到短路、过载和过流等一般故障时，中止动器给主轴中凸轮的锁扣限位消失，中凸轮在主轴扭簧的反作用力作用下，沿主轴 O_1 逆时针旋转，直至与侧凸轮接触限位，停止运动，操作机构完成故障脱扣动作，实现 CPS 的控制与保护功能。

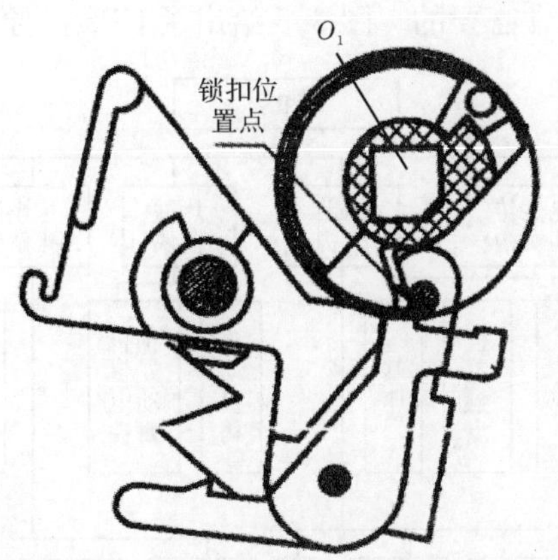

图 3.4　操作机构主轴部分结构图

3.2　操作机构的可靠性分析

低压电器可靠性的研究主要集中在机械可靠性方面，可靠性理论中的马尔可夫过程是分析操作机构可靠性的有力工具，它是一种特殊的随机过程，它的显著特点是随机变量在 t_n 时的概率与 t_{n-1} 时随机变量的取值有关，而与 t_{n-1} 以前的过程无关，它要求随机变量服从指数分布，因此马尔可夫过程在机械、电子元件可靠性和系统可靠性的分析中得到了广泛的应用。应用马尔可夫过程，一方面，可以得到元件或系统在各状态（工作状态或故障状态）的状态概率；另一方面，通过马尔可夫过程可以计算出元件或系统达到平稳工作状态（状态概率不再改变）所需的时间以及平稳工作状态的概率（即稳态可靠度）大小。这样，在对操作机构零件进行可靠性筛选试验时就不必像过去那样根据经验来确定试验时间或对元件进行加速寿命试验，而是可以依据元件达到平稳工作状态所需的时间来确定应对元件进行试验的时间。下面详细介绍马尔可夫的概念及马尔可夫过程在控制与保护开关电器操作机构中的应用。

1. 马尔可夫在操作机构可靠性分析中的应用

本书所述控制与保护开关（CPS）采用的是模块化的单一产品结构形式，集成了传统的断路器（熔断器）、接触器、过载（或过流、断相）保护继电器、启动器、隔离器等的主要功能，具有远距离自动控制和就地直接人力控制功能。通过对 CPS 故障原因的调查发现，CPS 操作机构其他部件的故障率较低，可能发生的故障主要集中在操作机构所配的弹簧机构上，机械可靠性成为进一步提高 CPS 可靠性水平的关键性问题。为了进一步提高 CPS 的可靠性，对其整个机构建立机械可靠性分析的一般数学模型是非常必要的。图 3.5 给出了 CPS 的原理图。

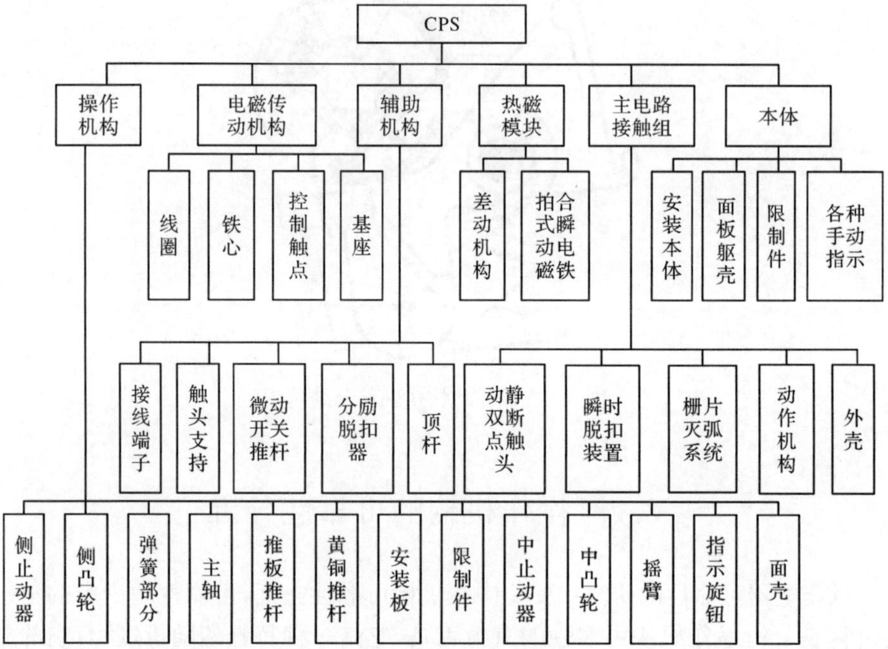

图 3.5　CPS 机构原理图

通过调研发现，影响机械可靠性的是操作机构中的弹簧及微动开关、电磁传动系统中的线圈、辅助机构中的微动开关和分励脱扣器、主电路接触组中的栅片灭弧系统及本体中的各种指示旋钮等。对 CPS 而言，任意功能的失效都会引起控制与保护开关的故障，所以可以将整个机构看成串联系统，其可靠度可由下式计算：

$$R = \prod_{i=1}^{n} R_i \tag{3.1}$$

式中，R 为机构的可靠度；R_i 为第 i 个功能单元的可靠度。若各单元寿命服从指数分布，则式(3.1)可写成

$$R = \prod_{i=1}^{n} R_i = \prod_{i=1}^{n} \mathrm{e}^{-\lambda_i t} = \mathrm{e}^{-\sum_{i=1}^{n}\lambda_i t} = \mathrm{e}^{-\lambda t} \tag{3.2}$$

$$\lambda = \sum_{i=1}^{n} \lambda_i \tag{3.3}$$

式中，λ 为机构系统的失效率；λ_i 为各单元的失效率。从式(3.2)中可以看出，串联系统的可靠度小于任一单元的可靠度。要提高系统的可靠度就必须提高各功能单元的可靠度，尤其是那些对系统可靠度影响大的单元。故要想从根本上提高

CPS 的可靠性就必须从设计入手，在设计过程中就对各功能单元尤其是可靠性薄弱的单元采用可靠性技术，努力提高各功能单元的可靠度，包括对机械零部件和二次回路的电子元件进行认真的可靠性筛选，选用标准化元件，对机械零件进行机械可靠性设计，对经常故障的电子元件可以采用元件冗余技术、降额使用来提高可靠度等。CPS 机构的串联系统中，操作机构弹簧系统和微动开关是影响 CPS 操作机构可靠性的主要因素之一，因此，从设计入手，在设计过程中对操作机构的弹簧单元和微动开关采用可靠性技术，对相关部件进行可靠性筛选来提高 CPS 的可靠度。

2. 操作机构元件两种状态

操作机构弹簧单元和微动开关的零件都有两种状态，即工作状态($X=0$)简称"0"状态；停运(故障)状态($X=1$)简称"1"状态，工作状态由于故障而转移到停运状态，停运状态由于修理而恢复到工作状态，通常将这样的状态转移过程抽象为可靠性分析中的"两态"模型，其状态模型如图 3.6 所示，λ 为故障率，μ 为维修率，Δt 为状态转移的时间间隔，零件的寿命一般都服从指数分布，可以应用马尔可夫过程来进行可靠性分析。

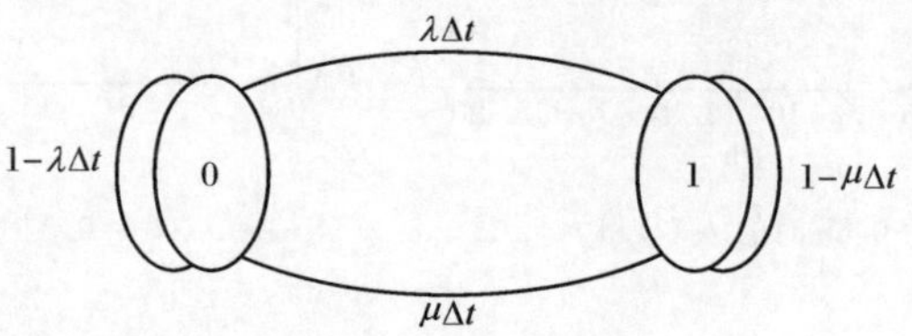

图 3.6　状态转移图

3. 操作机构状态概率的计算

$$\frac{\mathrm{d}}{\mathrm{d}t}\boldsymbol{P}(t)=\boldsymbol{P}(t)\boldsymbol{A} \tag{3.4}$$

式中，$\frac{\mathrm{d}}{\mathrm{d}t}\boldsymbol{P}(t)=\frac{\mathrm{d}}{\mathrm{d}t}p_i(t)$为各状态概率的导数；$\boldsymbol{P}(t)=[p_1(t),p_2(t),\cdots,p_n(t)]$为各状态概率的行向量；$\boldsymbol{A}$ 为转移密度矩阵。

令微动开关的故障率为 λ，维修率为 μ，则微动开关的状态方程为

$$\begin{bmatrix}\frac{\mathrm{d}p_0(t)}{\mathrm{d}t} & \frac{\mathrm{d}p_1(t)}{\mathrm{d}t}\end{bmatrix}=\begin{bmatrix}p_1(t) & p_2(t)\end{bmatrix}\begin{bmatrix}-\lambda & \lambda \\ \mu & -\mu\end{bmatrix} \tag{3.5}$$

式中，$p_0(t)$为工作状态概率；$p_1(t)$为故障状态概率。

用拉普拉斯变换求解式，且补充初始条件：$p_0(t)+p_1(t)=1$，则可得

$$p_0(t)=\frac{\mu}{\mu+\lambda}+\frac{\lambda}{\mu+\lambda}\mathrm{e}^{-(\mu+\lambda)t} \tag{3.6}$$

$$p_1(t)=\frac{\lambda}{\mu+\lambda}-\frac{\lambda}{\mu+\lambda}\mathrm{e}^{-(\mu+\lambda)t} \tag{3.7}$$

当失效率 λ 为 0.15，维修率 μ 为 0.85 时，计算得到的结果见图 3.7(a)。其平稳工作状态的概率(即稳态可靠度)为 0.76，达到稳态可靠度所经历的时间大约为 9h。因此在对微动开关做可靠性筛选试验时，如果微动开关连续工作 9h 且不失效，则证明该元件合格，可以用于产品上。为了进一步说明失效率 λ 和维修率 μ 对微动开关稳态可靠度的影响，分别取了 $\lambda=0.3,\mu=0.3$；$\lambda=0.5,\mu=0.75$；$\lambda=0.7,\mu=0.23$ 时的数据代入计算其稳态可靠度及达到该可靠度所需的时间，计算得到的结果见图 3.7。

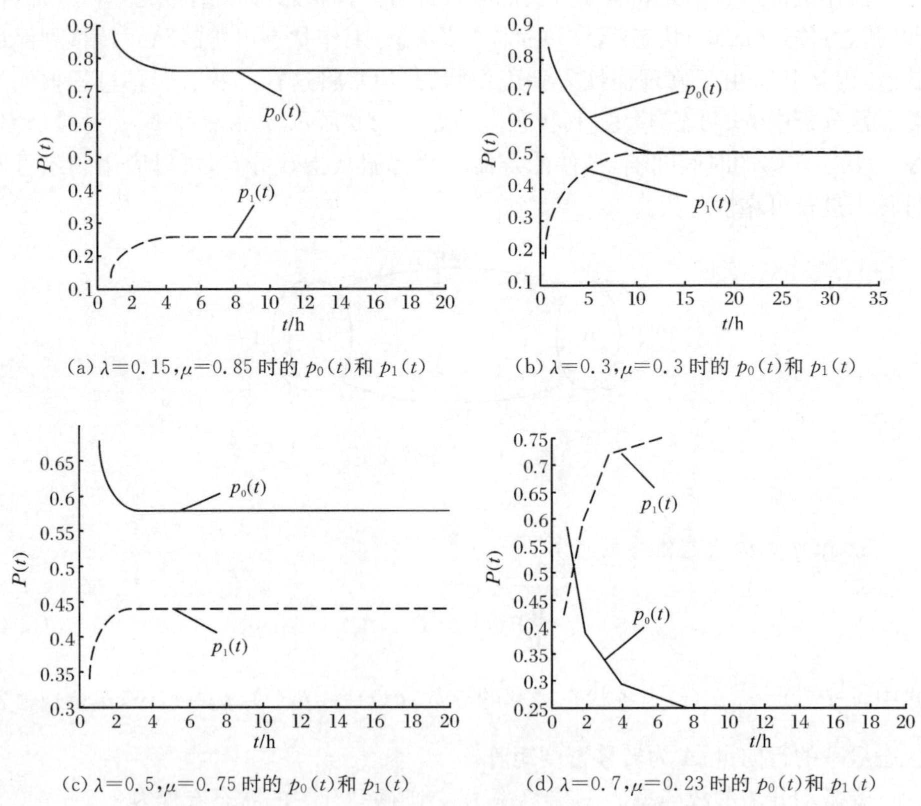

(a) $\lambda=0.15,\mu=0.85$ 时的 $p_0(t)$ 和 $p_1(t)$

(b) $\lambda=0.3,\mu=0.3$ 时的 $p_0(t)$ 和 $p_1(t)$

(c) $\lambda=0.5,\mu=0.75$ 时的 $p_0(t)$ 和 $p_1(t)$

(d) $\lambda=0.7,\mu=0.23$ 时的 $p_0(t)$ 和 $p_1(t)$

图 3.7 不同失效率、维修率时的工作状态、故障状态概率图

4. 结果分析

(1) 由图 3.7(a)可见，如果操作机构储能弹簧和微动开关的失效率较低($\lambda=$

0.15)，而维修率较高(μ=0.85)，则经过 9h 达到平稳状态概率，处于工作状态的概率为 0.76，处于故障状态的概率为 0.24。显然，当元件的失效率低而维修率高时，它的可靠性水平高，这也是在选择元件时经常把握的原则。

(2) 由图 3.7(b)可见，如果微动开关的失效率低(λ=0.3)且维修率也低(μ=0.3)，则要经过 15h 运行才达到平稳状态概率，处于工作状态和故障状态的概率均为 0.5，可见尽管元件的失效率低，但由于维修率也低，其工作状态的平稳状态概率并不高，仅有 0.5。

(3) 由图 3.7(c)可见，如果微动开关的失效率高(λ=0.5)且维修率也高(μ=0.75)，则经过 4h 运行就达到平稳状态概率，处于工作状态的概率为 0.55，处于故障状态的概率为 0.45，可见尽管元件维修率高，但由于失效率也高，其工作状态的平稳状态概率同样并不高，仅有 0.55。

(4) 由图 3.7(d)可见，如果微动开关的失效率高(λ=0.7)，而维修率低(μ=0.23)，工作状态的平稳状态概率很低，结论与实际情况相符。

(5) 综合上述四种情况可见，工作状态的平稳状态概率的大小由 λ/μ 决定，比值越小，工作状态的平稳状态概率越大；故障状态的平稳状态概率由 λ/μ 决定，比值越大，故障状态的平稳状态概率越小。所以，在选择元件时，不能仅仅重视元件的失效率或仅仅重视维修率的大小，而应该将两者综合起来考虑。

(6) 为了提高 CPS 操作机构的整体可靠性水平，必须对影响 CPS 操作机构可靠性的元件进行可靠性筛选试验。试验时间的确定是关键问题，通过马尔可夫过程计算的达到稳态可靠度的时间提供了问题的解答，当元件试验到平稳状态时间时，若元件仍可靠工作，则表明该元件的可靠性高，可用于作为 CPS 的元器件。

同时，由于 CPS 机构零件复杂，从零部件故障率和维修率的角度将 CPS 操作机构零部件分为三大类：弹簧部件、塑料部件和金属部件。

CPS 操作机构的热磁推杆、侧止动器、侧凸轮、摇臂、中止动器和主轴凸轮等部分为塑料件，其在出厂后可控制其维修率。通过游标卡尺对其各部件尺寸进行校准，不在公差范围内的零部件，为不合格零部件。由于模具打造问题造成的零部件不合格，其尺寸在正公差范围内的，可通过模具对相应不合格零部件进行打磨，使其符合要求；对于其在负公差范围内的零部件，不能维修，故其维修率为 0。CPS 操作机构的黄铜推杆、摇架和主轴部分为金属部件。金属零部件在出厂前，由相应模具打造，其不能像塑料零部件那样可打磨，故在出厂阶段应按照零部件的可靠性进行选型，金属零部件的维修率为 0。通常，金属零部件不易出现尺寸不合适的故障问题，其问题主要集中在安装位置不合适和零部件振动磨损等方面，可通过调整与其相配合的零部件位置的方式避免，具体可通过碰撞和振动试验来验证筛选。

3.3 基于 ADAMS 的操作机构运动过程的仿真分析

3.3.1 ADAMS 分析步骤

本节将以 CPS 操作机构为例介绍一般机械系统动力学自动分析的具体操作过程,包括具体的工作步骤及注意事项。

(1) 零件建模与装配。CPS 操作机构动作过程瞬间完成,包含高速的碰撞,涉及因素较多,因此难以在 UG 环境下精确建模。根据仿真所关心的对象问题,隐藏对仿真无影响的构件,通过 ADAMS 软件提供的图形接口模块,将简化后的模型导入 ADAMS,然后对各构件名称及颜色进行修改以便识别,新建 Nylon PA66 材料,并赋值给操作机构内部凸轮、止动器等塑料件,安装板、轴等材料属性选取 ADAMS 内置钢材。参照实物各弹簧的位置添加弹簧,准确定义弹簧的刚度系数、预作用力以及预作用力下的长度或角度以保证弹簧有正确的输出力特性。

(2) 约束的合理添加。样机约束的正确添加很重要,要充分考虑实际操作机构中可能存在的约束并对构件逐步添加,尤其要注意选择对象的顺序和约束方向是否正确,以保证各自由度都被正确约束,并经常对施加的约束进行试验,以保证没有约束错误。CPS 操作机构中的约束关系包括固定约束(fixed joint)、旋转约束(revolute joint)、滑移约束(translational joint)、碰撞或接触约束(contact)。

(3) 动力的准确施加。针对不同位置的操作机构,施加合理的模拟手动操作力或故障脱扣力,可仿真模拟操作机构合闸、分闸、脱扣、再扣 4 个运动过程。对操作机构 4 个动作过程分别施加如下动力:

① 合闸。以手柄指向末端标记点与转动中心标记点关于 X 轴的距离为第一自变量,以恒定力 13N 为因变量进行 AKISPL 插值施加手柄操作力。

② 分闸。采用阶跃函数生成一短时大脉冲力模拟手动操作力。

③ 脱扣。施加在过载推杆上的故障脱扣力由阶跃函数生成一个幅值为 5N 的小脉冲力模拟。

④ 再扣。由于再扣过程中构件运动轨迹存在重合的部分,利用样条插值方法施加手动操作力无法再以标记点间的距离为自变量实现。以时间为第一自变量,以两个方向相反的恒定力为因变量,合理选择施加力的时间节点进行 AKISPL 插值,施加手柄操作力。

3.3.2 CPS 操作机构的 ADAMS 分析

1) 合闸过程

当手柄旋钮位于分断位置时,侧止动器扣住侧凸轮,弹簧 1 拉伸储能,手动操作旋钮使中凸轮在手动力及扭簧的作用下顺时针旋转直至中止动器逆时针旋转扣住中凸轮，摇臂在中止动器的带动下逆时针旋转，释放对电磁传动机构导电夹的压力使触点闭合，控制回路导通使铁心吸合并释放对主电路触头支持的压力，触头闭合接通主电路完成合闸动作。分断位置的操作机构虚拟样机模型如图 3.8 所示。

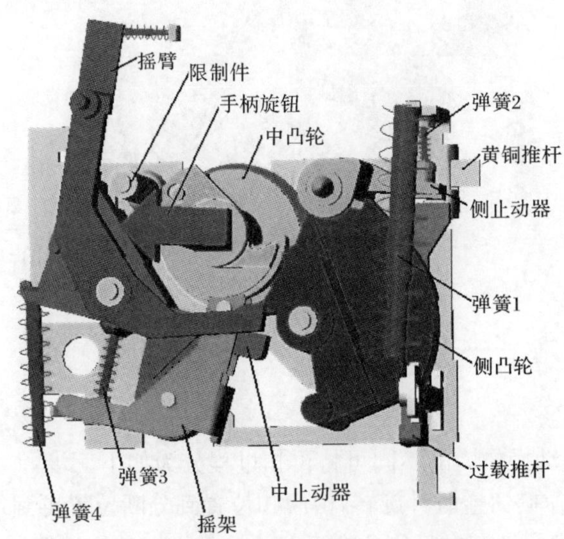

图 3.8　分断位置的操作机构虚拟样机模型

2) 分闸过程

当手柄旋钮位于自动控制位置时，侧止动器扣住侧凸轮，中止动器扣住中凸轮，手动操作旋钮使中凸轮逆时针旋转顶开中止动器后撤掉手动力，中凸轮在扭簧作用下旋转至分断位置被侧凸轮限位停止动作，中止动器被顶开后顺时针旋转并带动摇臂同向旋转，压迫导电夹使电磁传动机构触点分离，断开控制回路从而导致铁心释放并压迫主电路触头支持，主触头分离，断开主电路完成分闸动作。自动控制位置的操作机构虚拟样机模型如图 3.9 所示。

3) 脱扣过程

当 CPS 处于接通状态，带动负载正常工作时，若出现过载、过流等故障，侧止动器将受到来自过载推杆的力而逆时针旋转，旋转一定角度后，侧凸轮与侧止动器脱扣，并在弹簧 1 拉力的作用下逆时针旋转。侧凸轮顶开中止动器使中止动器对中凸轮的限位消失，中凸轮在扭簧的作用下逆时针旋转直至碰撞侧凸轮停止运动，中止动器被侧凸轮顶开而顺时针旋转并带动摇臂同向旋转，再通过操作机构与电磁传动机构及主电路接触组的并联动作完成脱扣动作。

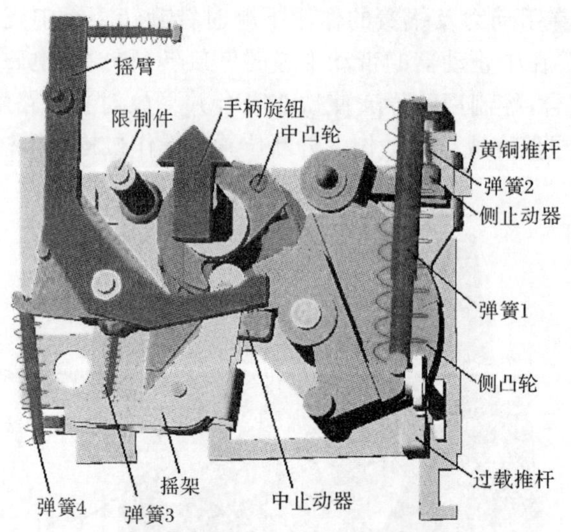

图 3.9 自动控制位置操作机构虚拟样机模型

4) 再扣过程

根据施加手动操作力的不同可将再扣过程分为如下三步：

(1) 手动操作旋钮逆时针旋转，由脱扣位置到分断位置再到复位位置，这一过程中，手动操作力持续存在且侧凸轮反向旋转至最大角度位置。

(2) 撤掉手动操作力，中凸轮会在扭簧作用下顺时针旋转至分断位置受侧凸轮限位而停止动作，侧凸轮在拉簧作用下回转一定角度被侧止动器扣住。

(3) 添加反向手动操作力使旋钮持续顺时针旋转至自动控制位置，第(3)步中构件间的运动及配合与合闸过程相同。脱扣位置操作机构虚拟样机模型如图 3.10 所示。

按照工程实际，在虚拟环境下完成上述工作后即可在 ADAMS 后处理阶段观察分析各构件的旋转角度、角速度以及平移位移、速度、加速度等动态信息。按照仿真理论，若仿真构件几何形体的质量、质心位置、惯性矩和惯性积与实际构件相同，则仿真结果是等价的。本书在未考虑构件装配中的碰撞、摩擦等因素但不影响横向讨论的前提下，得到如图 3.11～图 3.14 所示的操作机构合闸、分闸、脱扣、再扣过程中，中凸轮、侧凸轮、侧止动器、摇臂等关键对象构件的运动过程旋转角度曲线图。

(1) 合闸过程关键对象运动轨迹及仿真注意事项。根据 OFF 到 AUTO 实际动作过程中，针对给手柄施加力致使手柄旋转过 90°后手柄力即消失这一情况，若施加最简单的恒定力给手柄，则会导致手柄转过 90°后还会受到力的作用，即如若施加恒定力，不仅与实际情况不符，且会导致仿真结果不正确。因此尝试利用

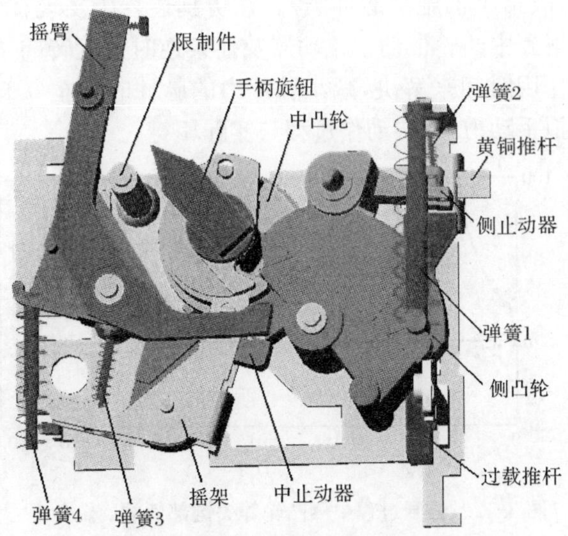

图 3.10　脱扣位置操作机构虚拟样机模型

AKISPL 插值方式施加力，以手柄箭头处 MARKER 与同平面上的中轴质心映射点 MARKER 的 X 轴距离为第一自变量，以大小为 13N 的恒定力为因变量，当距离减小至零时撤掉力，通过这种施加力的方式可以使仿真结果与实际情况有较高的近似度。

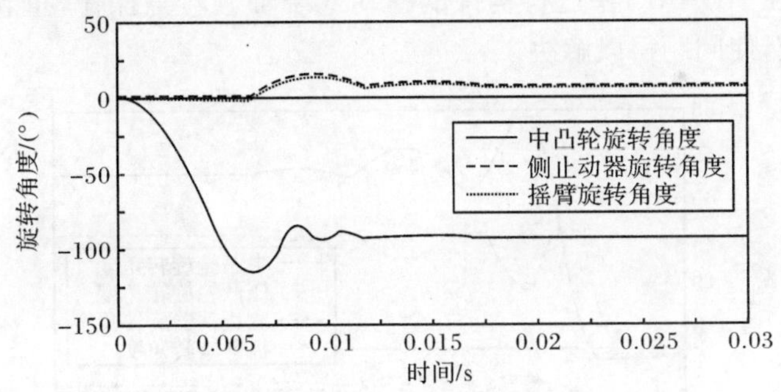

图 3.11　合闸过程中侧凸轮等关键部件的旋转角度

(2) 分闸过程关键对象运动轨迹及仿真注意事项。手柄逆时针旋转时，会遇到中凸轮扣住摇架里面的内轴而带动中止动器、摇架逆时针旋转的问题。在各构件间添加正确的碰撞约束的前提下，这种结果与施加在手柄旋钮上的力有直接关系。通过不断改变力的形式，包括由施加恒定力到施加脉冲力的尝试(考虑到实际情况 AUTO 到 OFF 的动作只需在开始瞬间给手柄旋钮一个较大的力，使中凸轮与摇架里面的内轴的扣位消失即可使中凸轮在扭簧的作用下自主旋转而不需要手动继续给力，故给手柄施加脉冲力)。在仿真过程中发现在给手柄施加脉冲力的情况下还会遇到中凸轮带动中止动器及摇架逆时针旋转的情况，这时尝试通过改变脉冲力的作用时间来解决，减小脉冲力的脉冲时间至 0.5ms，即用一个短时大脉冲力来模拟手动力，机构动作过程与实际相符。

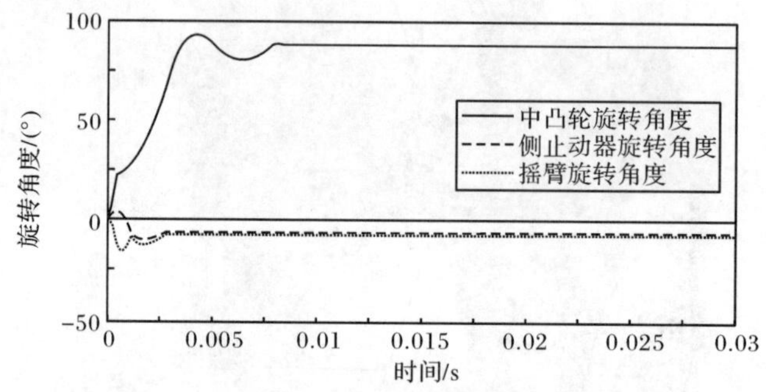

图 3.12　分闸过程中侧凸轮等关键部件的旋转角度

(3) 脱扣过程关键对象运动轨迹及仿真注意事项。仿真过程中，在还没有给过载推杆施加力的情况下，侧凸轮、中凸轮、侧止动器、中止动器等众多构件均有动态行为出现，与处于静止状态的正常情况有所不符，究其原因得知，在 UG 模型装配过程中，存在着侧凸轮与侧止动器、摇架与中凸轮等构件"咬合"的问题，即两构件之间的装配约束不正确，导致构件由正常状况的"相切"变为错误状况下的"相交"，通过在 ADAMS 中进行构件的移动或绕轴旋转等操作，重新合理装配构件之间的约束，使问题得以解决。

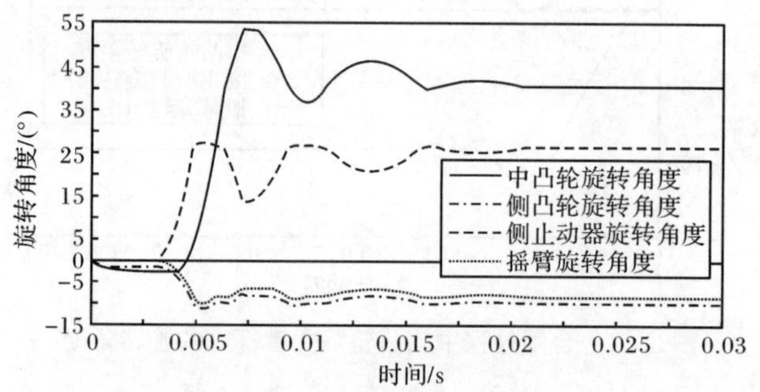

图 3.13　脱扣过程中侧凸轮等关键部件的旋转角度

(4) 再扣过程关键对象运动轨迹及仿真注意事项。①由于这一动作过程是一个过去又回来的过程，运动轨迹存在重合的部分，因此若再以 OFF 到 AUTO 过程的插值自变量施加力已经不合适。尝试以时间为自变量来进行插值施加力，但是以时间为自变量牵涉时间节点的拾取问题，即在什么时刻施加什么力，是正向力还是反向力，这就需要不断地仿真试验观察几个关键构件的运动轨迹来调整时间节点与力的合理配合，直至各构件运动过程与实际相符。②仿真过程中遇到的另一个问题是：各构件独立运动过程与实际相符，但是侧凸轮与侧止动器的配合出现问题，即动作完成后侧止动器没有扣住侧凸轮。究其原因，发现导致这一状况是由于在侧止动器处弹簧属于纯弹簧，即侧止动器处的弹簧动作太过灵敏，这时考虑到侧止动器处的弹簧刚度系数与其他几个弹簧相比很小，为了符合实际情况，给侧止动器处的弹簧添加一个很小的阻尼系数，再次仿真可观察到各部件运动过程及配合与实际情况相符，问题得到解决。

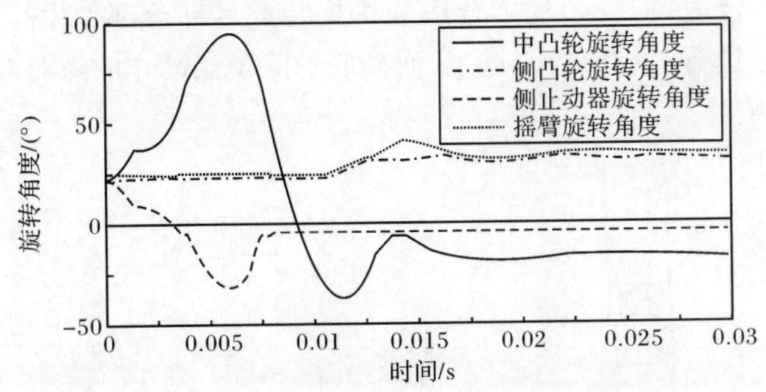

图 3.14 再扣过程中侧凸轮等关键部件的旋转角度

分析上述仿真结果曲线图并对照产品实际动作过程，在理想仿真条件下，CPS操作机构各构件旋转角度与工程实际十分相近，构件之间由于碰撞等相互作用造成的振动等现象在无阻尼的纯粹条件下比现实情况更加明显。这非但不会影响仿真过程的正确性与有效性，而且会更加直观地体现构件间的相互作用关系，具有较高的指导意义。

3.4 基于ADAMS的操作机构故障状态的仿真分析

在控制与保护开关电器的生产、试验及实际使用过程中发现操作机构的故障主要集中在误动作、拒动作和能正常动作但动作性能不理想这三方面。其中误动作和拒动作是影响CPS操作机构不能正常动作的主要因素。

误动作是指在未发生过载、过流或短路情况时，CPS操作机构自身模块故障，或是操作机构与其他机构的动作配合过程中出现故障，使CPS不能正常开断主电路，导致辅助信号误报而引起正常电路开断，或者是无闭合指令时，继电器和脱扣器再扣导致CPS闭合。

拒动作是指当发生过载、过流或短路情况时，CPS操作机构、电磁机构或热磁等模块故障，使CPS未及时开断电路，或者是导致辅助信号拒报而引起故障电路不能开断。

误动作故障的主要原因为：当 CPS 从分闸释能状态过渡到分闸储能状态时，由于某些因素导致中止动器和主轴凸轮不能顺利再扣，中止动器的左端圆弧面顶在主轴凸轮的平面上，导致中止动器不能顺利逆时针转动到图 3.15 所示的位置。于是与主轴凸轮相关的联锁保护结构起作用，使合闸按钮、电磁传动机构、操作机构手柄和辅助模块都不能正常动作。若操作机构在中止动器未再扣时，硬是将机构的储能弹簧进行释能，将严重损伤操作机构相关部件。前面所述的导致中止动器和主轴凸轮不能顺利再扣的主要因素有：主轴凸轮与中止动器的接触面过于粗糙、弹簧参数不合适、推杆超程不合适和机构装配后部分部件发生干涉现象等。针对以上原因，进行了相应的改进，从而彻底消除了误动作故障对 CPS 操作机构正常动作的影响。

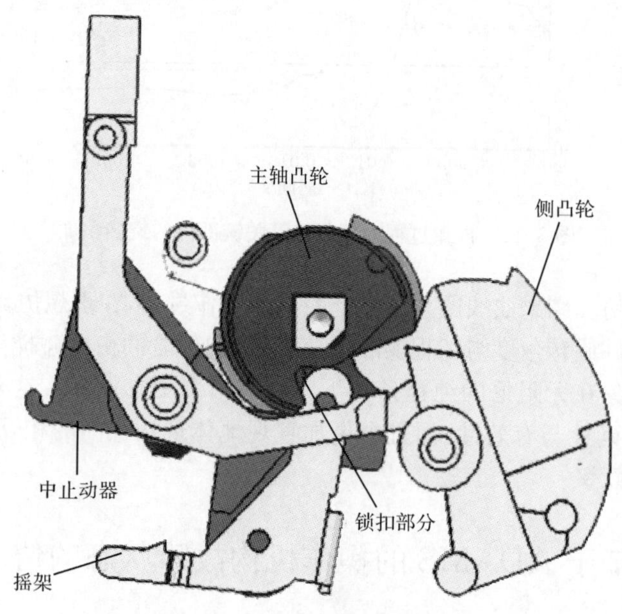

图 3.15　操作机构锁扣状态图

拒动作故障的分析从表现形式来看可分为两类：一类为操作机构主轴凸轮解锁后复位再扣拒合；另一类为主轴凸轮不能解锁而拒分。第一类复位再扣拒合故障的原因主要是在操作机构复位过程中，中止动器卡死，不能逆时针旋转，从而不能与主轴凸轮形成锁扣，操作机构不能实现再扣动作。第二类拒分的原因是主轴凸轮所受的综合力矩不小于零(逆时针为正)，主轴凸轮不能顺时针转动，从而中止动器和主轴凸轮之间的锁扣不能解锁，机构不能运动。导致主轴凸轮所受的综合力矩不小于零的因素有以下几种：主轴凸轮与摇架相接触的平面表面较粗糙，导致受力的方向存在较大随机性，从而引起力臂及力矩的大小不稳定，若过小则可能导致拒分故障；若过大则可能导致主轴凸轮与中止动器之间的接触正压力过大，内表面镀层脱落而堵转，摩擦阻力矩增大，引起脱扣力过大而损坏零部件，操作机构不能正常脱扣。脱扣力过大的原因还有：中止动器与主轴凸轮的接触处的表面粗糙导致摩擦系数过大、主轴上的扭簧参数退化和中止动器与上安装板连接的拉簧变形参数退化等。针对以上问题，提出了相应的解决措施，消除了拒动作故障，提高了操作机构动作的可靠性。

从实际CPS使用过程中出现的问题来看，操作机构故障主要表现在误动作产生的故障方面，故本节将通过动态仿真软件ADAMS着重分析误动作故障下操作机构的动态特性。对误动作故障中的操作机构不能正常动作（或是能正常动作，但是动作特性不理想）、操作机构旋转手柄故障和辅助机构报警等故障进行了仿真分析，并对操作机构的相关参数进行了优化设计，以减少和避免故障的产生。

3.4.1　操作机构不能正常脱扣的故障分析及优化

根据对产品试验和实际使用的情况，CPS操作机构不能正常脱扣的故障主要表现在机构轴销断裂、打滑、磨损，连杆卡死、分断不到位，储能弹簧失效、弹簧断裂等原因，而操作机构关键零部件的可靠性决定了CPS能否正常脱扣，另外，一小部分故障是由装配中工艺的限制因素导致的，也有个别因用户使用不当而导致故障。

本节主要针对CPS储能弹簧导致的操作机构故障进行分析设计和改进。其中，储能弹簧参数退化造成的操作机构不能正常脱扣的故障原因，主要包括侧止动器和下安装板之间的拉簧参数不合适、中止动器和上安装板之间的拉簧参数不合适和主轴上扭簧参数不合适这几种，下面以侧止动器和下安装板间的弹簧导致操作机构故障为例，在ADAMS里建立操作机构故障状态模型，对其进行求解分析。通过对关键零部件改进前后操作机构仿真数据的处理和分析，CPS操作机构的可靠性得到极大的提高。

1. 简化模型和修改构件特性

侧止动器和下安装板之间的弹簧参数不合适，会影响侧凸轮部分动作，侧凸轮旋转角度不够，侧凸轮被侧止动器卡住，不能正常旋转，将直接导致摇臂部分和主轴部分动作不正常，操作机构动作不正常。在ADAMS中的建模仿真分析如下。

当操作机构处于自动控制AUTO位置时，热磁模块或接触组模块产生故障时，操作机构通过短路推杆或热磁推杆接收故障信号，即热磁推杆受到如图3.16所示Y轴负方向的力，推动侧止动器逆时针旋转，旋转至一定角度后，侧止动器对侧凸轮的限位消失，侧凸轮在侧凸轮与上安装板间凸轮拉弹的作用下逆时针旋转，从而带动中止动器和主轴凸轮旋转，中止动器和主轴凸轮间的锁扣消失，操作机构完成脱扣过程，在实际生产和使用过程中，经常出现侧凸轮动作不正常的现象，由于侧止动器与下安装板间的压缩弹簧参数不合适或者由于弹簧的长期使用使弹簧参数退化，在承受相同强度的力作用时，会出现抖动现象。下面将针对故障状态下的操作机构进行仿真分析，并对弹簧参数进行改进，优化弹簧的运动参数等，以减少故障产生的概率，有利于其优化设计和延长 CPS 操作机构的机械寿命和电寿命。

1) 简化模型

在 UG 里简化 CPS 操作机构模型(由于操作机构结构复杂，相应地简化操作机构模型，不影响仿真分析)，对相关部件进行简化处理，存储为 x_t 格式，导入 ADAMS 的模型如图 3.16 所示。

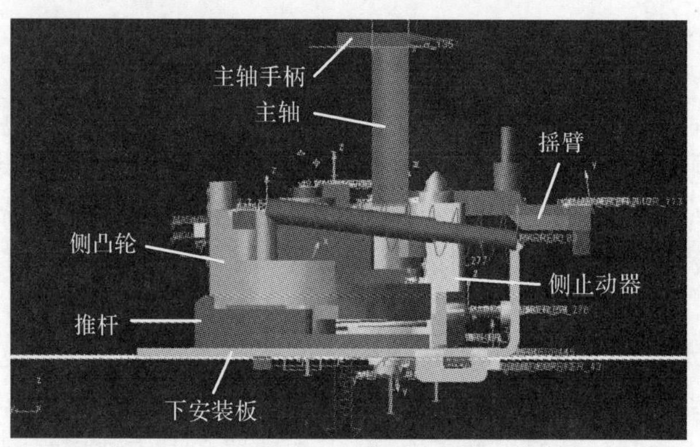

图 3.16　简化后的操作机构侧面图

2) 修改构件特性

简化三维模型构件以后，在 ADAMS 中可以编辑构件的属性和构成构件元素的属性，包括构件颜色、位置、名称和材料属性等信息。如果不进行这些信息的修改，在计算过程中就会出现错误信息。构件的属性包括名称、方位、外观、材料属性和可见性等。此外，对于有需要或有要求的构件，还要修改构件的质量信息、构件的初始速度、构件的初始方位等信息。

2. 添加约束及载荷

在 ADAMS 里给操作机构添加固定约束、旋转约束、移动约束、设置弹簧参数、接触碰撞约束和力等。约束及载荷添加情况如表 3.1 所示。

表 3.1　操作机构约束及载荷添加表

约束名称	零件	相对关系	作用
固定约束 Fixed1	下安装板	地	让下安装板相对地固定
固定约束 Fixed2	轴 O_1	下安装板	轴 O_1 相对下安装板固定
固定约束 Fixed3	轴 O_2	下安装板	轴 O_2 相对下安装板固定
固定约束 Fixed4	轴 O_3	下安装板	轴 O_3 相对下安装板固定
固定约束 Fixed5	主轴凸轮	主轴 O_1	中凸轮相对主轴 O_1 固定
固定约束 Fixed6	轴销	摇架	轴销相对摇架固定
固定约束 Fixed7	限制件	下安装板	限制件相对下安装板固定
移动约束 Trans1	推杆	下安装板	推杆相对下安装板移动
移动约束 Trans2	黄铜推杆	下安装板	黄铜推杆相对下安装板移动
旋转约束 Rev1	侧凸轮	轴 O_3	侧凸轮相对下安装板旋转
旋转约束 Rev2	侧止动器	下安装板	侧止动器相对下安装板转动
旋转约束 Rev3	中止动器	轴 O_2	中止动器相对轴 O_2 旋转
旋转约束 Rev4	摇臂	轴 O_2	摇臂相对轴 O_2 旋转
旋转约束 Rev5	主轴	下安装板	主轴相对下安装板旋转
接触碰撞 Contact1	推杆	侧止动器	推杆接触碰撞侧止动器
接触碰撞 Contact2	侧止动器	侧凸轮	侧止动器接触碰撞侧凸轮
接触碰撞 Contact3	黄铜推杆	下安装板	黄铜推杆接触碰撞下安装板
接触碰撞 Contact4	摇架	摇臂	摇架对摇臂起限位碰撞作用
接触碰撞 Contact5	中止动器	侧凸轮	侧凸轮对中止动器起限位作用
接触碰撞 Contact6	摇臂	限制件	限制件对摇臂起限位作用
接触碰撞 Contact7	中凸轮	摇架	主轴凸轮和摇架接触碰撞
接触碰撞 Contact8	中凸轮	侧凸轮	主轴凸轮和侧凸轮接触碰撞
接触碰撞 Contact9	中止动器	黄铜推杆	中止动器推动黄铜推杆动作
接触碰撞 Contact10	中止动器	摇架	中止动器接触推动摇架动作
接触碰撞 Contact11	推杆	黄铜推杆	推杆接触碰撞黄铜推杆
弹簧 Th1	侧止动器	下安装板	侧止动器和下安装板之间的压缩弹簧刚度系数 $K=88\text{N/m}$
弹簧 Th2	侧凸轮	下安装板	侧凸轮和下安装板之间的压缩弹簧刚度系数 $K=1120\text{N/m}$
弹簧 Th3	中止动器	摇架	刚度系数 $K=60\text{N/m}$
弹簧 Th4	中止动器	上安装板（用对地固定模块代替）	刚度系数 $K=200\text{N/m}$

3. 仿真求解分析

故障状态下，侧止动器和下安装板间的压缩弹簧的刚度系数为 60N/m 时，预载荷长度保持不变，仿真可得操作机构故障状态下侧止动器旋转角度的运动曲线和推杆运动位移曲线如图 3.17 和图 3.18 所示。由图可知，CPS 操作机构脱扣时，侧止动器部分出现剧烈抖动现象，直接影响与其接触碰撞的侧凸轮剧烈抖动，导致操作机构的其他零部件运动错位，使操作机构的零部件磨损，直接影响操作机构的动作可靠性，严重时，零件磨损，部件卡位，影响操作机构的正常脱扣。

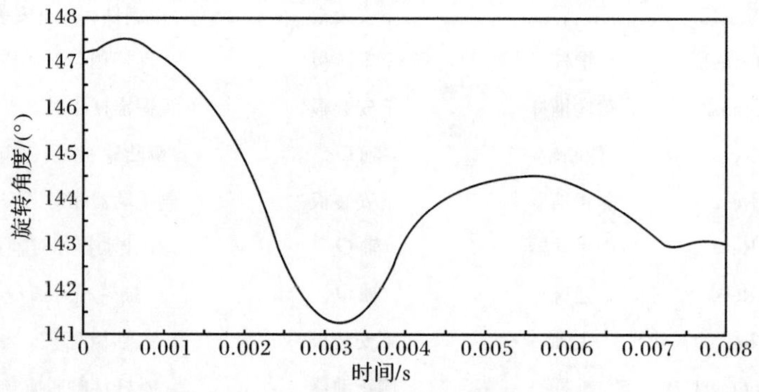

图 3.17 故障状态的中止动器旋转角度曲线

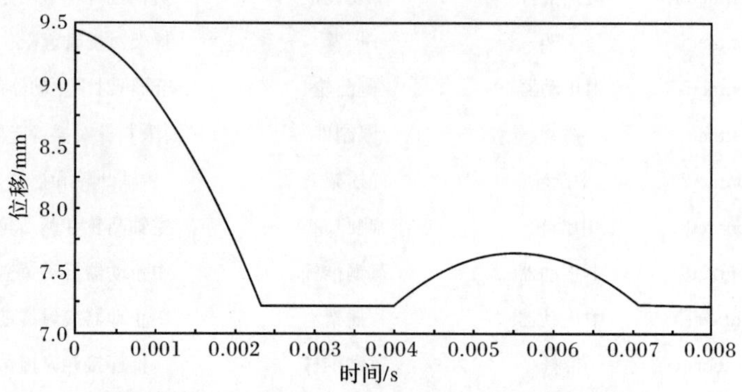

图 3.18 故障状态推杆运动位移曲线

4. 优化弹簧参数

通过优化侧止动器和下安装板间压缩弹簧的参数特性，来解决操作机构动作过程中出现的抖动现象。当侧止动器和下安装板之间的压缩弹簧的刚度系数设置如图 3.19 所示时，即侧止动器和下安装板之间的压缩弹簧的刚度系数为 88N/m，有预载荷。

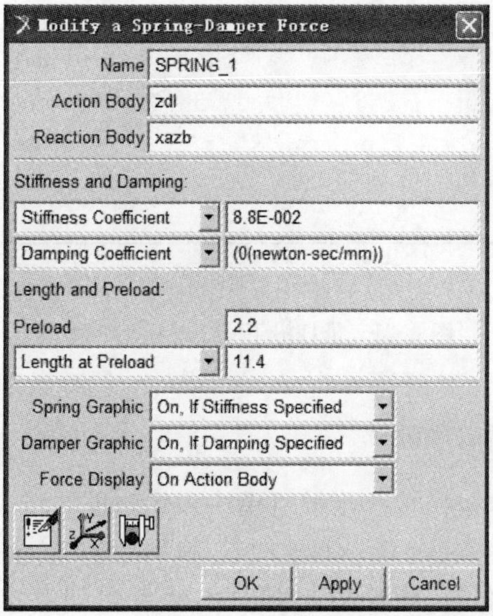

Modify a Spring-Damper Force
Name
SPRING_1
Action Body
zdl
Reaction Body
xazb
Stiffness and Damping:
Stiffness Coefficient
8.8E-002
Damping Coefficient
(0(newton-sec/mm))
Length and Preload:
Preload
2.2
Length at Preload
11.4
Spring Graphic
On, If Stiffness Specified
Damper Graphic
On, If Damping Specified
Force Display
On Action Body
OK
Apply
Cancel

图 3.19　预载荷设置框

优化弹簧参数后,仿真得到的侧止动器的旋转角度曲线如图 3.20 和图 3.21 所示。对比操作机构故障状态的曲线图,可知当弹簧刚度系数为 88N/m 时,推杆上加的作用力为 3N 时,侧止动器在推杆的推动下压缩弹簧,侧止动器逆时针旋转,且没有剧烈抖动现象。由图 3.20 可知,操作机构通过推杆接收到故障信号,由自动控制 AUTO 位置动作至脱扣 Trip 位置时,侧止动器逆时针旋转了 4.5°,且侧止动器旋转角度变化较为平稳,没有发生剧烈抖动,推杆沿下安装板运动位移变化曲线也较为平稳无抖动,推杆运动位移曲线显示,推杆沿下安装板运动了 2.25mm。此时,操作机构能正常脱扣,实现 CPS 故障短路保护功能。

148
147
146
145
144
143
旋转角度/(°)
0
0.001
0.002
0.003
0.004
时间/s

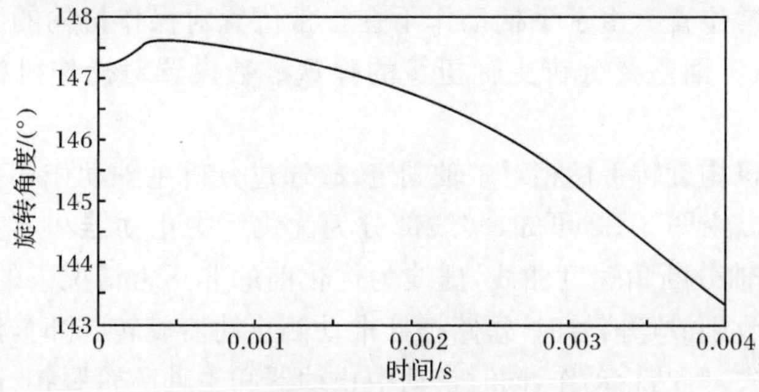

图 3.20　侧止动器旋转角度曲线图

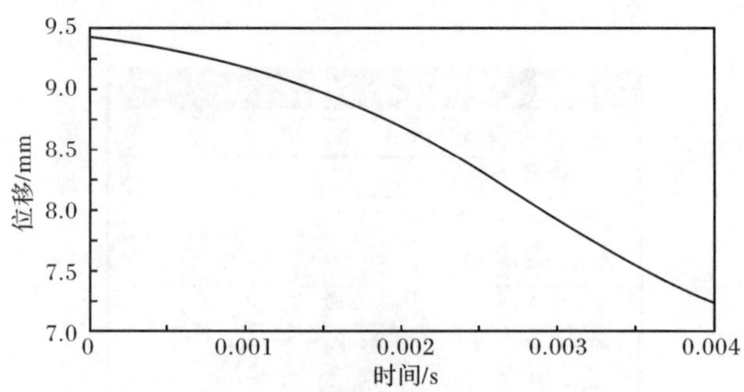

图 3.21 推杆沿下安装板运动位移图

3.4.2 操作机构手柄故障分析

正常脱扣时，操作机构接收接触组模块和热磁模块传来的故障信号，脱扣后手柄应从自动控制位置随主轴一起逆时针旋转至脱扣位置，但实际中，会出现手柄旋转位置不在正常位置，或者主轴扭簧和中凸轮拉弹参数由于长期使用性能退化的情况，会导致操作机构误动作，操作机构手柄处于欠位置或者超位置，或者脱扣速度很慢，脱扣动作时间长，对操作机构的复位再扣动作及操作机构性能有一定的影响。将故障状态下的操作机构导入 ADAMS 进行仿真分析。

1. 手柄不在正常位置时的故障分析

脱扣动作完成后，手柄不在正常位置的原因分析如下。侧凸轮与下安装板之间的侧凸轮拉弹参数不合适，导致操作机构在完成脱扣动作后，摇臂随中止动器顺时针旋转一定角度后在侧凸轮的限位下停止旋转；侧凸轮拉弹参数不合适，影响凸轮的正常动作，侧凸轮在给中止动器限位时发生抖动，或者位置不合适都会导致主轴、主轴手柄和主轴凸轮运动受影响，主轴手柄在运动过程中抖动或者最终停止在非正常位置。由于手柄动作不在正常位置对操作机构的脱扣性能没有较大的影响，故下面主要分析主轴扭簧的弹簧参数设置对操作机构脱扣性能的影响。

由于操作机构旋转手柄相对主轴固定，故通过分析主轴动作相关曲线可得手柄的旋转情况。由图 3.22 可知，实线部分为优化后中止动器和上安装板之间弹簧参数后的主轴分断角速度曲线，虚线为优化前的非正常情况下的角速度曲线，当操作机构接收到故障信号时，短路推杆推动侧止动器旋转，此时，侧止动器对侧凸轮的限位消失，侧凸轮动作，同时带动中止动器和主轴凸轮脱扣，此时主轴随着主轴凸轮开始逆时针旋转。图中曲线主轴旋转角速度慢慢增加，最后主轴凸轮在主轴扭簧和侧凸轮的共同作用下停止旋转，完成脱扣动作。如图 3.22 所示，主轴也随主轴凸轮的停止而停止不动，最后的主轴角速度为零。图中，虚线部分为非正常情况下主轴旋转曲线，实线为优化设计后的主轴旋转曲线。对比实线和虚线可知，虚线部分由于弹簧长期使用参数退化或者刚开始参数设置不合适等各种因素影响，在最后接近稳定部分，主轴角的速度出现上下浮动，即此时操作机构主轴和主轴凸轮等出现抖动现象。在实线部分优化弹簧参数后，在接近稳定部分，曲线并无剧烈抖动现象，消除了操作机构脱扣抖动现象，保证了操作机构的可靠性，增加了操作机构的使用寿命。

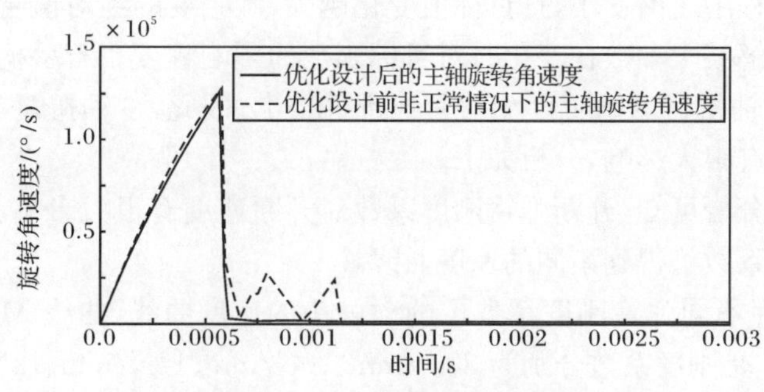

图 3.22　主轴旋转曲线图

2. 手柄旋转速度过慢的问题分析

通过操作机构的手柄可对 CPS 进行就地手动控制，来分断主电路，实现短路分断保护功能。操作机构必须复位后才能再次脱扣，当自动控制时，操作机构接收接触组模块和热磁模块传来的故障信号，脱扣后手柄应从自动控制位置随主轴一起逆时针旋转至脱扣位置，但实际试验中，会出现手柄旋转位置不在正常位置，处于欠位置或者超位置，或者脱扣速度过慢，脱扣性能不理想等情况，对操作机构的复位再扣动作及操作机构性能有一定的影响。此现象是由主轴部分的扭簧参数不合适或者弹性衰减产生的。下面详细分析这些影响因素。

主轴部分的扭簧是操作机构的一个重要构件，它是操作机构自由脱扣运动的主要驱动之一，所以主轴扭簧参数对整个操作机构的分断性能有着重要的影响，同时影响主轴的旋转和主轴手柄的旋转。在此通过 ADAMS 提供的设计研究的方法对其进行分析。

设计研究(design study)主要研究在某个变量变化时，虚拟样机的主要性能参数将如何变化，设计研究过程中，在特定范围内对某个参数设置不同的值，然后每次取一个不同的设计参数进行分析，完成设计研究后以报表的形式列出每次分析的数据结果，通过分析设计参数的影响，用户可以得到以下信息：

(1) 在设计参数的变化过程中虚拟样机性能的变化情况；

(2) 在指定设计参数的分析范围内找出最佳参数值；

(3) 设计参数对虚拟样机性能的近似敏感度。

敏感度是指前后两次试验中设计敏感度的平均值，该值可以表示为 S_t：

$$S_t = \frac{1}{2}\left(\frac{O_{t+1} - O_t}{V_{t+1} - V_t} + \frac{O_t - O_{t-1}}{V_t - V_{t-1}}\right) \tag{3.8}$$

式中，O 为目标值；V 为设计参数值；t 为迭代次数。

敏感度的值可正可负，正值表示目标值在迭代过程中逐渐增大，负值表示目标值在迭代过程中逐渐变小，且目标值变化越大，敏感度的绝对值越大，故可以通过这个值来了解某个参数在变化时对目标函数的影响程度。若手柄动作不正常，则操作机构主轴扭簧的敏感度相对其他部件要大，因此，主轴扭簧参数设置对操作机构的脱扣有很大影响，分析如下。

从前面的分析可知，开断弹簧刚度系数对开断速度有很大影响。下面分别改变弹簧的刚度系数可得到不同的速度曲线。

图 3.23 为不同弹簧刚度系数下的动触头的速度曲线，曲线 MEA2、MEA6、MEA9、MEA7 是刚度系数分别为 30N/mm、20N/mm、17N/mm、12N/mm。

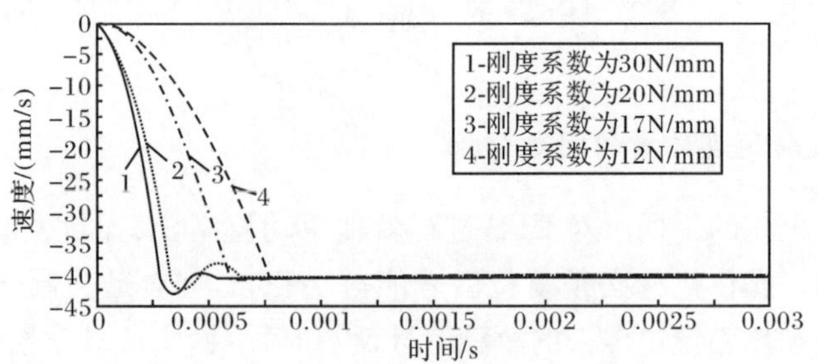

图 3.23　操作机构主轴扭簧扭力分布图

从图 3.23 中可以看出，增加分断弹簧的刚度系数可以提高开断速度和减少开断时间。但随着弹簧刚度系数增大的同时，也增大了操作力，对操作机构及整个系统的强度要求也提高了。从仿真结果可以得到，在上述 4 个刚度系数下所需的操作分断时间随弹簧刚度系数的增大而减小，且随着刚度系数的优化，操作机构主轴扭簧抖动明显减小，增加了操作机构动作的可靠性。可见，提高刚度系数对分闸速度和分闸可靠性的改善也是显著的，在操作机构和整个系统强度的允许下，可以适当增大刚度系数来提高开断速度。

3.4.3　辅助机构报警故障分析

当多功能电器发生故障，如过载、过流、短路、分励等时，通过操作机构带动推杆和微动开关动作，使故障报警信号端子由常开转换为常闭，发出报警信号。当操作机构手柄处于AUTO位置时，通过操作机构推动微动开关动作，使手柄状态指示端子由常开转换为常闭，发出备妥信号，当外界通过端子将分励脱扣器的控制端接入相应的控制电压时，分励脱扣器动作，带动顶杆动作，进一步推动操作机构的推杆动作，最终分断主电路，实现CPS的保护功能。

开断速度和机械寿命主要取决于操作机构零部件的结构形式和加工工艺水平。首先，很多零部件本身的材料和结构具有弹性。部件一方面绕固定坐标系运动，另一方面相对自身局部坐标系作弹性变形运动，即部件变形。部件的形状和关键轴的位置对操作机构动作有很大的影响。其次，中止动器动作不正常，影响黄铜推杆动作不正常，直接影响辅助机构故障不报警，操作机构能故障脱扣，但是辅助模块故障报警信号端子不能由常开转换为常闭，不能发出报警信号，产生辅助机构模块报警故障。下面将以操作机构中止动器动作不正常导致的辅助机构不报警故障为例进行分析。在ADAMS中建立其动态仿真模型，对其进行仿真求解分析。

1. 简化模型和修改构件特性

在UG里简化CPS操作机构模型，对相关部件进行简化处理，存储为x_t格式，导入ADAMS的模型如图3.24所示。

图3.24　简化后的操作机构正面图

简化三维模型构件以后，在ADAMS中可以编辑构件的属性和构成构件元素的属性，包括构件颜色、位置、名称和材料属性等信息，同时修改构件的质量信息、构件的初始速度、构件的初始方位等信息。

2. 添加约束及载荷

在 ADAMS 里给操作机构添加固定约束、旋转约束、移动约束、设置弹簧参数、接触碰撞约束和力等。约束及载荷添加情况简化如表 3.2 所示。

表 3.2 操作机构约束及载荷添加表

约束名称	零件	相对关系	作用
固定约束 Fixed1	下安装板	地	让下安装板相对地固定
固定约束 Fixed2	轴 O_1	下安装板	轴 O_1 相对下安装板固定
固定约束 Fixed3	轴 O_2	下安装板	轴 O_2 相对下安装板固定
固定约束 Fixed4	轴 O_3	下安装板	轴 O_3 相对下安装板固定
固定约束 Fixed5	中凸轮	主轴 O_1	中凸轮相对主轴 O_1 固定
固定约束 Fixed6	轴销	摇架	轴销相对摇架固定
固定约束 Fixed7	限制件	下安装板	限制件相对下安装板固定
移动约束 Trans1	推杆	下安装板	推杆相对下安装板移动
移动约束 Trans2	黄铜推杆	下安装板	黄铜推杆相对下安装板移动
旋转约束 Rev1	侧凸轮	轴 O_3	侧凸轮相对下安装板旋转
旋转约束 Rev2	侧止动器	下安装板	侧止动器相对下安装板转动
旋转约束 Rev3	中止动器	轴 O_2	中止动器相对轴 O_2 旋转
旋转约束 Rev4	摇臂	轴 O_2	摇臂相对轴 O_2 旋转
旋转约束 Rev5	主轴	下安装板	主轴相对下安装板旋转
接触碰撞 Contact1	推杆	侧止动器	推杆接触碰撞侧止动器
接触碰撞 Contact2	侧止动器	侧凸轮	侧止动器接触碰撞侧凸轮
接触碰撞 Contact3	黄铜推杆	下安装板	黄铜推杆接触碰撞下安装板
接触碰撞 Contact4	摇架	摇臂	摇架对摇臂起限位碰撞作用
接触碰撞 Contact5	中止动器	侧凸轮	侧凸轮对中止动器起限位作用
接触碰撞 Contact6	摇臂	限制件	限制件对摇臂起限位作用
接触碰撞 Contact7	中凸轮	摇架	主轴凸轮和摇架接触碰撞
接触碰撞 Contact8	中凸轮	侧凸轮	主轴凸轮和侧凸轮接触碰撞
接触碰撞 Contact9	中止动器	黄铜推杆	中止动器推动黄铜推杆动作
接触碰撞 Contact10	中止动器	摇架	中止动器接触推动摇架动作
接触碰撞 Contact11	推杆	黄铜推杆	推杆接触碰撞黄铜推杆

3. 仿真分析

操作机构通过黄铜推杆输出故障报警信号，操作机构在动作过程中，黄铜推杆随中止动器的动作而动作，中止动器顺时针旋转带动黄铜推杆沿下安装板向图 3.24中 X 负轴方向滑动，黄铜推杆推动辅助报警机构的触点由常开变为闭合，发出报警信号。由于长期使用，零部件摩擦抖动磨损，关键杆件质心位置变化，形状发生小的变化，操作机构中侧凸轮在操作机构关闭、复位、脱扣和再扣动作中最为频繁，接触的部件最多，其与侧止动器、侧凸轮拉弹、主轴凸轮和中止动器等部分接触摩擦，在运动过程和稳态时，受到中止动器给其逆时针方向的作用力，主轴凸轮扭簧给其垂直轴向的支撑力，侧凸轮拉弹簧给其顺时针方向的作用力，侧凸轮的质心位移变化和部件的一点形变，会直接导致中止动器的限位发生变化，中止动器的稳态位置发生变化，黄铜推杆在中止动器的影响下沿下安装板 X 轴负向的运动位移发生变化。仿真求解图如图 3.25 所示。针对需要分析的辅助机构相应故障，下面主要分析操作机构黄铜推杆的位移变化图来分析操作机构和辅助模块之间的动作配合关系。

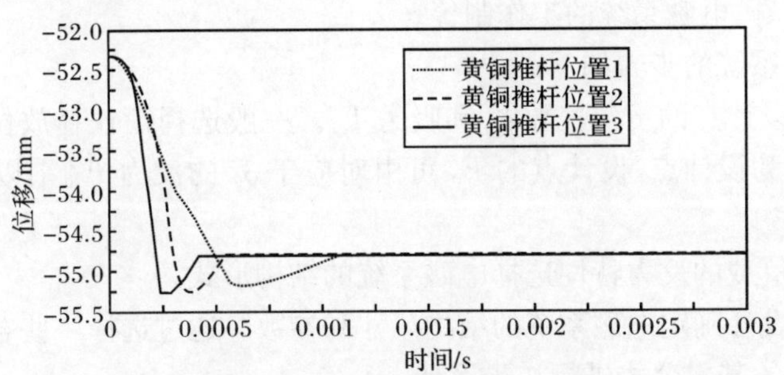

图 3.25　黄铜推杆位移曲线图

同时，合理调整侧凸轮拉弹的弹簧参数，能有效减少操作机构各部件的摩擦磨损，减小部件形变或者部件位置发生变化对操作机构黄铜推杆运动位移的影响，减少操作机构误动作对辅助模块报警机构误动作的影响，还可以调高操作机构的分断性能。如图 3.25 所示，点线、虚线和实线分别表示侧凸轮拉弹的弹簧参数变化时，操作机构黄铜推杆运动了 3mm 左右，操作机构的分断速度提高了，增加了操作机构的分断特性和可靠性，调高了机构各部件的机械寿命。

第4章　低压电器电磁系统静态特性仿真分析

4.1　低压电器电磁系统的设计及分类

在低压电器中，电磁系统是一种把电磁能转换为机械能的电磁元件。电磁系统的设计是在满足规定的工作特性要求下，选择电磁系统的结构形式，确定其结构尺寸和参数等。设计电磁系统的原始数据是：电压线圈的额定电压 U、电流线圈的额定电流 I 及其允许的波动范围，负载的反力待性 $F(f)=f(\delta)$，线圈与铁心的允许发热温升、电磁系统的工作制等。

设计电磁系统的步骤如下：

(1) 确定设计点的工作气隙 δ_0 和吸力 F_0。一般选择衔铁释放位置或反力特性的突跳点作为设计点，设计点的 F_0 可由对应于 δ_0 的反力 F_{f0} 乘以安全系数 k_u 来确定。

(2) 根据负载的反力特性选择电磁系统的结构形式。

(3) 初步设计确定电磁系统的结构尺寸和参数。通过选择一些合理的设计参数。利用简化的基本公式进行初步设计。

(4) 验算。按确定的尺寸和参数，验算线圈与铁心温升，计算静态吸力特性和其他特性，评价经济技术指标(质量、价格等)。

电磁系统的设计往往要经过多次反复才能得到满意的结果。

电磁系统的结构形式很多，可按不同的方式来分类。按磁系统形式可分为U形、E形、盘式和螺管式等；按衔铁运动方式可分为转动式、直动式和拍合式；按衔铁相对于线圈的位置可分为吸引式和吸入式，有时分别称为外衔铁式和内衔铁式；按线圈供电的电源种类分为交流和直流；按照线圈连接方式分为并联线圈和串联线圈，有时分别称为电压线圈和电流线圈。

电磁系统的设计，首先要选择电磁系统的结构形式，下面就电磁系统结构形式的选择进行分析。

4.1.1　按特性配合选择电磁系统的结构形式

合理的电磁系统结构形式(图4.1)应能使其静态吸力特性和反力特性得到良好的配合，不同形式的电磁系统具有不同的吸力特性。

1. 直流电磁系统

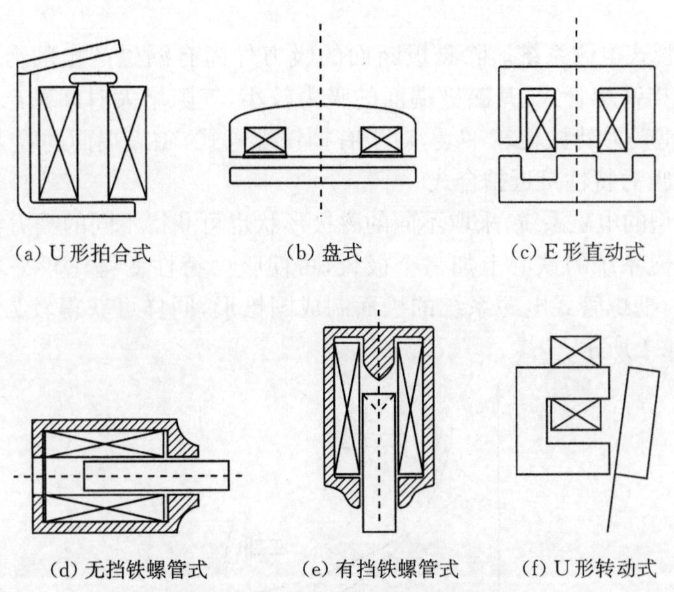

图 4.1　电磁系统的结构形式

直流电磁系统常用的结构形式有盘式、拍合式和螺管式等，其吸力特性曲线如图 4.2 所示。

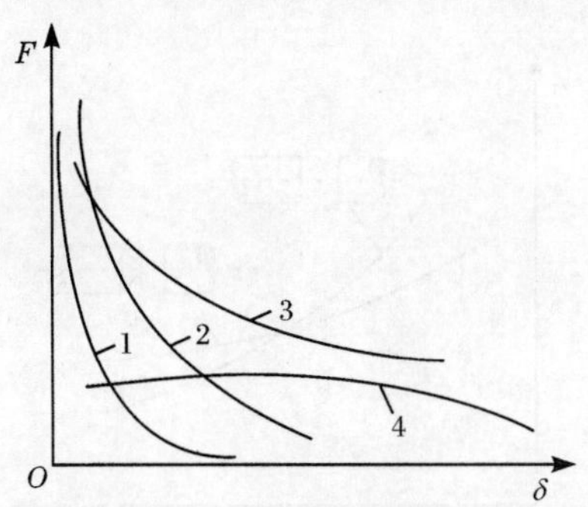

图 4.2　几种直流电磁系统的吸力特性
1-盘式；2-拍合式；3-有挡铁螺管式；4-无挡铁螺管式

(1) 盘式电磁系统。盘式电磁系统的磁极面积很大，而磁路很短，在气隙小时能获得非常大的吸力，它有两个串联的工件气隙，因此随着气隙的增大，吸力下降很快，故吸力特性非常陡峭。

(2) 拍合式电磁系统。拍合式电磁系统只有一个工作气隙，另外有一个棱角气隙，因此随着气隙的增大，吸力下降很快，但比盘式要缓和一些，故吸力特性也比较陡峭。

(3) 螺管式电磁系统。除磁极断面的吸力外尚有漏磁产生的力作用在衔铁上。对于无挡铁螺管式，其磁极端面的吸力较小，气隙增大时漏磁产生的螺管力变化不大，使吸力特性比较平缓，对于有挡铁螺管式，磁极端面的吸力较大，在小气隙部分的吸力特性接近拍合式。

同一类型的电磁系统，采取不同的磁极形状也可获得不同的吸力特性。例如，在拍合式电磁系统的铁心上加一个极靴，可使吸力特性变得比较平坦，如图 4.3 所示。又如，把螺管式电磁系统的极面制成圆锥形，同样可获得较为平坦的吸力特性，如图 4.4 所示。

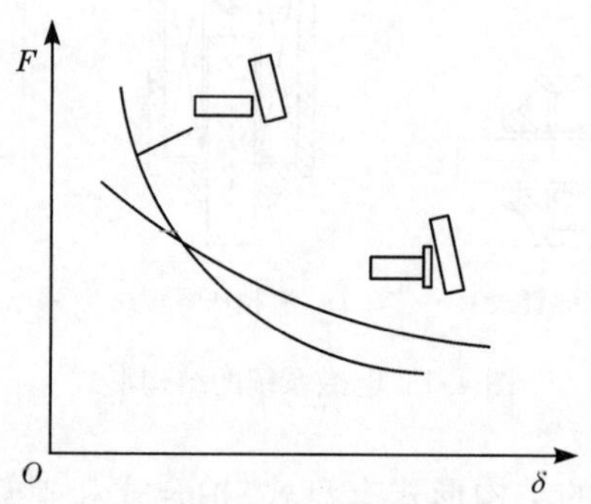

图 4.3　有极靴与无极靴电磁系统吸力特性

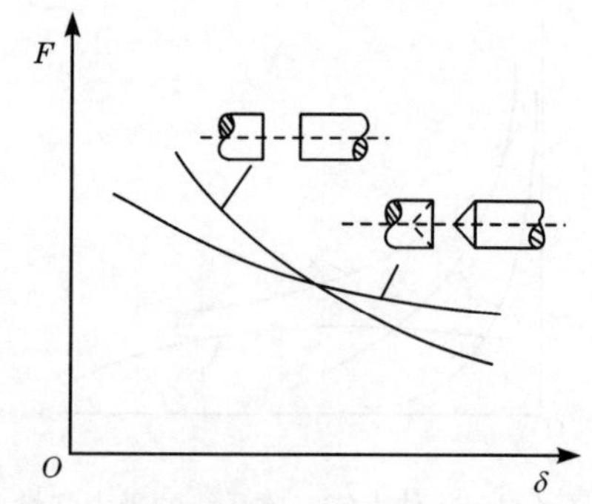

图 4.4　不同极面形状的电磁系统的吸力特性

2. 交流电磁系统

交流电磁系统的结构形式，对于小容量多采用直动式，大容量多采用转动式。直动式电磁系统常用的结构形式可分为六类，如图 4.5 所示。

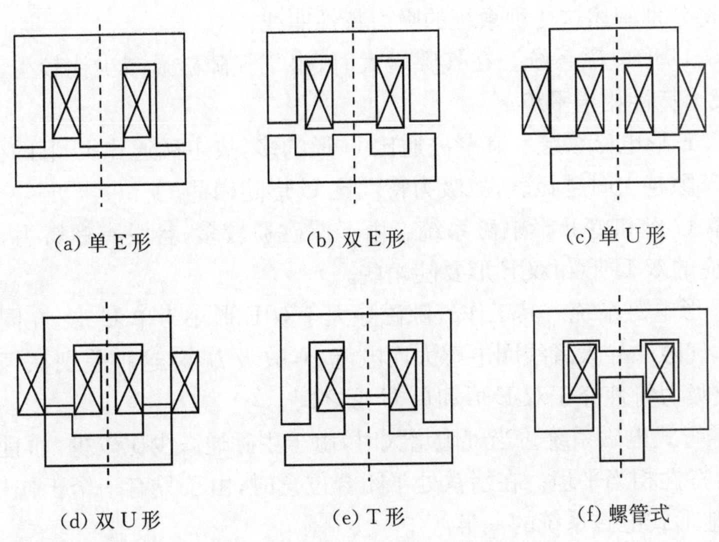

图 4.5　直动式电磁系统结构形式

假设这些系统具有如下条件：

(1) 电磁系统的材料相同，导磁体的截面也相同。即 E 形中柱铁心的截面和 U 形的相同，而两边柱铁心的截面是中柱铁心的一半，螺管式铁心柱的截面和 U 形的相同。

(2) 线圈的电压、电阻及匝数均相同。

(3) 铁心柱间距离相同、线圈窗口面积相同。

吸力特性曲线如图 4.6 所示。

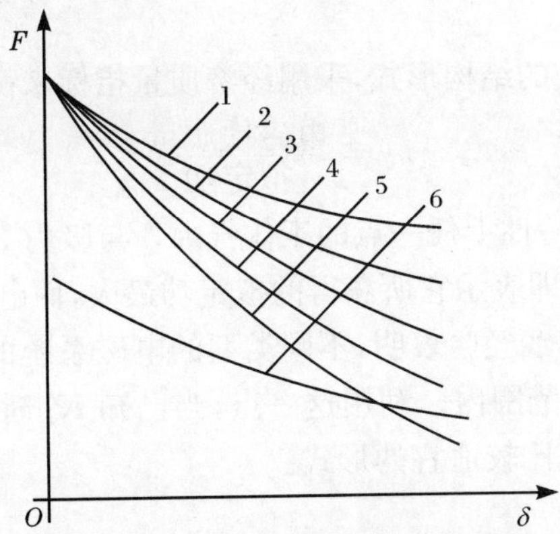

图 4.6　几种交流电磁系统的吸力特性

1-双 U 形；2-双 E 形；3-T 形；4-单 U 形；5-单 E 形；6-螺管式

下面将分别阐述这几种系统的吸力特性曲线：

(1) 双 U 形电磁系统。在气隙增大时，由于气隙磁通减少比较少，又有螺管力，因此吸力特性相当平坦。

(2) 双 E 形电磁系统。其漏磁通比 U 形的多，故主磁通比 U 形的少，而且这种差别在气隙越大时越显著，故吸力特性比 U 形陡峭些。

(3) 单 U 形和单 E 形电磁系统。由于漏磁通较多，且没有螺管力，因此吸力特性比相应的双 U 形和双 E 形要陡峭些。

(4) T 形电磁系统。其工作气隙磁导大于双 E 形小于单 U 形，在同一个工作气隙值时，气隙磁导大者线圈电感大而电流小，故吸力小，这种差别在气隙越大时越显著，故吸力特性介于双 E 形和单 U 形之间。

(5) 螺管式电磁系统。当气隙增大时，由于主磁通减少比较少，而且螺管力较大，故吸力特性相当平坦。在衔铁处于闭合位置时，由于只有一个工作气隙，故吸力约为其他形式电磁系统的一半。

4.1.2 按结构因数选择电磁系统的结构形式

设计电磁系统的原始数据之一是设计点的工作气隙 δ_0 和吸力 F_0。为了能从这个设计点来选择电磁系统的结构形式，引入比值系数 $K_j=\sqrt{F_0}/\delta_0$。因为在一定条件下，吸力 F_0 与铁心直径 d_t 的平方成正比，而行程衔铁 δ_0 与铁心长度 l_d 成正比，因此比值系数可以写成

$$K_j=\frac{\sqrt{F_0}}{\delta_0}\propto\frac{d_t}{l_d} \tag{4.1}$$

系数 K_j 实际上表示了电磁系统的尺寸比例，故称为结构系数，它是选择电磁系统最佳结构形式的根据。

为了评价电磁系统的结构形式，采用经济质量指标来衡量：

$$m=\frac{\text{电磁铁质量}}{\text{拟定功}} \tag{4.2}$$

式中，拟定功是指吸力特性上任一点的工作气隙 δ 与吸力 F 的乘积。一个电磁系统的经济重量 m 最小，即表示它所获得的拟定功最大，而电磁铁的质量最轻。

根据大量计算和实践经验表明，不同类型的电磁系统的经济质量最小值发生在结构系数 K_j 的不同范围内。利用这一点，当已知 K_j 时，选择在比值范围内所对应的电磁系统形式是比较适宜的形式。

4.2　电流型螺管式电磁铁特性分析

4.2.1　短路脱扣器的 ANSYS 电磁仿真方法

本书短路脱扣器的 ANSYS 电磁仿真采用三维静态有限元方式，分析方法采用磁标量位方法（MSP）中的差分标势法。磁标量位方法将电流源以基元的方式单独处理，无须为其建立模型和划分有限元网格。因此在为瞬时脱扣器建立模型时，不用单独为线圈建立有限元网格模型，只需在合适的位置添加电流源基元就可以模拟电流对磁场的贡献。

为了避免 GUI 方式中重复鼠标操作的麻烦，仿真过程采用 APDL 语言方式，即采用命令流方式。

短路脱扣器的 ANSYS 电磁仿真步骤如下。

1）分析单元的选用

由于采用了三维磁标量方法，因此磁场分析单元选用 SOLID96，线圈采用 SOURC36 单元。SOLID96 单元呈六面体结构，有 8 个节点，每个节点有一个表示磁标量位的自由度 MAG。SOLID96 单元可以为电磁分析模型中的所有内部区域建模，包括饱和区、永磁区和空气区。

可以通过 SOURC36 单元在模型中的任意位置定义线圈，线圈大小、电流大小等数据可以通过 SOURC36 单元的实常数定义给出。因为 SOURC36 并不是一个真正的有限元，所以只能通过直接生成来定义它们，而不能通过实体建模的方式。在短路情况发生时，流过脱扣器线圈的电流是动态变化的，但是在短路脱扣器静态电磁力分析时，可以把任意时刻的线圈电流等效成稳定直流。

2）实体建模

首先通过 APDL 语言，根据短路脱扣器的物理尺寸，建立三维实体模型，为了进行电磁分析，必须在建立的脱扣器三维实体模型外部添加空气包围。对于空气单元的外层区域，可使用 INFIN111 单元描述磁场的远场衰减，通常比使用磁力线垂直或磁力线平行条件得到的结果更准确，建立的实体模型如图 4.7 所示（图中未显示外围空气部分）。

3）划分有限元网格

在划分网格之前，首先为实体模型中各部分赋予材料属性。材料的属性定义中，主要定义相对磁导率，其中空气材料的相对磁导率为 1；动静铁心采用 Q235 钢，它的磁导率并不是一个常数，而需要通过 TBPT 语句自定义拟合 B-H 曲线。

采用自由剖分的方式，用 SmartSize 法（智能网格划分技术）设定网格尺寸参数，选择智能网格划分的等级为 6，设定网格单元为三维四面体。设置完成后对几

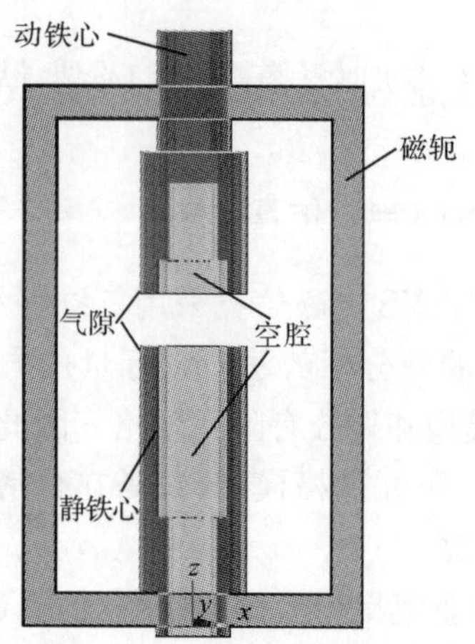

图 4.7 短路脱扣器实体模型

何模型进行网格剖分,这一步将电磁铁的几何模型转化为有限元模型,为空间磁场和电磁力求解创造条件。图 4.8 即得到的短路脱扣器的有限元模型。

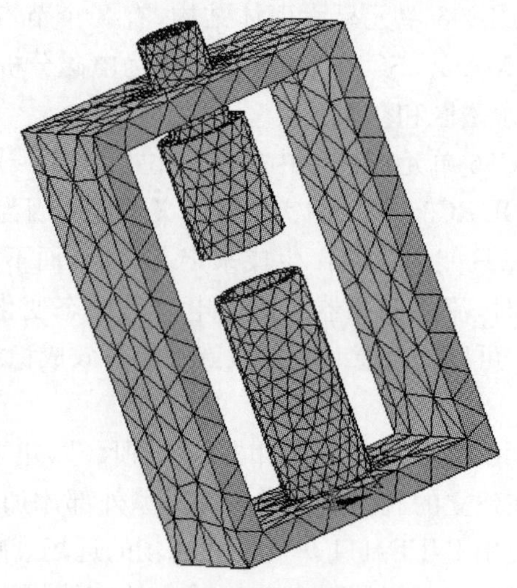

图 4.8 短路脱扣器有限元模型

4) 施加边界条件

根据边界面磁力线不同的分布情况添加边界条件。对于磁力线平行于边界面的情况,需要定义磁力线平行边界条件,对于磁力线垂直于边界面的情况,由于在有限元方法中这种情况自然满足,所以无须定义。

为组成动铁心的所有单元集合创建一个组件,并添加力边界标志,为下一步计算动铁心受到的电动吸力做好准备。

5）施加载荷

短路脱扣器模型的载荷即短路线圈上施加的电流。用 SOURC36 单元类型创建线圈单元，利用 APDL 语句中的 R 命令定义线圈的电流、厚度、长度等参数，再定义如图 4.9 所示的 I、J、K 节点，然后利用 E 命令创建线圈单元。到此为止，短路脱扣器的线圈电流载荷就添加好了。

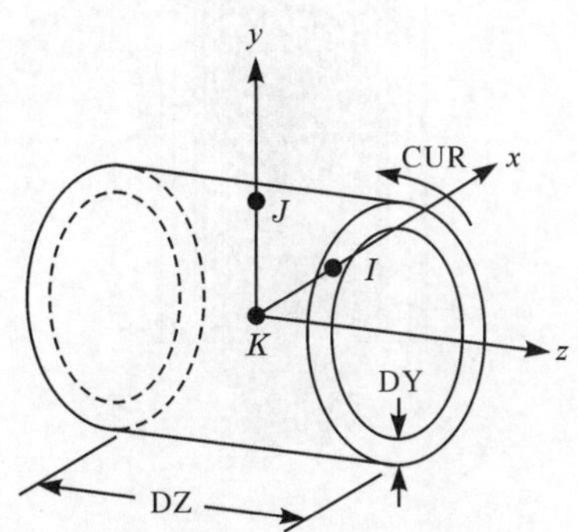

图 4.9　SOURC36 单元定义线圈

6）求解

在所有边界条件和载荷均施加完成之后，选择电磁计算的方式为磁标量位方法。

磁标量位的求解方法主要有三个，分别是简化标量势（reduced scalar potential，RSP）法、微分标量势（difference scalar potential，DSP）法和通用标量势（generalized scalar potential，GSP）法[12]。其中，RSP 法用于不含铁心的区域，或虽含铁心的区域但不含电流源的模型。相反，如果含有铁心和电流源的模型分析时通常不使用这种方法，因为此时计算中的截断误差会形成较大的误差。DSP 法用于具有“单通路”的铁心区域模型，单连通区域是指带有空气隙的磁路不封闭的铁心系统，没有空气隙的则为磁路封闭的多连通铁心区域。GSP 法用于多连通铁心区域的模型。

由于本书中讨论的短路脱扣器模型的磁路路径中有空气气隙存在，因此选择 DSP 法作为磁路计算时的方法，然后执行求解过程。当定义动静铁心之间的气隙长度为 2.5mm 时，得到如图 4.10 所示的磁场分布情况。

由图 4.10 的磁场分布图可知，磁通主要沿着磁轭、动静铁心形成的磁路方向形成回路，在动静铁心之间的工作气隙和磁路其他部分的非工作气隙（如动铁心颈部与磁轭之间的气隙环，动铁心底部与磁轭之间的气隙环）之间有一定的漏磁，仿真结果与理论磁路分析结果相符，验证了磁通在短路脱扣器中的分布路径。

7）后处理

通过 FMAGBC 宏命令对组件内单元的电磁力进行求和，即可得到组件受到

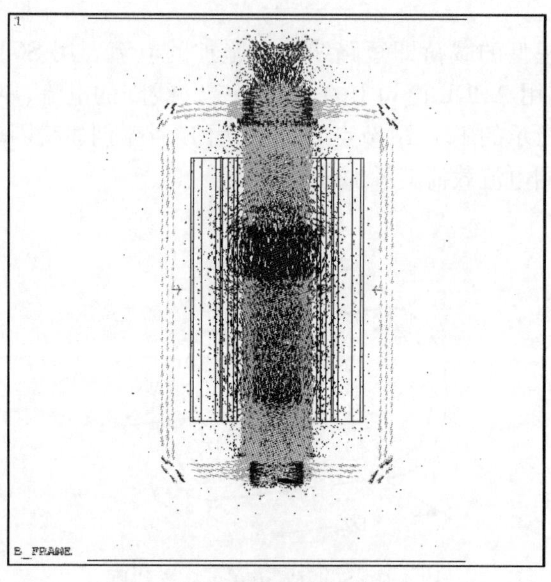

图 4.10　短路脱扣器磁场分布图

的电磁力的合力。用 ANSYS 计算得到的电磁力有两种表示方法，即虚功力法和麦克斯韦法。一般情况下，当气隙较大时，虚功力法得到的电磁力较为精确；当气隙较小时，麦克斯韦法得到的电磁力较为精确。图 4.11 为计算得到的动铁心受到的电磁力的矢量分布图。

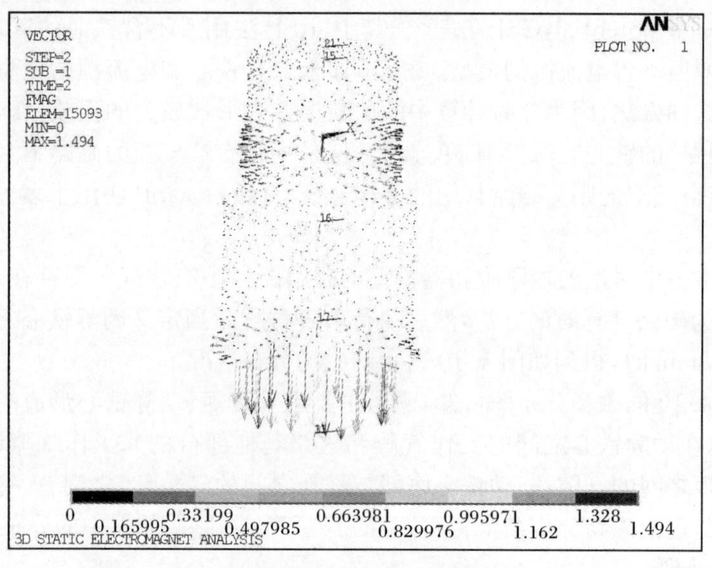

图 4.11　电磁吸力矢量图

图 4.11 所示的电磁吸力矢量图中，动铁心受到静铁心给予的向下的电磁吸力，且这个方向的力较大。除此之外，动铁心颈部，即台阶形结构处受到指向外侧和向上的电磁吸力，该吸力可以理解为是磁轭部分通过气隙对动铁心产生的电磁吸力，这部分力相对较小。

4.2.2 短路脱扣器电磁静态特性分析

(1) 令动静铁心之间的气隙长度保持 2.5mm 不变，令短路线圈的匝数为 4，改变线圈的电流大小，得到如表 4.1 所示的电磁吸力与电流的关系。由表 4.1 可知，在气隙长度和短路线圈匝数一定的条件下，动铁心受到的电磁吸力的合力随着电流的增大而增大。

表 4.1　电磁吸力与电流的关系

I/A	70.71	141.42	212.13	282.84	353.55	424.26
F_m/N	0.17469	0.65716	1.22755	1.81694	2.41008	2.94414

(2) 令动静铁心之间的气隙长度保持 2.5mm 不变，且保持短路线圈的电流为直流 324A 不变，依次改变短路线圈的匝数，得到如表 4.2 所示的电磁吸力数值。由表 4.2 可知，在气隙长度和短路线圈电流一定的条件下，动铁心受到的电磁吸力的合力随着短路线圈匝数的增加而增大。

表 4.2　电磁吸力与线圈匝数的关系

N/匝	4	5	6	7	8	9
F_m/N	3.14894	3.80386	4.41835	4.98639	5.55356	6.12364

(3) 保持短路线圈的匝数为 7 匝，线圈通电电流为直流 354A，改变动静铁心之间的气隙长度，仿真计算得到如表 4.3 所示的电磁吸力数值。由表 4.3 可知，在短路线圈匝数和电流一定的条件下，动铁心受到的电磁吸力的合力随着动静铁心之间气隙长度的增大而减小。

表 4.3　电磁吸力与气隙的关系

δ/mm	0.1	0.2	0.3	0.4	0.5
F_m/N	10.52082	9.13497	8.64265	7.99988	7.56253
δ/mm	1	2	3	3.5	
F_m/N	5.50508	4.39781	3.90732	3.38249	

综上所述，短路脱扣器中动铁心受到的电磁吸力的合力随着短路线圈匝数和通电电流的增大而增大，随着动静铁心之间气隙的增大而减小。

4.3 电流型拍合式电磁铁特性分析

本节选取 CPS 中热磁脱扣模块的磁脱扣器作为研究对象。该拍合式电磁铁承担着 CPS 定时限保护的功能,可通过调整电磁铁的衔铁角度来整定定时限的动作电流。

4.3.1 建立三维有限元模型

根据拍合式电磁铁的结构,对其进行三维建模,如图 4.12 所示。

图 4.12 拍合式电磁铁有限元模型

4.3.2 拍合式电磁铁的静态仿真结果及分析

1. 电磁吸力与线圈电流和拍合角度的关系

已知线圈匝数为 6 匝,改变线圈的电流和拍合角度,得到表 4.4,其中线圈电流变化范围为 18×3A～18×12A×120%。

表 4.4 电磁吸力与线圈电流和拍合角度的关系 (单位:N)

拍合角度/(°) \ 线圈电流/A	54	86.4	100	108	140	180	216	252	259.2
0	10.270	13.403	14	—	14.985	15.683	—	—	16.733
5	1.7981	3.23550	3.7001	3.9491	4.4395	4.8456	5.1492	5.4089	5.4573
7.5	1.1246	2.128	2.4657	2.6478	3.0842	3.4219	3.6765	3.8963	3.9361

续表

线圈电流/A 拍合角度/(°)	54	86.4	100	108	140	180	216	252	259.2
10	0.79082	1.5508	1.8334	1.9816	2.4033	2.6978	2.9192	3.1107	3.1456
12.5	0.62385	1.2273	1.4598	1.5791	1.9115	2.1398	2.3157	2.4766	2.5051
15	0.52047	1.0356	1.2404	1.3485	1.6511	1.8508	2.0103	2.1535	2.1803
17.5	0.4346	0.81449	0.9867	1.0807	1.3475	1.5349	1.681	1.8156	1.8411
20	0.33805	0.69304	0.84633	—	1.1783	1.3584	—	—	1.6381
25	0.27929	0.57029	0.70254	—	0.99633	1.1415	—	—	1.3781
30	0.21114	0.42688	0.52352	—	0.76146	0.87942	—	—	1.053
35	0.1448	0.30109	0.37987	—	0.56999	0.66669	—	—	0.8298
40	0.12516	0.25675	0.31962	—	0.48129	0.56449	—	—	0.68577

将表 4.4 中的数据通过 MATLAB 转化为图 4.13。

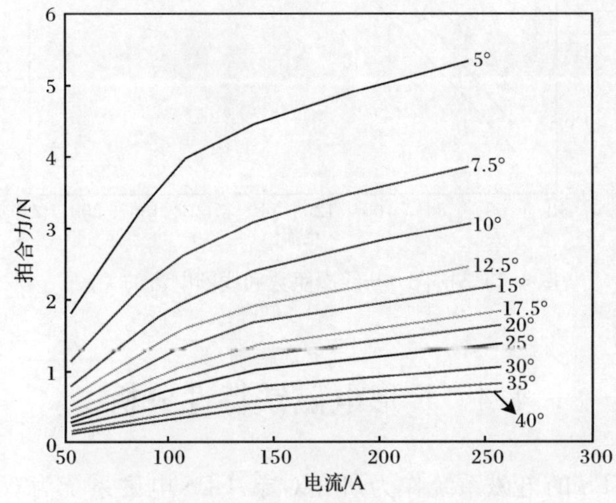

图 4.13　拍合力与线圈电流和拍合角度的关系

2. 电磁吸力与线圈匝数和线圈电流的关系

取角度为 10°，电流依次取 3 倍、6 倍、10 倍、12 倍的额定电流，线圈匝数依次取 6、7、8、9，建立三维模型，仿真计算各情况下的电磁吸力，得到表 4.5，并将表4.5 通过 MATLAB 转化为图 4.14。

表 4.5 电磁吸力与线圈匝数和线圈电流的关系 (单位:N)

线圈电流/A 线圈匝数/匝	54	108	180	216
6	0.79082	1.9816	2.6978	2.9192
7	0.98782	2.2738	2.8844	3.1107
8	1.2038	2.4372	3.0496	3.2841
9	1.4268	2.5732	3.1985	3.4362

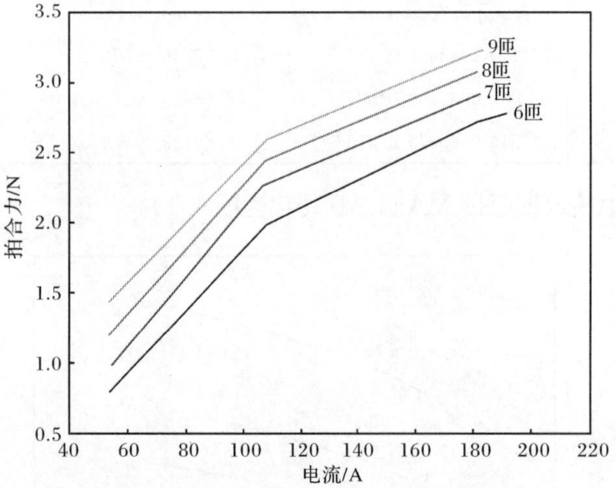

图 4.14 拍合力与线圈匝数和线圈电流的关系

4.4 E形电磁铁特性分析

本节选取CPS的电磁系统作为研究对象,CPS电磁系统为双E形电磁铁。为了使CPS正常工作,要求吸力特性和反力特性之间配合良好,这是实现电磁机构可靠吸合、提高设备的灵敏度和电气寿命等要求的基本保证。电磁机构良好吸力特性的设计则必须基于对电磁机构静态特性的正确分析。本节根据电压源励磁CPS电磁机构的要求,计算了不同气隙下的电磁吸力。

4.4.1 基于ANSYS的三维静态吸力计算

磁标量位方法将电流源以基元的方式单独处理,无须为其建立模型和划分有限元网格。由于电流源不必成为有限元网格模型的一部分,建立模型更容易,用户只需在合适的位置施加电流源基元(线圈型、杆型等)就可以模拟电流对磁场的贡献[13]。

1. 建立三维有限元模型

利用 ANSYS 软件对电磁机构进行建模，如图 4.15 所示，几何模型包括动铁心、静铁心、线圈和求解区域。线圈为线圈匝数电压为 220V、50Hz 交流电，匝数 $N=6000$ 匝，线径 $D=0.1$mm 的载压线圈。

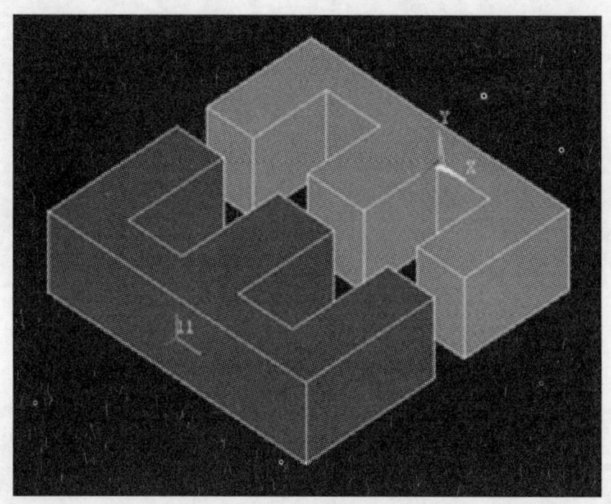

图 4.15　动静铁心三维物理模型

对于已经建立好的交流电磁机构，设置求解区域为空气，输入 B-H 曲线定义静铁心和动铁心的材料(材料为硅钢叠片 50W350)。建立完几何模型后，为各实体赋予已定义好的材料属性，随后即可进行网格划分并求解。

2. 电磁机构的静态仿真结果

经过 ANSYS 软件对电磁机构的三维静态分析，得到磁场分布如图 4.16 所示。图 4.16 借助矢量箭头表示磁感应强度矢量 $\boldsymbol{B}$ 在铁磁材料中的大小和方向。从中不难看出，绝大部分磁通经过动静铁心构成主磁路，空气层内仅有少部分的漏磁，铁心中柱和旁柱之间的漏磁稍多，越接近气隙，漏磁越多，且气隙处出现扩散磁通。图 4.17 是磁感应强度矢量 $\boldsymbol{B}$ 的云图。

4.4.2　静态吸力-反力特性研究

本节依据某 CPS 的双 E 形电磁机构样机($N=6000$ 匝，$D=0.1$mm)，仿真计算气隙从 6.3mm 变化到 1mm 时电磁机构的静态吸力，并根据测得的反力弹簧的数据，验证仿真方法的可靠性，最后拟合出电磁机构静态吸力-反力特性曲线。表 4.6为电磁机构参数。

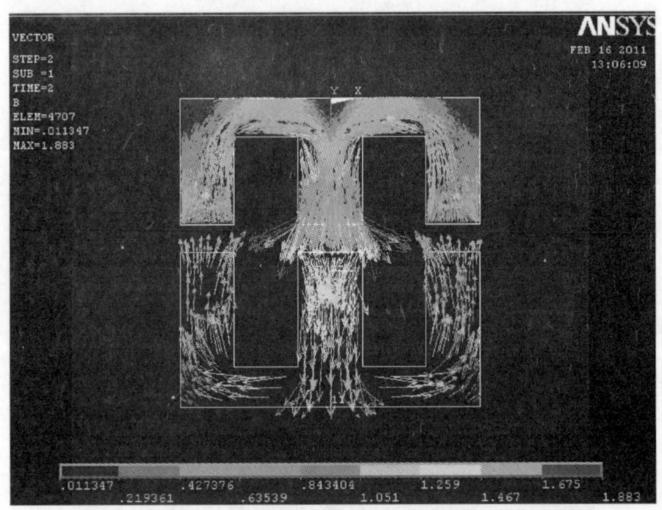

图 4.16　三维磁场分布

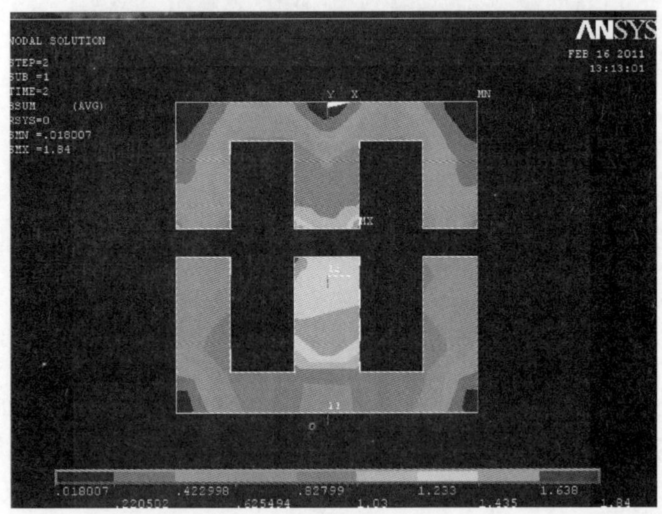

图 4.17　磁感应强度矢量云图

表 4.6　电磁机构参数

参数	说明
$N=6000$	线圈匝数，在后处理中使用(单位为匝)
$I=0.227$	线圈电流(单位为 A)
$D=0.1$	线圈线径(单位为 mm)

续表

参数	说明
iron_l=27.5	动、静铁心外宽度(单位为 mm)
iron_h=13	动、静铁心总厚度(单位为 mm)
static_h=27.6	静铁心宽度(单位为 mm)
iron_lm=6	磁路内支路宽度(单位为 mm)
tw=11.5	动、静铁心内宽度(单位为 mm)
static_hp=7.2	磁路下支路高度(单位为 mm)
iron_gap=6.3	气隙(单位为 mm)
act_h=22.3	动铁心宽度(单位为 mm)
act_hp=6.8	磁路上支路高度(单位为 mm)
$w=(NDD)/30$	线圈宽度(单位为 mm)
$h=30$	线圈高度(单位为 mm)
ACOIL=wh	线圈截面积(单位为 mm^2)
JDENS=NI/ACOIL	线圈电流密度(单位为 A/mm^2)

依据表 4.6 中的参数,分别采用二维磁矢量位、三维磁标量位法分析电磁机构的静态吸力值,按照前面的方法,仿真计算结果如表 4.7 所示。

表 4.7　仿真计算吸力值与实测吸力值

N=6000 匝,D=0.1mm						
气隙/mm	6.3	5	4	3	2	1
二维静态吸力 F/N	4.3885	6.7332	10.071	16.838	34.577	82.234
三维静态吸力 F/N	4.2973	7.1582	10.152	17.579	38.303	95.501
实测静态吸力 F/N	3.9358	5.6681	8.0663	12.7236	29.267	76.112

图 4.18 为拟合后的电磁吸-反力特性曲线。从图中可以得出以下结论:电磁吸力随着气隙的减小而逐渐增大,这与理论是相符的;二维静态吸力仿真、三维静态吸力仿真与实测值之间存在着一定的差距,这是由于仿真过程中对实际模型进行了简化处理,这个差距是在仿真允许范围之内的,说明仿真方法是可行的。线圈匝数 N=6000 匝,线径 D=0.1mm 的电磁机构的初始吸力小于反力,无法保证 CPS 安全可靠地吸合,因此线圈需要进行参数优化处理。

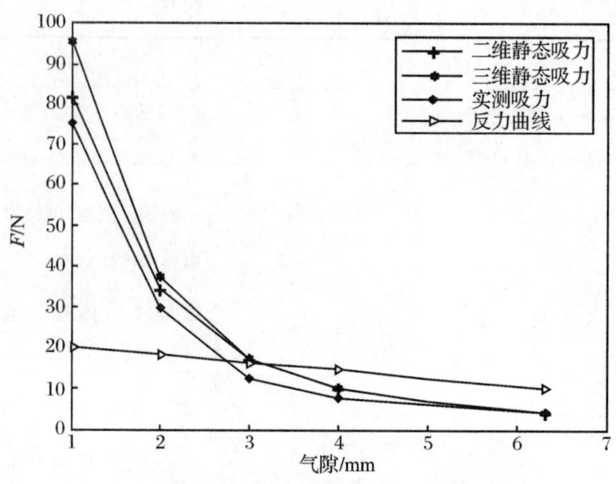

图 4.18　电磁吸-反力特性曲线

4.5　磁通变换器特性分析

本节选取 CPS 的数字化控制器的脱扣器作为研究对象。该脱扣器为典型的磁通变换器，负责将控制器的动作信号转化为机械信号，驱动操作机构动作。

4.5.1　磁通变换器的结构及工作原理

磁通变换器是控制与保护开关数字化控制器的执行元件，它的性能在很大程度上影响到数字化控制器的工作可靠性。磁通变换器的结构如图 4.19 所示。

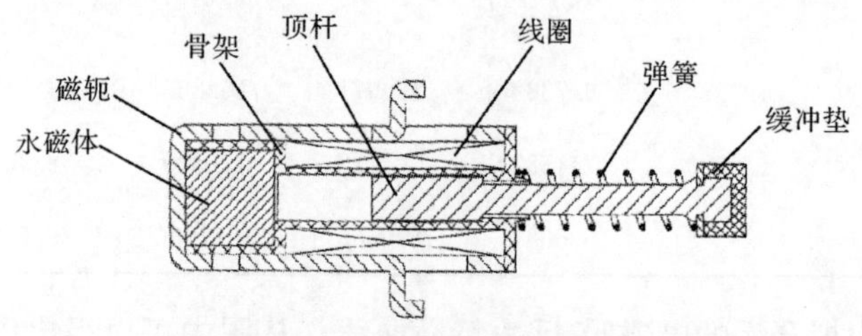

图 4.19　磁通变换器结构图

本节探讨的磁通变换器由电容来供电，其工作原理如图 4.20 所示。

本节研究的磁通变换器中的电容通过一个单刀双掷开关，分别连接电压为 12V 的稳压电源和磁通变换器的线圈。永磁体产生的磁通 ϕ 及对应的吸力使动铁心处于吸合状态。当单刀双掷开关合向线圈一侧时，电容放电，提供线圈电流 i，当电流 i 通过线圈产生的磁通削弱了永磁体产生的磁通时，就会使电磁力 F_m 减

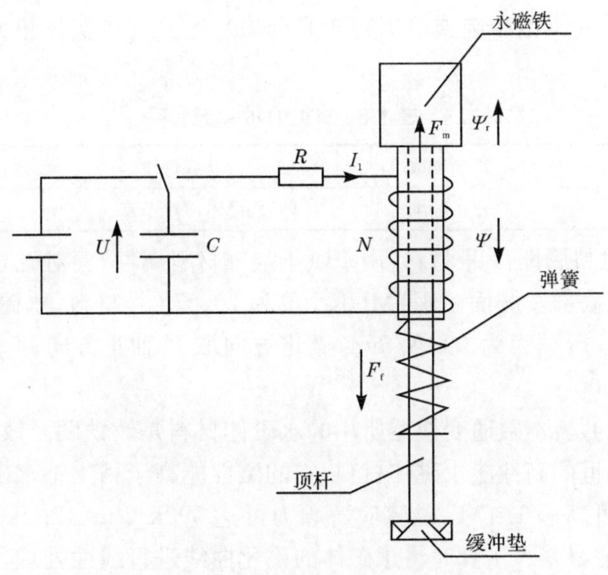

图 4.20　磁通变换器的工作原理

小。随着电容放电电流 i 的增大,当 F_m 大于弹簧压缩产生的弹力时,在合力的作用下,动铁心作脱离永磁体的运动,从而推动控制器的脱扣机构。

4.5.2　磁通变换器的 ANSYS 静态电磁特性仿真

本节利用三维有限元分析软件 ANSYS 对磁通变换器的三维磁场分布进行分析,计算出动铁心所受到的电磁力和磁链分布情况,最后得出较为精确的磁通变换器静态特性,并结合对现有的磁通变换器实物测力试验,对测力结果进行分析,并与理论计算结果进行比较,验证理论和仿真分析的正确性,从而为实际生产中的磁通变换器优化设计提供理论依据。

1. 仿真物理环境的建立

(1) 设置 GUI 菜单过滤:选择 magnetic-nodal(节点法)对后面的分析进行菜单及相应的图形界面过滤。

(2) 定义工作标题(title):3D electromagnet static analysis。

(3) 指定工作名(job name):Electromagnet_3D。

(4) 定义分析参数:一共涉及 3 个参数,分别是线圈电流 I、线圈匝数 N(选择 200 匝),以及永磁体与顶杆之间的间距,即工作气隙大小 x。采用改变线圈电流以及工作气隙大小的方法进行多组电流-气隙数据的仿真,观察不同电流、气隙参数下顶杆所受到的电磁合力以及线圈磁链的结果。取值范围如下:I(单位 A)为 0、1、2、3、4、5、6;x(单位 mm)为 0.1、0.5、1、1.5、2。

(5) 定义单元类型和选项(KEYOPT 选项):定义三维实体单元“SOLID96”,见表 4.8。

表 4.8 SOLID96 单元

单元	维数	形状或特性	自由度
SOLID96	三维	六面体,8 个节点	磁标量位

(6) 定义材料属性:1 号材料(用于赋予空气材料属性)相对磁导率 MURX 值为 1;2 号材料(底部及侧面磁轭)MURX 值为 2000;3 号材料(永磁体)MURX 值经计算为 1.18,矫顽力为 992A/mm,极化方向取 Z 轴正方向;4 号材料(顶杆)MURX 值为 3000。

需要注意的是:本磁通变换器所用的永磁体材料是钕铁硼。钕铁硼永磁体材料是 1983 年问世的高性能永磁体材料,它的磁性能高于稀土钴永磁,室温下剩余磁感应强度现可高达 1.47T,磁感应矫顽力可达 992kA/m(12.4kOe),是目前磁性能最高的永磁材料。仿真时将永磁体的磁化曲线进行线性处理,故直接计算得到相对磁导率:$\mu_r=1.18$。

2. 建立模型、赋予特性、划分网格

在实际的磁通变换器产品设计中,为了装配的需要,磁轭上会有一些不规则边角、凸起、凹陷和螺钉孔等部分。在 ANSYS 仿真时选用四边形单元划分网格,这些不规则的部分相对复杂,导致出现三角形单元,单元退化。而选用单元不允许出现单元退化,导致雅可比矩阵奇异,不能划分网格,因此采用适当简化磁通变换器模型的办法来解决,主要简化周围的磁轭模型。在仿真中忽略这些部分,避免出现三角形单元,雅可比矩阵非奇异,更有利于网格剖分,对仿真结果无影响。

(1) 建立磁通变换器的模型,过程中省去了脱扣器的骨架、缓冲帽等仿真时不必要的部件,将磁通变换器进行简化。

模型参数如表 4.9 所示。基本模型如图 4.21 所示。

表 4.9 磁通变换器模型的参数

部件	参数	尺寸/mm
磁轭	底部长	7.8
	底部宽	8
	底部高	1.1
	侧面长	1.1
	侧面宽	8
	侧面高	25

续表

部件	参数	尺寸/mm
永磁体	底面半径	3.25
	高度	6.5
顶杆	底面半径	1
	高度	24.5

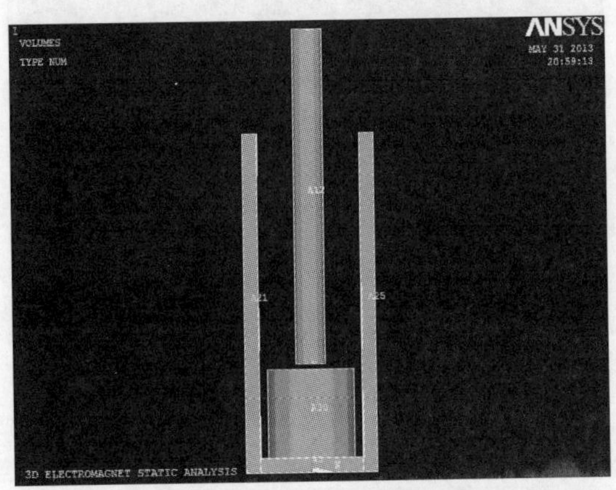

图 4.21　磁通变换器基本模型

注意：建模时需要在顶杆周围添加空气层包围。顶杆外围建立一层空气介质包裹是 ANSYS 为顶杆组件添加力标志的条件之一，是仿真求解顶杆受力时不可缺少的条件。

(2) 建立包围整个模型的空气层模型：在模型周围添加圆柱体的空气层，为磁场仿真提供空气介质，如图 4.22 所示。

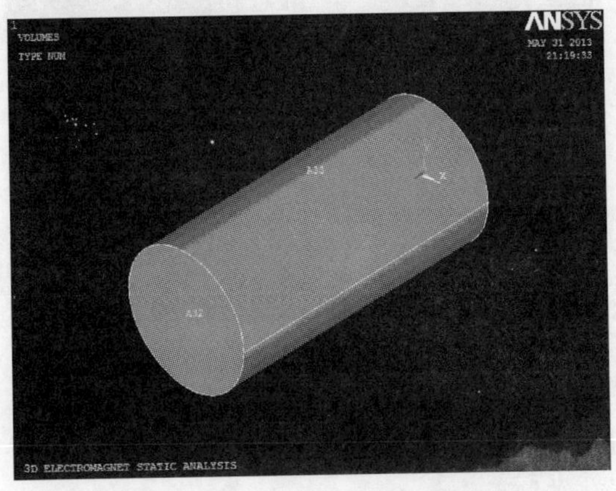

图 4.22　包裹空气后的整个模型

(3) 设置几何体属性:将 1 号材料赋予空气介质;2 号材料赋予外围的三部分磁轭;3 号材料赋予永磁体;4 号材料赋予顶杆。所有模块的单元类型均采用 SOLID96 单元。

(4) 划分网格:设定智能网格划分的等级为 8,要划分的单元形状选择四面体"Ted",划分类型选择自由划分"Free"。划分网格后的示意图如图 4.23 所示。

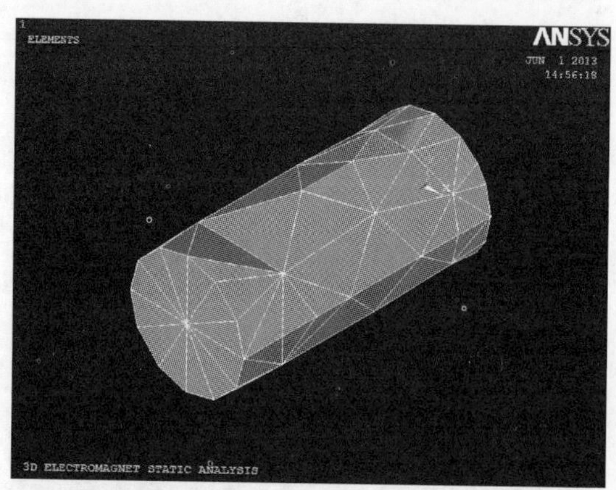

图 4.23　划分网格后的整个模型

(5) 施加边界条件、载荷并建立线圈。

① 给顶杆施加力标志:选择顶杆上的所有单元,并将所选单元生成一个组件"arm",对该组件施加力标志。顶杆施加力标志后的模型如图 4.24 所示。

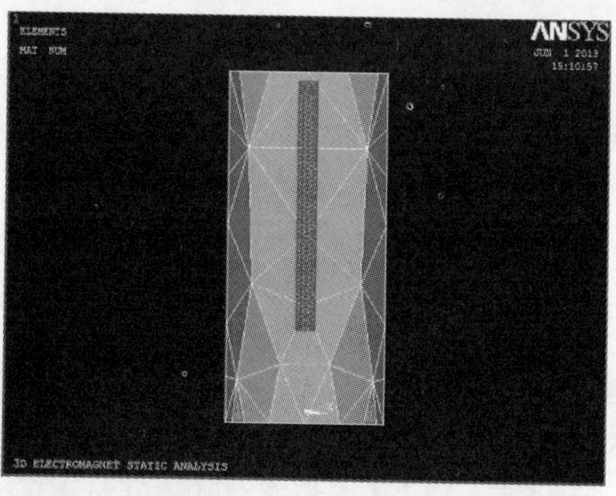

图 4.24　顶杆施加力标志

② 创建局部坐标系:在顶杆底部到磁轭顶端的中点处建立一个坐标点,并以该点作为原点创建新坐标系 l_2。

③ 移动工作平面:新坐标系 l_2 建立后,移动工作平面至 l_2 坐标系,它就变为

当前的坐标系。

④ 建立线圈：创建名为 Coil 的线圈，分别定义 XC、YC、RAD、TCUR、DY、DZ 等参数，如图 4.25 所示。

⑤ 施加边界条件：选择 2 号节点，定义 MAG 值为 0，即磁力线垂直。

建立线圈后的完整模型如图 4.26 所示。

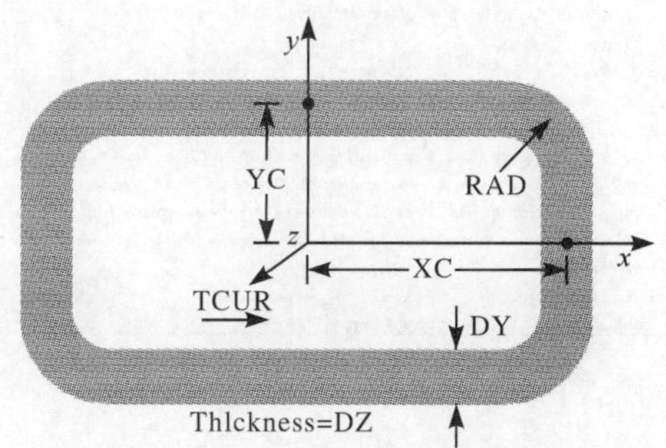

图 4.25　跑道型线圈示意图

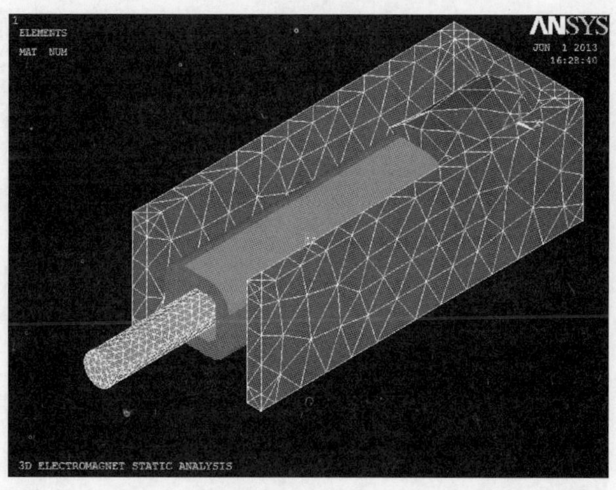

图 4.26　建立线圈后的完整模型(包裹在外围空气介质内)

注意：必须在完成初步建模后首先建立最外层的空气模型，将磁通变换器的模型包裹起来，然后进行材料属性的分配以及整个圆柱体模型的网格划分，之后才建立线圈模型，步骤的先后顺序不能改变。因此，实际上，在整个仿真前处理的过程中无法看到线圈，图 4.26 只做示意用。

⑥ 求解、查看结果：采用差分标示法 DSP 进行求解；顶杆所受的永磁体和线圈电流共同作用的电磁合力，取 z 轴方向的力的结果如图 4.27 所示。

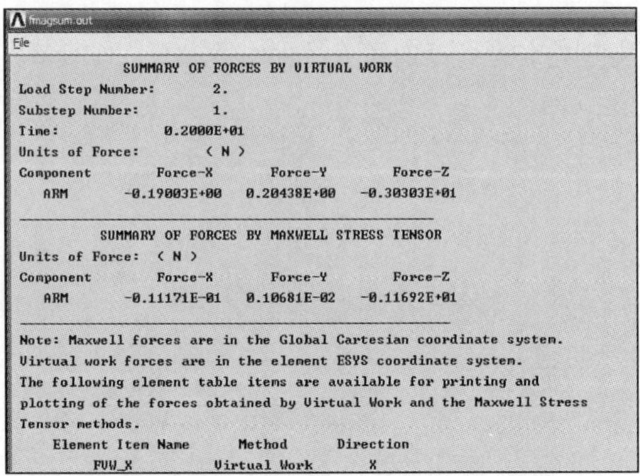

图 4.27 顶杆受力求解结果

3. 线圈磁链

定义矢量参数，建立一个 1×1×1 的名为 cur 数组参数，将电流值 I 赋予矢量参数，计算线圈磁链，其求解结果如图 4.28 所示。电磁分布如图 4.29 所示。

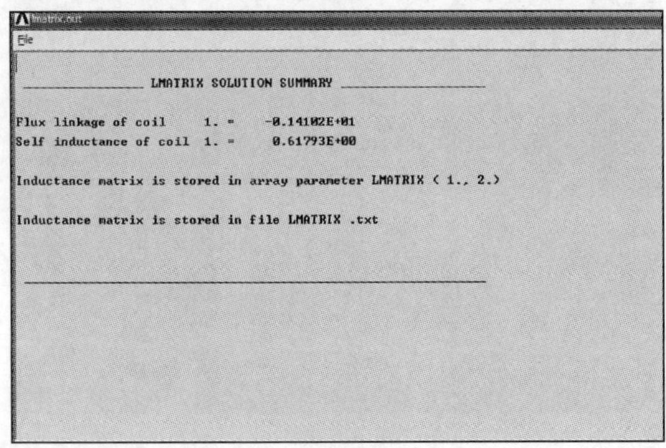

图 4.28 线圈磁链求解结果

4. 多组电流-气隙值仿真

在对不同的 I 和 x 条件下的电磁吸力 F_m 和线圈磁链 Ψ 进行仿真计算，观察改变电流气隙参数值对电磁力和线圈磁链的影响。

不同的电流-气隙值下电磁力 F_m 的仿真结果如表 4.10 所示。

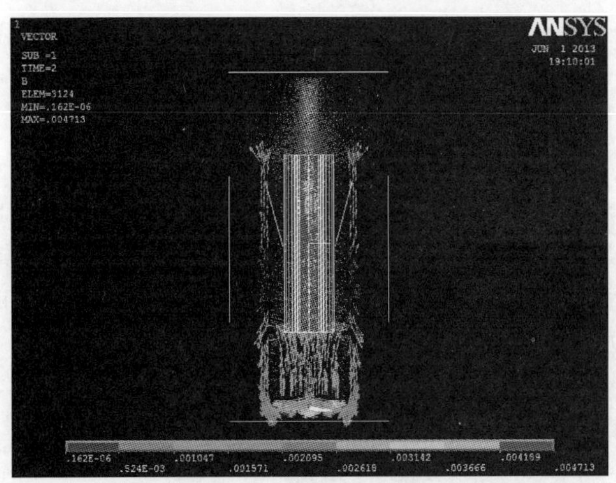

图 4.29　磁场分布示意图

表 4.10　改变电流气隙得到的多组受力结果　　(单位:N)

气隙/mm \ 电流/A	0	−1	−2	−3	−4	−5	−6
0.1	−11.193	−9.5095	−7.9549	−6.5297	−5.2339	−4.0674	−3.0303
0.5	−6.8131	−5.3449	−4.0546	−2.9423	−2.0080	−1.2517	−0.6733
1	−3.5541	−2.6690	−1.9114	−1.2813	−0.7786	−0.4034	−0.1557
1.5	−2.1276	−1.5006	−0.9835	−0.5763	−0.2789	−0.0914	−0.0138
2	−0.9367	−0.5800	−0.3189	−0.1532	−0.0830	0.1082	0.2290

不同的电流-气隙值下线圈磁链 Ψ 的仿真结果如表 4.11 所示。

表 4.11　改变电流气隙得到多组磁链结果　　(单位:Wb)

气隙/mm \ 电流/A	−1	−2	−3	−4	−5	−6
0.1	1.6931	1.0713	0.48597	−0.15808	−0.7854	−1.4102
0.5	1.1973	0.6581	−0.0921	−0.7465	−1.3993	−2.0768
1	0.7356	0.1806	−0.4400	−1.0515	−1.6732	−2.2759
1.5	0.5044	−0.0769	−0.6728	−1.2724	−1.8653	−2.4429
2	0.2814	−0.3393	−0.9212	−1.4901	−2.0611	−2.6425

注意:表 4.10 和表 4.11 中的电流、部分受力和磁链数据的负号均代表方向。

4.5.3 磁通变换器静态特性仿真结果与分析

1. 磁通变换器的静态过程原理分析

经过分析，磁通变换器的整个动作过程可以分为两个阶段：在静态阶段，随着电容放电电流 i 的逐渐增大，产生的磁通逐渐削弱永磁体产生的磁通，因此动铁心所受的电磁合力 F_m 逐渐减小，但此时 $F>F_f$，F 为永磁体对动铁心的吸引力，F_f 为线圈电流产生的电磁力，所以动铁心保持静止状态，该阶段结束时间长度为 t_1。耦合线圈电路方程，得到如下方程组：

$$\begin{cases} U = U_0 - \dfrac{1}{C}\displaystyle\int_0^t i\mathrm{d}t \\ U = iR + \dfrac{\mathrm{d}\Psi}{\mathrm{d}t} \\ F_m = F(i,\delta) \\ \Psi = \Psi(i,\delta) \\ t < t_1, \quad \delta = 0 \end{cases} \tag{4.3}$$

式中，Ψ 是与线圈匝链的磁链。

本节的静态仿真主要着眼于动作过程的这一阶段。根据公式，显然电磁力 F_m 和线圈磁链都是线圈电流 I 和工作气隙（即仿真计算中的 x）的函数，电流来源于已充电电容的放电过程，电流大小由电源电压 U_0 以及电容的大小 C 决定，并且随着放电过程的不断变化，是一个非线性的变化过程。工作气隙大小，即动静铁心之间的间距则由磁通变换器产品生产过程中直接决定，实际上，不同的电流气隙参数条件代表的是磁通变换器整个工作过程中不同的工作状态。

2. 电流对磁通变换器电磁力和磁链的影响

取磁通变换器的线圈匝数 $N=200$ 匝不变，选定某一确定的工作气隙，然后改变线圈的电流值，能够得到一条电磁力与电流、一条磁链与电流的关系曲线，取不同的工作气隙 x 便可得到如图 4.30 和图 4.31 所示的曲线。

分析图 4.30 可以得到如下结论：

(1) 保持工作气隙大小不变，改变线圈中电流的大小，顶杆所受到的电磁合力随着电流的增大而减小，当电流足够大时，合力可以达到 0，即脱离，符合理论分析。

(2) 当气隙值相对较小时，即顶杆与永磁体间距较小时，改变电流值，得到的电磁合力变化较大；反之，当气隙值较大时，改变电流值，合力的变化较小，符合理论分析。

(3) 整个曲线图相对光滑，即在某一特定气隙值下，电磁力与电流的变化关系

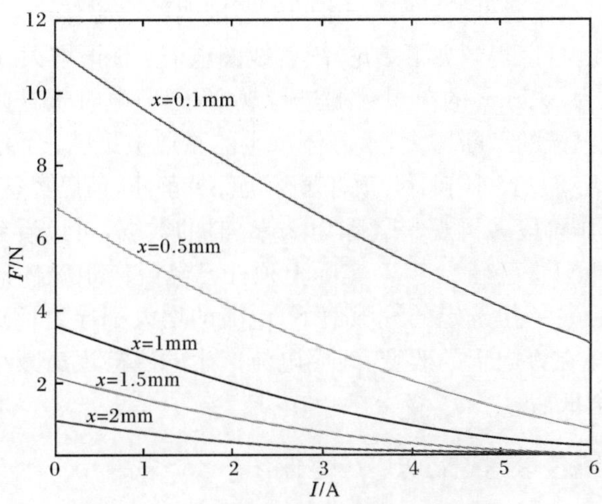

图 4.30　电磁力与电流的关系曲线图

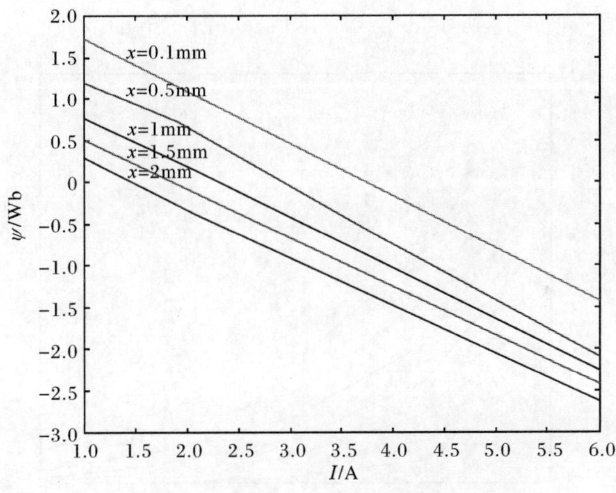

图 4.31　磁链与电流的关系曲线图

不存在“突变”的现象，因此，调节气隙值和电流值就能得到所需的电磁力大小，为磁通变换器的设计(主要是工作气隙的)优化提供数据支持。

分析图 4.31 可以得到如下结论：

(1) 保持工作气隙大小不变，改变线圈中电流的大小，线圈中的磁链大小随着电流的增大而减小，符合理论分析。

(2) 当电流足够大时，磁链值等于零甚至为负，即磁链方向改变，线圈中电流产生的磁作用开始超过永磁体本身的磁作用，符合理论分析。

总体来看，当电流通过线圈时，产生的磁通削弱了永磁体产生的磁通，从而使电磁力减小，因此，可以得到如下结论，随着线圈电流 i 逐渐增大，电磁力 F_m 逐渐减小。选择气隙为 0.5mm 的单组数据进行观察，不通电时永磁体对顶杆的吸力约为 6.8N，随着电流的不断增大，永磁体产生的磁通被抵消，合力 F_m 不断减小，当电流为 6A 时，F_m 已经小于 1N，顶杆虽然仍保持静止，但已经接近脱离状态，即将进入脱离的动作阶段。再观察气隙为 2mm 时的数据，可以看到，在 $I=5$A 和 $I=6$A两种情况下，F_m 已经大于 0，实际上顶杆已经脱离永磁体的吸引。磁链的变化则更加明显，每一组确定的气隙值下，电流的增大都导致了磁链由正转化为负的变化，即磁链在方向上的改变，线圈电流产生的磁链逐渐减小了永磁体固有的磁链，最终完全抵消。

3. 气隙对磁通变换器电磁力和磁链的影响

取磁通变换器的线圈匝数 $N=200$ 匝不变，选定某一确定的线圈电流大小，然后改变工作气隙的值，能够得到一条电磁力与气隙、一条磁链与气隙的关系曲线，取不同的电流值 I 便可得到如图 4.32 和图 4.33 所示的曲线。

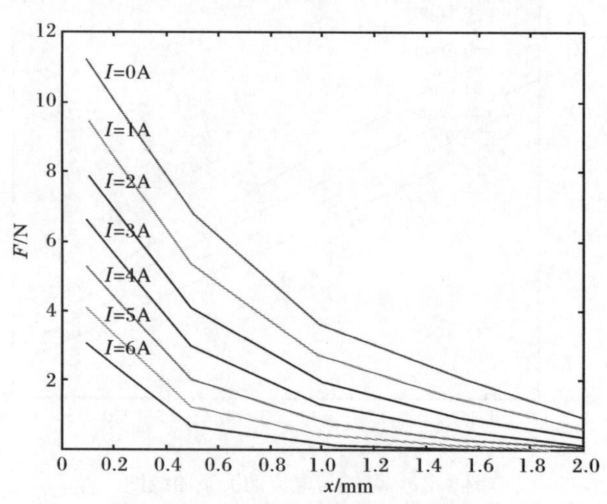

图 4.32 电磁力与气隙的关系曲线图

分析图 4.32 可以得到如下结论：

(1) 保持线圈电流大小不变，改变工作气隙值的大小，顶杆收到的电磁合力的大小随着气隙值的增大而减小，显然，间距越大，永磁体的作用越小，符合理论分析。

(2) 当电流值相对较小时，改变气隙值得到的电磁合力变化较大；反之，当电流值较大时，改变气隙值，合力的变化较小，符合理论分析。

(3) 在某一确定的电流值下，气隙值在不同区间上对电磁力的影响也有显著的不同，当 $x \in [0, 0.5]$mm 时，曲线变化最陡峭，即气隙的微小变化可以引起电磁力的巨大变化，甚至可以预见，当 x 取接近于 0 的值时，微小的变动可以引起电磁力数量级上的变化，这也在最初的仿真修改参数调试过程中得到了验证。

(4) 在某一确定的电流值下，当气隙值逐渐增大时，电磁力逐渐趋向于 0，无论电流的取值为多少，总可以得到一个气隙值实现合力为 0 的脱离条件，因此，仿真分析数据结果认为，在合适的电流值和合适的实际产品设计气隙值组合下，总能实现磁通变换器的脱扣作用，进而使低压断路器智能脱扣器能够正常工作。

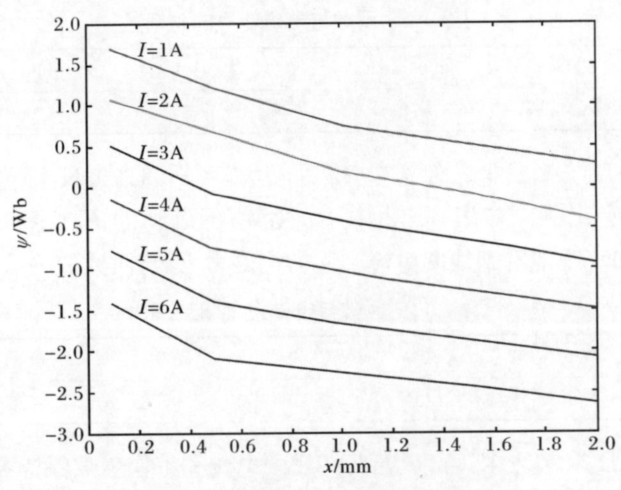

图 4.33　磁链与气隙的关系曲线图

分析图 4.33 可以得到如下结论：

(1) 保持线圈电流大小不变，改变气隙值的大小，线圈中的磁链大小随着气隙的增大而减小，符合理论分析。

(2) 当气隙值足够大时，磁链值等于零甚至为负，磁链方向改变，即实际中间距越大，永磁体的磁作用越小，符合理论分析。

(3) 当气隙 $x \in [0, 0.5]$mm 时，曲线较为陡峭，磁链随着气隙的改变变化较大，这也是因为顶杆离永磁体越近，线圈中的总磁链受永磁体作用越大，呈非线性的剧烈变化。

显然，工作气隙大小主要影响的是永磁体对顶杆的作用。工作气隙越小，顶杆与永磁体靠得越近，永磁体对顶杆的吸力就越大。在一个确定的电流 I 下，气隙越大，电磁力 F_m 越小。同时，进一步仔细观察数据，可以发现，相对于气隙值更大的情况，在一个相对较小的气隙值情况，随着电流的增大，电磁力 F_m 的变化幅度也更大。

总之,电流和气隙的不同设定体现的是磁通变换器不同的工作状态。研究不同电流气隙值组合下的电磁力、磁链仿真结果就能分析出不同工作状态下的磁通变换器的静态特性。

4.5.4　改变磁通变换器模型设计参数对仿真结果的影响

1) 线圈匝数对磁通变换器的电磁力影响

使用 APDL 语言进行编辑,设置参数 $I=-2\mathrm{A}$、$x=0.1\mathrm{mm}$ 并且保持不变,改变线圈的匝数 N,可以得到不同的电磁力结果,如表 4.12 所示。

表 4.12　匝数与电磁合力的关系

N/匝	100	200	300	400	500	600
F_m/N	−9.5095	−7.9549	−6.5297	−5.2340	−4.0674	−3.0303

又令电流 $I=0\mathrm{A}$,其他条件不变,得到合力 $F=-11.193\mathrm{N}$,即为 0.1mm 时永磁体对顶杆的吸引力。与表 4.12 中不同匝数所得到的 F_m 逐一相减,得到表 4.13,可以更加直观地看到线圈电流引起的电磁力 F_f 与匝数的关系。

表 4.13　匝数与电磁力 F_f 的关系

N/匝	100	200	300	400	500	600
F_f/N	1.6835	3.2381	4.6633	5.9590	7.1256	8.1627

分析表 4.12 和表 4.13 可以得到:在线圈电流和工作气隙保持不变的情况下,线圈匝数越多,线圈上产生的电磁力 F_f 越大,顶杆所受的合力 $F_m=F-F_f$,因此总的电磁合力 F_m 越小,与理论分析相符。

总体来说,在磁通变换器模型中,保持其他模型参数不变,改变包围在顶杆周围的线圈的匝数,可以改变电流引起的电磁力 F_f 的大小,进而起到改变磁通变换器静态特性的作用。在足够的线圈匝数条件下,线圈匝数越多,顶杆受到的合力越小,也越容易脱离永磁体的吸引,这也容易引起磁通变换器的错误工作,即来自外界的物理振动导致脱扣动作执行;此外,线圈匝数太少,可能会导致脱扣动作执行超过指定的动作时间甚至导致不执行,从而影响控制与保护开关的正常工作。因此,在实际的产品设计优化中,可以不断改变线圈匝数进行产品调试,从而在两种情况中寻找到一种平衡。

2) 永磁体截面大小对磁通变换器的电磁力影响

永磁体是磁通变换器各个部件中最重要的部件之一,永磁体材料的磁性能比较复杂,需要用多项参数来表示。永磁体在磁通变换器中既是磁源,又是磁路的组成部分,永磁体的磁性能不仅与生产厂的制造工艺有关,还与永磁体的形状和尺寸、永磁体的容量和充磁方法有关,具体性能数据的分散性很大。而且永磁体在磁路中所能提供的磁通量和磁动势还随磁路其余部分的材料性能、尺寸和电机运行状态而变化。此外，含永磁体的磁通变换器的磁路结构多种多样，漏磁路十分复杂而且漏磁通占的比例较大，铁磁材料部分又比较饱和，磁导是非线性的。这些都增加了磁通变换器电磁计算的复杂性。

为了相对直观地体现出永磁体参数的改变对磁通变换器静态特性的影响，这里主要分析永磁体的截面积与顶杆所受的电磁力的关系。根据试验结论，选择工作气隙 $x=0.1\text{mm}$，电流 $I=0\text{A}$，在 ANSYS 界面采用 APDL 语言编辑设定不同的永磁体截面半径进行仿真分析，可以得到表 4.14。

表 4.14　永磁体截面与电磁合力的关系表

半径/mm	3.2	3.25	3.3	3.4	3.5	3.6
截面积/mm^2	32.17	33.18	34.21	36.32	38.48	40.72
电磁力 F_m/N	−10.557	−11.193	−11.605	−11.71	−12.488	−12.035

由于磁通变换器产品体积大小的限制，只将永磁体的半径取为表 4.14 中的几个数值以作分析。这里用到的永磁体是一个规则的圆柱体。显而易见，若截面积太小，永磁体对顶杆的吸引不够强，吸力 F 不足；若截面积过大，因为顶杆的设计尺寸固定，相对顶杆来说磁场分布会过于分散，永磁体的有效截面部分不会增大，因此吸力 F 同样不足够大。分析表 4.14 中的数据可以看到，在截面大小取值在[36,40]mm^2 时，永磁体对顶杆的吸引力最大。考虑到仿真的误差，可以得到这样一个定性的结论，即在永磁体半径取到该区间附近某一个最优的值时，能使其对顶杆的吸引力最大，从而最大限度上确保磁通变换器不会轻易地执行脱扣动作。为了避免磁通变换器在受到外界振动时错误执行脱口动作，所以应当在设计时考虑在不通电流的情况下尽可能增大永磁体对顶杆的吸引力，实际优化设计试验中可以采用接近该尺寸的永磁体，仿真数据能够为实际优化设计提供参考。

第5章　低压电器触头灭弧系统动态仿真分析

CPS的主电路接触组由触头系统及短路脱扣器两大部分组成。在负载端发生短路时，触头系统快速动作并迅速分开主触头，短路脱扣器通过铝推杆带动操作机构进一步切断控制线圈回路，使CPS处于断开状态，接触组的性能直接影响控制与保护开关电器是否能及时可靠开合。本章对KB0系列CPS短路分断过程中的作用力进行理论分析与仿真计算。针对触头系统主回路、短路脱扣器等接触组的电磁部件，利用电磁学有限元方法进行仿真计算，获取稳态电流及静态工作气隙下的触头间霍姆力（Holm force）、导电回路电动斥力、短路脱扣器电磁吸力及电磁场分布，形成完整的分断过程描述。然后以主电路接触组为对象，建立触头系统机构运动数学模型和电弧数学模型，以有限元计算得到的电动斥力与短路脱扣器电磁吸力为作用力，对样机的短路分断过程进行仿真计算。分析短路分断过程中，短路电流、触头速度、位移、极限位置等信息。接着介绍额定运行短路分断能力试验流程，并对仿真结果与试验结果进行对比分析。最后应用CPS短路分断仿真，研究分断电压及电压合闸相角对短路分断动态特性的影响，为产品的性能分析与优化设计提供理论基础。

5.1　触头灭弧系统电动斥力分析

触头系统的电动斥力主要由两部分组成：霍姆力 F_H 和洛伦兹力 F_L（Lorentz force）。霍姆力是由动、静触头接触点引起的电流线收缩造成的，而洛伦兹力则由动导电杆和静导电杆通过短路电流后相互作用产生的，如图5.1所示。图中，动触桥所受到的总的电磁斥力等于触头回路电动斥力 F_L 与两个触点间的电动斥力 F_H 之和，即 $F=F_L+2F_H$。

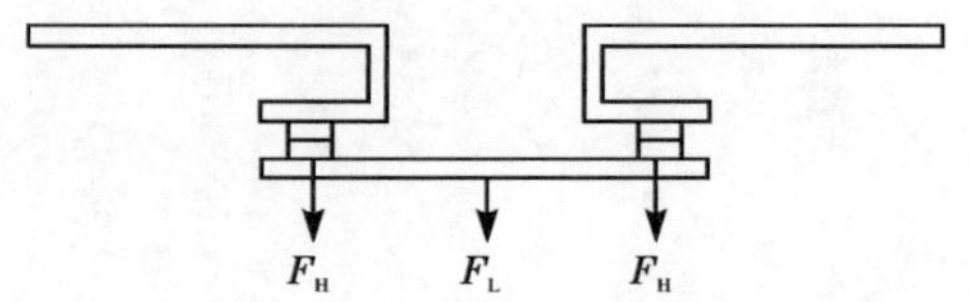

图5.1　双断点触头的触头斥力

根据前面的分析可知，当CPS的接触组通过较大的短路电流时，动静触头首先在回路电动斥力（包括霍姆力 F_H 和洛伦兹力 F_L）的作用下开始斥开，随后短路脱扣器瞬间动作，利用瞬时脱扣力的冲击，进一步将动静触头斥开。与此同时，动静触头之间产生电弧，且电弧拉长，并朝着灭弧室栅片的方向移动。为了使短路发生后，动静触头能够快速斥开，需尽量增大触头电磁力。可是触头电磁力并不是越大越好，在触头正常闭合状态下，由于触头间电动斥力的存在，会造成触头的接触压力减小，同时在触头闭合过程中易产生机械振动，甚至会使触头斥开，从而影响触头的可靠工作。

霍姆力 F_H 只存在于动静触头保持金属状态接触的时间里，当动静触头分开之后，该力就不存在了。

电弧之所以会朝栅片移动，其中的一个重要的原因是电弧产生之后，其本身就相当于一个载流导体，在触头导电回路产生的吹弧磁场的作用下，相当于在电弧上施加了一个回路电动力，该力快速驱动电弧进入栅片灭弧室。

基于以上分析，以下主要介绍触头系统电磁力的原理，同时利用 ANSYS 仿真工具分析在一定的范围内，如何提高 CPS 接触组中触头系统的电磁力，从而增强接触组的限流分断能力。

5.1.1 导电桥模型及触头间电动斥力分析

电接触学科的奠基人霍姆指出：任何用肉眼看来磨得非常光滑的金属表面，实际上都是粗糙不平的，当两金属表面互相接触时，只有少数凸出的点(小面)发生了真正的接触，其中仅是一小部分金属接触或准金属接触的斑点才能导电[14]。而在触头压力弹簧的作用下，触头表面将发生塑性变形，绝缘膜破裂后形成分布的尺寸各异的微小导电斑点，从而形成触头的接触表面。

当电流通过这些很小的导电斑点时，由于电流线在接触面附近发生收缩，如果把收缩区中的电流线看成许多密集的载流元导体，根据电动力计算定律，各元导体所受电动力垂直于电流线，力的方向如图 5.2 所示。如果将各元导体所受电动力分解成平行于视在接触面和垂直于视在接触面的两组分力，因电流线分布对称，水平方向的分力相互抵消，接触面两边垂直方向的分力相加，这就是触头间的电动斥力。

这种因电流线收缩而在触头上产生的电动斥力被称为霍姆力或触头力 F_H，它可由式(5.1)进行计算：

$$F_H = \frac{\mu_0 i^2}{4\pi}\ln\left(\frac{R}{r}\right) \tag{5.1}$$

式中，i 为通过触头的电流；μ_0 为真空磁导率；R 为触头半径；r 为接触点半径。

式(5.1)表明，触头间的霍姆力只与电流通过触头的最大导电截面和最小导电截面有关，而与电流在收缩区内过渡的情况无关。

式(5.1)中接触点的半径 r 由接触压力、触头材料等因素决定，可用式(5.2)计

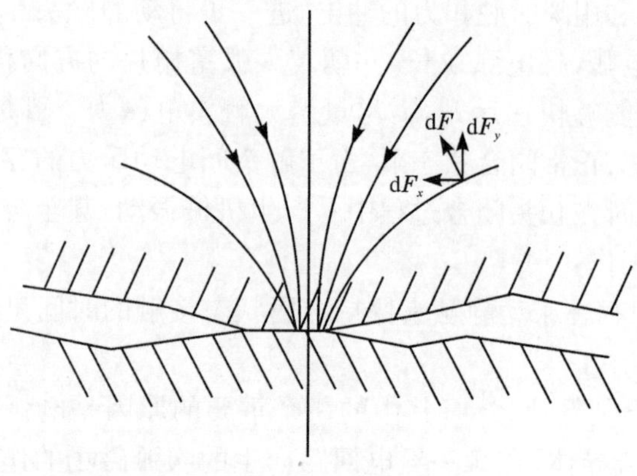

图 5.2　触头间电动斥力

算：

$$r = \sqrt{\frac{F_k}{\pi \xi H}} \tag{5.2}$$

式中，F_k 为触头接触压力；ξ 为触头表面接触情况的系数，取值为 0.3～1，接触面越光滑，变形为塑性时，该值越接近于 1；H 为触头材料的布氏硬度。

由电流线收缩产生的霍姆力 F_{H} 只存在于动静触头保持金属接触状态的时间里，即在分断过程中，接触压力 F_k 在不断减小，因此，在分断短路电流的过程中，F_{H} 仅存在于超程阶段，并随着 i 和 F_k 的不断变化，动静触头分开后，该力就不存在了。

为了便于有限元仿真分析，可假定触头间接触面中心只有一个导电斑点，或者认为全部的导电斑点集中在中心，形成了一个大的导电斑点。因此可以通过导电桥模型来模拟触头间的电流收缩，如图 5.3 所示。

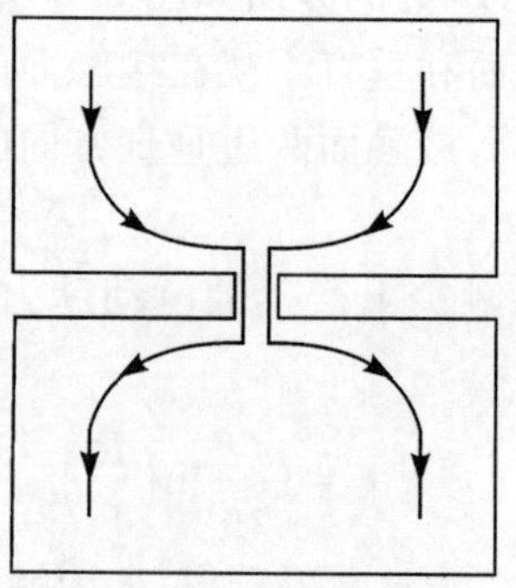

图 5.3　导电桥模型

KB0 接触组触头系统所采用的触头材料是银氧化镉（AgCdO），H 取 690N/mm^2，

ξ 取0.45，触头半径 R 取 3.5mm，触头接触压力 F_k 为 3N。

根据式(5.2)计算求出触头接触点半径 r 为 0.0555mm。令导电桥高度为0.2mm；触头的半径取 3.5mm；触头高度取 2mm，得到仿真计算结果，与理论计算所得结果的比较如表 5.1 所示。

表 5.1 仿真与理论计算值比较

电流/A 霍姆力/N	500	1000	2000	3000	4000	5000
理论计算值	0.1036	0.4144	1.6577	3.7297	6.6306	10.3603
ANSYS 仿真值	0.214	0.937	1.839	4.792	7.087	11.538

由表 5.1 所示的理论计算值和 ANSYS 仿真值结果对比可知，排除仿真误差的因素，两者能较好地吻合，验证了仿真模型的可靠性。

5.1.2 导电回路电动斥力分析

除了由于触头间电流线收缩产生的电动斥力之外，触头系统的载流导体同样也受到力的作用。这个力主要是由触头及导体回路之间流动的电流相互作用而引起的，也称洛伦兹力。导电回路电动斥力的大小和方向与电流的种类、大小和方向有关，也与电流经过的回路形状、回路的相互位置、回路间的介质、导体截面形状等有关。在 CPS 接触组的导电回路中，洛伦兹力 F_L 一直存在直至电弧熄灭，F_L 的大小与电流的二次方近似成正比。

在传统的近似计算中，常把动静导电杆看作平行导体来计算斥力。但是由于触头系统结构的复杂性和不规则性，为了提高计算结果的精确性，不能简单地把导体回路视作平行导体。若已知导体中的传导电流密度为 J，磁感应强度矢量为 $\boldsymbol{B}$，载流导体的体积为 V，那么可以通过下式计算作用在导体上的电磁力合力：

$$F_L = \int_V J \times \mathrm{d}V \tag{5.3}$$

式中，J 是未知的，可通过数值运算得到。由于涡流对电动斥力的数值和相位影响很小，因此可以采用恒定场的方程来计算电流密度和磁通密度分布。可首先通过式(5.4)和式(5.5)的边界条件，计算得到模型导电区域的电流密度 J[15]。

$$\begin{cases} J = \nabla\times \boldsymbol{H} \\ \nabla\times \left(\dfrac{1}{\sigma}\nabla\times \boldsymbol{H}\right) = 0 \end{cases} \tag{5.4}$$

$$\oint \boldsymbol{H}\cdot \mathrm{d}l = I \tag{5.5}$$

$$\begin{cases} \nabla\times \left(\dfrac{1}{\mu}\nabla\times \boldsymbol{A}\right) = J \\ \boldsymbol{B} = \nabla\times \boldsymbol{A} \end{cases} \tag{5.6}$$

在得到了电流密度 J 的分布后，即可以根据式(5.6)所示的关系，得到磁场中磁通密度 $\boldsymbol{B}$ 的分布，然后把计算结果代入式(5.3)中，从而计算得到导电回路的电动斥力。从以上的计算过程中可知，导电回路电动斥力的计算，是一个集合了电场、磁场的耦合场的计算问题。

为了提高计算结果的准确性，可利用功能强大的有限元分析软件 ANSYS 计算导电回路的洛伦兹力。

使用 ANSYS 软件仿真计算导电回路电动斥力的方法主要分为创建物理环境、建模、划分网格、施加边界条件和载荷、求解和后处理几个部分。

与短路脱扣器电磁分析不同的是，导电回路中施加的电流激励并不是线圈电流，而是导体中的传导电流，并且，由于接触组触头回路导体和电弧的形状不规则，当电流通过动静导电杆、动静触头以及电弧时，在各个截面的电流分布并不处处相等，即电流密度不均匀，因此首先需要进行电流传导分析，得到导体中的电流密度分布，接着将得到的电流密度分布作为激励加载至模型上，通过有限元分析计算，得到模型的三维磁场分布。然后，通过 ANSYS 的后处理阶段，得到导电杆所受到的洛伦兹力。即根据式(5.7)计算出作用在每一个单元上的洛伦兹力 F_l，其中 J_l 为每个单元的电流体密度，B_l 为单元的磁感应强度。

$$F_l = J_l \times B_l \tag{5.7}$$

这个过程的计算流程如图 5.4 所示。

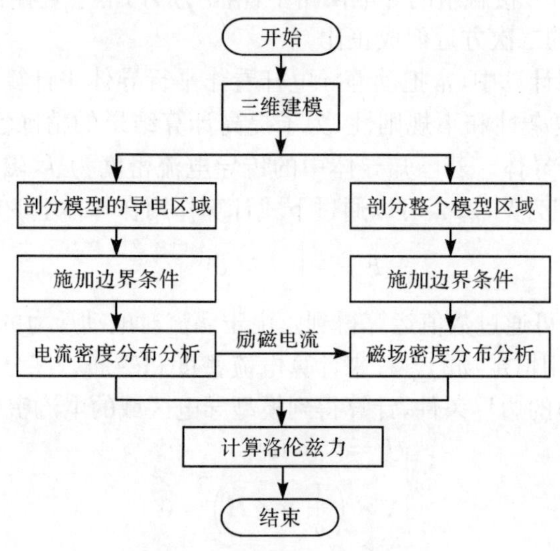

图 5.4　洛伦兹力计算流程图

仿真结果如表 5.2 所示。

表5.2 动导电杆电动斥力(仿真计算)

电流/A	触头参数(触头分开前)		导电回路参数		电动斥力/N
	电阻率/(Ω/m)	相对磁导率	电阻率/(Ω/m)	相对磁导率	
540	2.3×10^{-8}	1.5	1.75×10^{-8}	1	−0.0396375
630	2.3×10^{-8}	1.5	1.75×10^{-8}	1	−0.0539510
720	2.3×10^{-8}	1.5	1.75×10^{-8}	1	−0.0704666
810	2.3×10^{-8}	1.5	1.75×10^{-8}	1	−0.0891843
10500	2.3×10^{-8}	1.5	1.75×10^{-8}	1	−14.9864
15000	2.3×10^{-8}	1.5	1.75×10^{-8}	1	−30.5848
24000	2.3×10^{-8}	1.5	1.75×10^{-8}	1	−78.2962

5.1.3 电动斥力的ANSYS仿真分析

ANSYS电磁场分析模块以麦克斯韦电磁场方程组为基础采用有限元的方法求解电磁场中的各种物理量,其耦合场分析是指将不同物理场的分析进行组合,并考虑它们之间的相互作用。所耦合的物理场类型决定了耦合场分析的过程,所有的耦合场分析方法可以分为两类:直接耦合和顺序耦合。本书采用三维有限元非线性分析,选用的是顺序耦合中的间接方法[16]。

(1) 直接耦合。直接耦合方法一般只涉及一次分析,它使用包含所有物理场必需的自由度的耦合类型单元,通过计算耦合单元所有必需的矩阵和载荷矢量来实现不同物理场的耦合。

(2) 顺序耦合。顺序耦合方法涉及两种或多种按一定顺序排列的、每一种属于不同物理场的分析。通过将一种分析的结果作为另一种分析的载荷将两个物理场耦合到一起。顺序耦合法又包含间接法和物理环境法。所谓间接法,是指其使用不同的数据库和结果文件,当节点和单元编号在结果文件和数据库中一致时,可以把一个结果文件读入另一个数据库中。对于物理环境法,整个模型使用一个数据库,数据库中必须包含所有物理分析所需的节点和单元。

对于耦合情况相互作用非线性程度不是很高的情况,顺序耦合法更加有效和灵活,因为其可以执行两个相互独立的分析。当耦合场之间的相互作用是高度非线性时,直接耦合更有利,它使用耦合变量一次求解得到结果,直接耦合的例子有压电分析、流体流动的共轭传热分析、电路-电磁分析,这些分析中使用了特殊的耦合单元直接求解耦合场间的相互作用。

1. ANSYS单元的选用

考虑到兼容性,电场分析单元选用SOLID69,磁场分析单元选用SOUD97,并采用远场单元INFIN111模拟磁场的远场耗散。

1) 三维磁场分析单元 SOLID97 的特点及使用

SOLID97 用于模拟三维磁场，单元由 8 个节点定义，在已定义的 6 个之外尚有 5 个自由度，即磁矢势(AX、AY、AZ)、时间积分电势(VOTL——标准表述)、电势(VOTL——无散度表述)、电流(CURR)、电动势(EMF)。SOLID97 基于以库仑为度量的磁向量势能可用于以下低频磁场分析：电场(静态，交流时间谐波和瞬态分析)；静磁，涡流(交流时间谐波和瞬态分析)；电磁环路耦合场(静态，交流时间谐波和瞬态分析)。SOLID97 单元具有非线性磁场分析的功能，可以输入 B-H 曲线、永磁体退磁曲线等，具有相似单元的是 PLANE53 和 SOLID62(但没有电动势和磁环路耦合功能)。

SOLID97 单元有两种选择：标准方法和无散度方法。标准方法要求对于电流源载荷指出电流密度，必须保证满足无散度条件(div $J=0$)，否则将会产生错误解。无散度方法能自动满足无散度条件通过耦合电流传导和电磁场的解直接求解电流密度，无散度方法适用于无涡流源(如绞线型线圈)。

单元的几何形状、节点位置及坐标系在图 5.5 中显示。该单元由 8 节点及材料特性所定义，定义节点 M、N、O、P 为同一个节点号，节点 K、L 为同一个节点号，可形成四面体形状单元，也能形成楔形、金字塔形单元如图 5.5 所示。EMNUIT 命令指明单位类型(公有制或白定义)，EMNUIT 命令也决定 MUZERO 的值，EMNUTI默认是公有制单位，MUZERO$=4\pi\times10^{-7}$ H/m。另外，正交各向异性相对磁导率通过 MURX、MURY 和 MURZ 由材料特性选项指定，正交各向异性电阻率通过 RSVX、RSVY 和 RSVZ 由材料特性选项指定，MGXX、MGYY 和 MGZZ代表永磁体矫顽力的矢量分量，非线性磁性材料的 B-H 特性由 TB 命令输入。非线性正交各向异性磁特性由 B-H 曲线和线性相对磁导率联合确定，B-H 曲线将被用在每个单元坐标方向中相对磁导率为零位值的单元，每种材料只准被指定一个 B-H 曲线。

2) 三维电场分析单元 SOLID69 的特点及使用

SOLID69 单元有电和热的传导能力，由电流流动生成的焦耳热也包括在热平衡中。单元有 8 个节点，在每个节点上的单元有两个自由度：电压和温度。尽管单元中不包括电感系数或瞬态电容，但热-电实体单元可被用于三维瞬态和稳态热分析，在热求解中需要迭代解法来包括焦耳热效应。假如不考虑电效应，则可用三维热单元 SOLID70，如果包括热-电单元的模型也被用于结构分析，则应用等效结构单元如 SOLID45 代替。

单元的几何形状、节点位置及坐标系在图 5.6 中显示。该单元由 8 节点的正交各向异性材料特性定义，正交各向异性材料的方向与单元坐标系的方向一致。在稳态分析时，可任意赋值比热与密度，材料的电特性是电阻率(RSVX、RSVY、RSVZ)，电阻率与其他任何材料特性一样，可作为温度的函数输入。

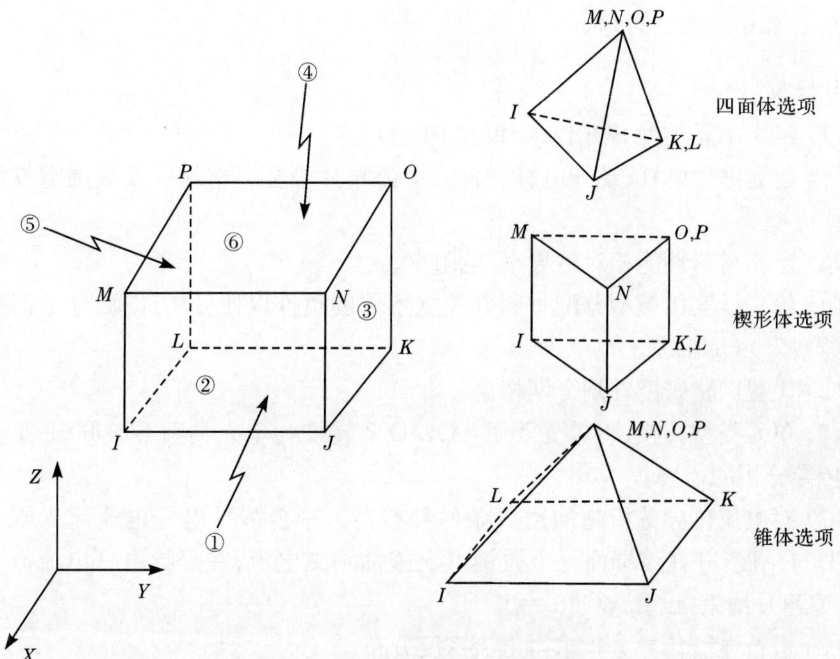

图 5.5　SOLID97 三维磁实体单元

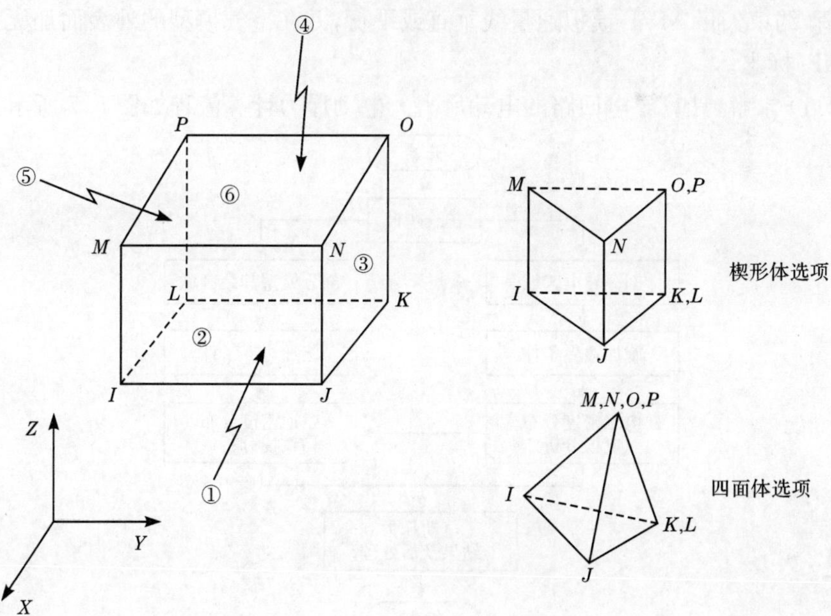

图 5.6　SOLID69 三维热-电实体单元

2. 计算步骤与流程图

其计算步骤如下：

(1) 定义单元类型 SOLID97 和 INFIN111。

(2) 建立静导电杆、动导电杆、触头、灭弧栅片等金属材料以及周围空气的三维实体模型。

(3) 定义材料性能相对磁导率、电阻率。

(4) 给三维实体模型分配材料并建立不同的组件以便分析计算，导电回路的单元类型为 SOLID97。

(5) 设置网格密度并划分网格。

(6) 单元类型转换，将单元类型 SOLID97 转变为单元类型 SOLID69 是进行电流传导分析的需要。

(7) 对电流传导分析施加边界条件和载荷。耦合静导电杆电流流入端面的 VOTL 自由度，并在该端面一个关键点上施加励磁电流；在静导电杆电流流出端面加 VOTL 约束，设置 VOTL=0。

(8) 进行电流传导分析求得电流密度分布。

(9) 将导电回路的单元类型重新设置为 SOLID97 进行磁场分析。

(10) 对磁场分析施加边界条件和载荷。以电流传导分析的结果电流密度作为载荷，约束矢量 MVP 模拟通量线垂直或平行，并在空气模型的外表面加无限表面(INF)标志。

(11) 求解，计算导电回路的电动斥力。电动斥力计算流程如图 5.7 所示。

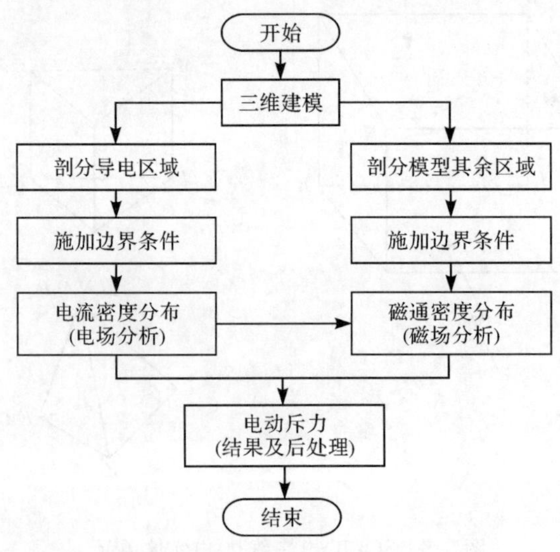

图 5.7　电动斥力计算流程

3. 基于 ANSYS 的触头电动斥力分析

霍姆在推导电动斥力 F_H 的解析式时，假定接触导体为超导小球[17]。本书用位于触头中心的圆柱体导电桥模型来模拟导电斑点，其材料性质也和触头材料相同，半径 r 可由式(5.2)所示的霍姆公式计算，因此可以通过导电桥模型来模拟触头间的电流收缩，如图 5.8 所示。

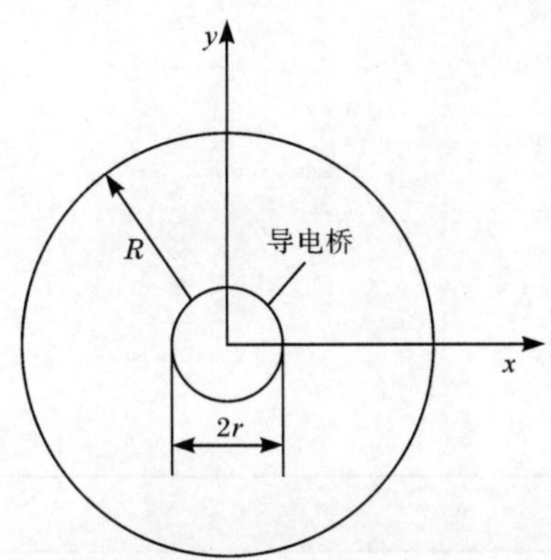

图 5.8　导电桥模型

本书以 KB0 系列控制与保护开关的接触组触头为例进行仿真分析，实体模型包括静触头、动触头及导电斑点。采用自由剖分，通过指定生成网格的大小就可以得到实体模型的有限元模型，具体如图 5.9 所示。

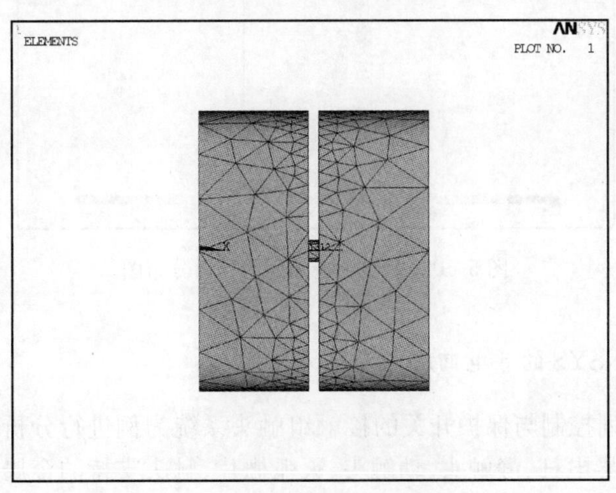

图 5.9　导电桥有限元模型

将表 5.3 的仿真参数输入 ANSYS 进行仿真分析得到动触头受到的电动斥力矢量分布如图 5.10 所示。从图中可以看出，由于导电斑点的影响，触头中心处的电动斥力比触头其他部位的电动斥力大两个数量级以上。

表 5.3　导电桥仿真参数

仿真参数	取值
电流/kA	10.5
触头截面半径/mm	2.5
触头高度/mm	2
导电桥半径/mm	0.1855
导电桥高度/mm	0.2
导电桥数目	1
导电桥位置	触头中心

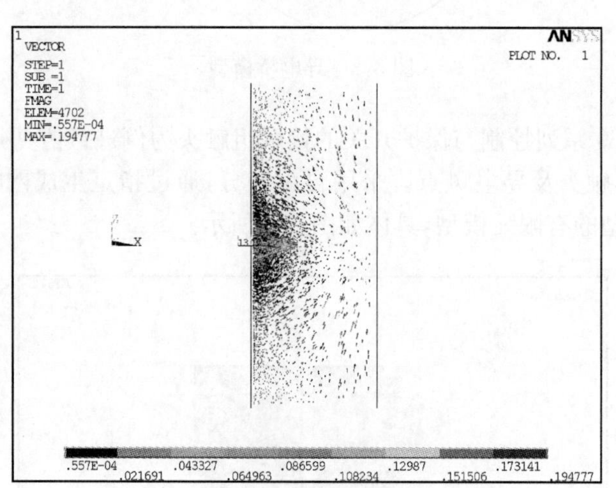

图 5.10　动触头电动斥力矢量分布图

4. 基于 ANSYS 的导电回路电动斥力分析

以 KB0 系列控制与保护开关的接触组触头系统为例进行分析。实体模型包括静导电杆、动导电杆、静触头、动触头、灭弧栅片、触头支持的金属部分等。由于几何模型的形状不规则，因此采用自由剖分，图 5.11 为接触组触头系统的有限元模型。

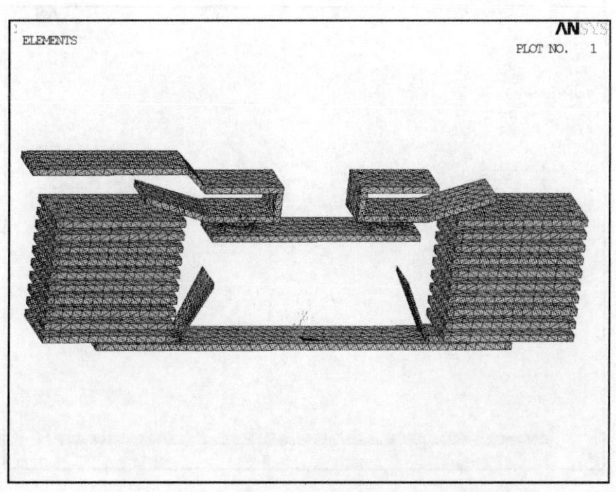

图5.11 接触组触头系统有限元模型

耦合静导电杆一端面的 VOLT 自由度并在一个关键点上施加励磁电流 AMPS=10500A,在约束导体另一端面的 VOLT 为零后开始电流传导分析。所得到的导电回路部分电流密度矢量分布如图5.12所示。

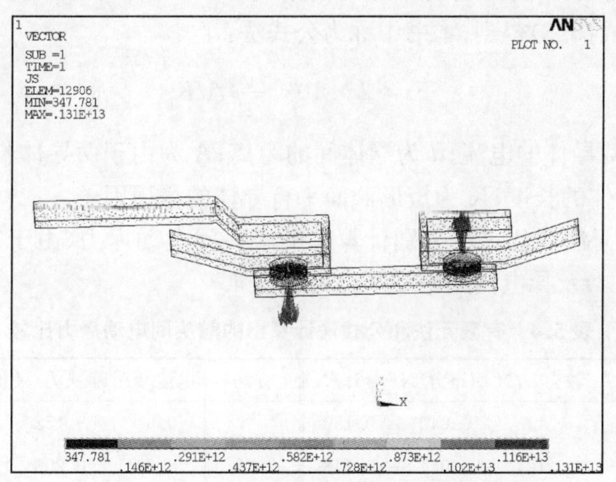

图5.12 导电回路部分电流密度矢量分布

通过 LDREAD 命令把电场分析所得的电流密度作为激励读入磁场分析中,最后施加通量线垂直、平行条件以及远场单元无限表面标志,进行磁场分析。图5.13为动导电回路电动斥力分布矢量图。

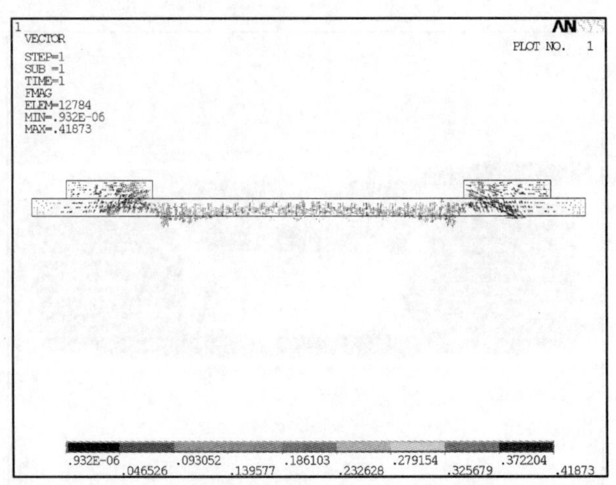

图 5.13 动导电回路电动斥力分布矢量图

5. ANSYS 仿真结果及分析

本书将利用 ANSYS 软件计算触头回路的电动斥力和触头间电动斥力的方法称为有限元法。触头间的电动斥力可根据式(5.1)计算，回路电动斥力的计算可根据 Frick 公式(5.8)得到，本书中称为公式法：

$$F = 2\times 10^{-7}\,\frac{i_1 i_2}{d}AlK \tag{5.8}$$

式中，i_1、i_2 为两导体的电流；d 为导体间的距离；A 为由于两导体长度有限产生的系数；l 为长导体的长度；K 为矩形截面平行导体的截面因子。

利用有限元法和公式法分别计算出的触头间电动斥力(由于是双断点，所以触头力应乘以 2)及导电回路电动斥力见表 5.4。

表 5.4 有限元法和公式法计算出的触头间电动斥力比较

方法	电流/kA	触头力/N	回路力/N	合计/N	方法	电流/kA	触头力/N	回路力/N	合计/N
有限元法	0.54	0.143	0.040	0.183	公式法	0.54	0.152	0.037	0.189
	0.63	0.194	0.054	0.248		0.63	0.206	0.050	0.256
	0.72	0.254	0.070	0.324		0.72	0.270	0.066	0.336
	0.81	0.321	0.089	0.410		0.81	0.342	0.083	0.425
	0.9	0.396	0.112	0.508		0.9	0.422	0.105	0.527
	10.5	53.92	14.99	68.91		10.5	57.36	14.00	71.36
	15	110.04	30.58	140.6		15	117.04	28.58	145.6
	24	281.7	78.30	360.0		24	299.6	73.16	362.8

从表5.4中可以看出触头间电动斥力和电流的平方近似成正比，两种算法对于作用在动触头和动导电杆上的电动斥力的影响很小，触头力的相对误差在6%左右，可能是由于触头表面接触系数的差异造成的；导电回路的电动斥力误差在8%左右，可能的主要原因是在用公式法计算电动斥力时忽略了触头、灭弧栅片等触头系统的金属材料的影响。此外，从表5.4中还可以看出，在触头未分开前，总的电动斥力主要体现在触头力上，由触头间电流收缩产生的电动斥力占总体的80%左右。

通过ANSYS的有限元分析与公式法的比较可知，虽然两种算法所得结果比较接近，但公式法只适用于模型简单的问题计算，ANSYS仿真则在计算出比较准确的电动斥力数值的同时，还可以仿真出电流和磁场接近实际的分布情况，对于不规则的复杂模型，ANSYS仿真更能模拟出与实际接近的结果。从表5.4中也可以看出，触头力的差异随着电流值的增大而增大，也即利用霍姆公式和导电桥模型考虑触头间的电流收缩力而引起整个电动斥力的差异随着电流值的增大而变得明显起来，这样，当电流达到24kA以上时，引入导电桥模型进行电动斥力的数值计算就很有必要。

5.1.4 短路脱扣器电磁力分析

短路情况下，短路脱扣器的脱扣时间越短，越有利于短路电流的开断，这是因为CPS的限流分断功能使短路电流在尚未达到峰值时，动触头在电动斥力作用下先于机构而斥开，随后机构在短路脱扣器的脱扣力冲击下动作，带动动静触头完全分开。短路脱扣器的快速脱扣，更有利于达到操作机构动作于触头斥开过程的合力配合，防止动触头斥开后的跌落现象。

本章研究的KB0接触组中采用的是螺管式电磁脱扣器，如图5.14所示。图中短路脱扣器的铁心内部空腔中是铜制的顶杆，在空腔的中部较粗处(即顶杆的外围)有一个压力弹簧(为了清晰显示短路脱扣器的其他部件，在图中未画出顶杆和压力弹簧)，在主回路正常状态下，脱扣器的动静铁心处于分离的状态，这时压力弹簧处于自由状态。当主回路发生短路故障时，动静铁心在巨大的短路电流产生的电磁吸力的作用下快速吸合，压缩压力弹簧，同时快速推动顶杆，顶杆撞击触头支持，帮助打开主触头，同时，顶杆运动带动扭杆扭转，令打开后的触头处于锁扣状态。

为了满足机械设计的要求，即为了在动铁心恢复到初始状态的过程中，不会在惯性力和压力弹簧的作用下冲出线圈，因此短路脱扣器的动铁心设计为如图5.14所示的双圆柱台阶式结构。

短路脱扣器的电动斥力分析详见4.2.1节。

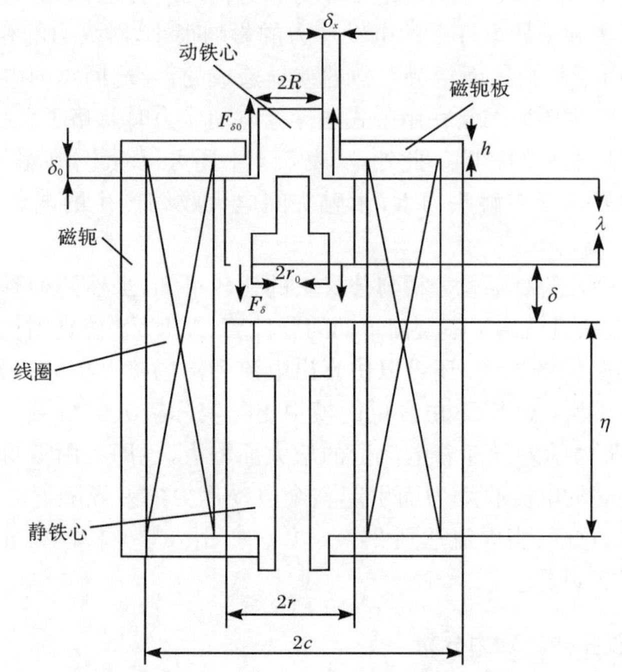

图 5.14　KB0 接触组采用的短路脱扣器原理图

5.2　CPS 短路分断过程仿真分析与验证

KB0 系列 CPS 的短路分断过程是触头分断和机械分断的配合过程，主电路接触组和操作机构有序、合理的动作配合关系到产品的分断性能及机械寿命。然而，短路分断过程瞬间结束，肉眼无法清楚地观察机构的各个构件在分断过程中的运动情况，因此，本节将建立触头系统和电弧运动的数学模型并借助数值分析软件 MATLAB，在计算机环境下实现整个机构和触头的运动过程，分析运动的极限位置、干涉情况、空间运动位置及运动参数等，为产品设计提供科学的依据。

5.2.1　CPS 接触组短路分断过程及数学模型

本节的研究对象为 KB0 系列控制与保护开关中双断点限流触头系统如图5.15 所示。图 5.15 同时给出了系统受力图，整个系统有 3 个反力弹簧，它们产生的反力分别是：短路脱扣器内压缩弹簧的反力 F_f，铝推杆的压力弹簧反力 F_1，作用于动触头杆的宝塔弹簧反力 F_p。系统的作用力系冲击电磁铁的吸力 F，触头间的电动斥力 F_H（只存在与触头闭合时）及导电回路的电动斥力 F_L。CPS 短路分断可分为两个过程，前者是机构动作过程，后者是电弧运动过程和熄弧过程，前者主要用触头系统机构的机械动态方程来描述，后者主要取决于开断电弧的数学模型。

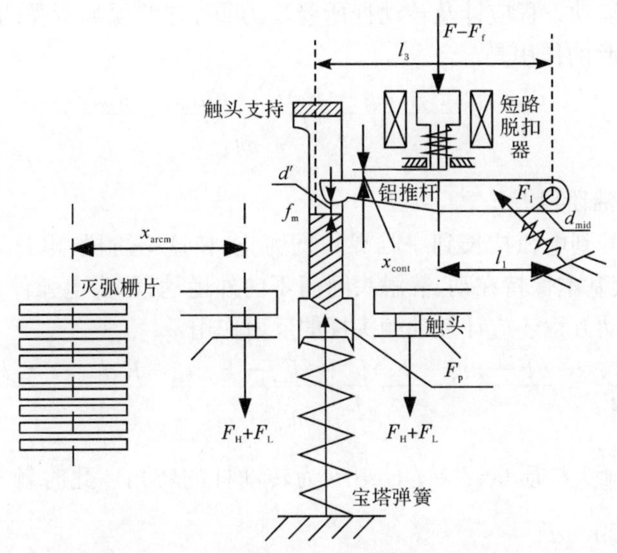

图 5.15　双断点触头系统结构及受力图

1. 触头系统机构运动数学模型

1) 短路脱扣器触动阶段

这一阶段从短路电流产生到短路脱扣器电磁吸力克服压缩弹簧的反力而使铁心开始动作为止。这一阶段电弧尚未出现，$U_{arc}=0$，但若短路电流通过触头回路产生的电动斥力足够大，就会使动、静触头斥开，产生电弧，这时电弧电压就不为零，而近似认为它等于近极压降 $2U_0=2\times25\text{V}$，乘以 2 是考虑到双断点，U_0 是一对触头上的近极压降。此时，机构尚未动作，只有电路瞬态方程：

$$L\frac{\mathrm{d}i}{\mathrm{d}t}=U_m\sin(\omega t+\psi)-iR-U_{arc} \tag{5.9}$$

式中，R、L 为短路回路的总电阻和总电感；ψ 为电路合闸相角；U_{arc} 为电弧电压；U_m 为电源电压的峰值。

2) 铁心空载运动阶段

这一阶段从铁心开始运动起至铁心顶杆碰到铝推杆为止：

$$\frac{\mathrm{d}^2x}{\mathrm{d}t^2}=\frac{F-F_f+mg}{m} \tag{5.10}$$

式中，m 为动铁心质量；x 为铁心行程；g 为重力加速度。

3）铁心负载运动阶段

这一阶段从铝推杆开始转动到其顶端经过行程 d' 碰到触头支持位置为止，这一阶段的铁心运动方程应计及转动杆所受反力 F_1，它的顶端所受的摩擦力 f_m 和转动惯量 J 所起的作用是

$$\frac{\mathrm{d}^2x}{\mathrm{d}t^2}=\frac{(F+mg-F_f)l_1-F_1d_{mid}-f_ml_3}{\dfrac{J}{l_1}+ml_1} \tag{5.11}$$

4）电弧停滞阶段

从触头打开到电弧拉长到一临界长度为止，在这一阶段，电弧虽然随触头打开而产生，但其基本保持在动、静触头间而不向外运动，称为电弧停滞阶段。这一阶段的铁心运动方程还应计及动触头杆的反力作用：

$$\frac{\mathrm{d}^2x}{\mathrm{d}t^2}=\frac{(F+mg-F_f)l_1+(F_L-F_p)l_t-F_1d_{mid}-f_ml_3}{\dfrac{J}{l_1}+ml_1+m_2\dfrac{l_t^2}{l_1}} \tag{5.12}$$

式中，m_2 为动触头杆质量；$l_t=l_3\cos\theta$，θ 为转动杆的转角。此时触头的分开距离 $x'=\dfrac{l_t}{l_1}(x-x_{cont})-d'$。

这阶段电弧电压：$U_{arc}=2(U_0+Ex')$，式中，E 为电弧电压梯度，乘以 2 是考虑到双断点。

2. 电弧运动与熄灭过程的数学模型

1）电弧的运动阶段

若忽略电弧的质量，认为电弧在运动过程中受两个力的作用，既电磁力和空气阻力，在二力平衡条件下，应用经典的激波理论。电弧下弧根的运动速度可用下式计算[18]：

$$V_{arc}=C_0C_1\frac{5\times\dfrac{BI}{P_0D}}{\sqrt{49+42\times\dfrac{BI}{P_0D}}} \tag{5.13}$$

式中，C_0 为空气中的声速，$C_0=331.2\text{m/s}$；D 为电弧直径；C_1 为考虑反向转移现象所等效的电弧速度降低率，这里按试验数据取 $C_1=0.33$；B 为触头区自励磁场的磁场强度，本节通过 ANSYS 有限元仿真计算；P_0 为大气压力，$P_0=0.1013\text{MPa}$。

式(5.13)中电弧直径 D 是一个未知量，根据柯西电弧模型从能量平衡出发，有

$$\frac{\mathrm{d}Q}{\mathrm{d}t}=P-P_s \tag{5.14}$$

式中，$\mathrm{d}Q/\mathrm{d}t$ 为单位长度电弧弧柱中储能的变化；P 为单位弧长的输入功率；P_s 为

单位弧长的功率损失。

式(5.14)中单位弧长的输入功率为

$$P = Ei^2 = \frac{i^2}{\sigma A} \tag{5.15}$$

式中,E 为电弧柱电场强度;i 为电弧电流;σ 为弧柱的导电率(单位为$(\Omega \cdot \mathrm{m})^{-1}$);$A$ 为弧柱的横截面积,$A=\pi D^2/4$。

采用柯西电弧数学模型,认为单位体积弧柱中存储的能量为一常数,可用 $C(\mathrm{J/m^3})$来表示。这样,单位长度储能为

$$Q = CA \tag{5.16}$$

能量的散出是由对流所造成,P_s 可由下式计算:

$$P_s = 0.41DV_{\mathrm{arc}} \ln \frac{T_c}{T_0} \times 10^6 = 0.82V_{\mathrm{arc}} \sqrt{\frac{A}{\pi}} \ln \frac{T_c}{T_0} \times 10^6 \tag{5.17}$$

式中,V_{arc}为电弧的运动速度(单位为:m/s);T_c、T_0 为周围环境温度和电弧平均温度,计算中分别取 237K 和 15000K。

将式(5.15)～式(5.17)代入式(5.14),得到

$$C \frac{\mathrm{d}A}{\mathrm{d}t} = \frac{i^2}{\sigma A} - 0.463V_{\mathrm{arc}} \sqrt{A} \ln \frac{T_c}{T_0} \times 10^6 \tag{5.18}$$

在电弧停滞阶段弧柱很短,可认为这阶段内无能量损失,输入的能量即为电弧储存的能量 Q,因此 Q 可用数值积分求出:

$$Q = \int_0^{t_s} Ei\,\mathrm{d}t \tag{5.19}$$

认为 $t=t_s$ 时电弧直径 D 与电流 i_s 的平方成正比,$D=0.15\sqrt{i_s}(\mathrm{mm})$,计及此瞬间弧柱长 2mm,则

$$C = \frac{Q}{\frac{\pi}{4} D^2 \times 0.002} \tag{5.20}$$

当 $T_s=15000\mathrm{K}$ 时,$\sigma=10000/(\Omega \cdot \mathrm{m})$[19]。

在电弧运动阶段,电弧电压为

$$U_{\mathrm{arc}} = 2\left(U_0 + \frac{l_{\mathrm{arc}}}{\sigma A} i\right) \tag{5.21}$$

式中,l_{arc}为电弧长度,取为椭圆的四分之一,椭圆的长短轴分别为触头开距和电弧弧根在静触头相连的导弧板上的位移。

联立式(5.9)、式(5.13)、式(5.18)及式(5.21),即为电弧运动阶段的数学模型。求解联立方程组,就可获得电弧运动阶段的电弧电压 U_{arc}、电流 i、电弧运动速度 v 和电弧直径 D。通过以上推导,得到了用微分方程描述的体现非线性的确定性电弧模型,它以能量守恒理论为基础,体现了电弧的主要物理特征。

2) 电弧熄灭过程

电弧进入灭弧栅片后，即被分割成许多串联的短弧，若每一断口上有栅片 n 片(样机为 10 片)，则电弧电压峰值为

$$U_{\mathrm{arcm}} = 2(n+1)U_0 \tag{5.22}$$

求解式(5.9)和式(5.22)，直到 $i=0$，此时电弧熄灭，整个开断过程结束。

5.2.2 模型参数与仿真实现

选取 KB0 系列控制与保护开关产品为研究对象，欲研究其短路分断过程中的特性，应对其数学模型及主要参数加以确定。

通过产品手册可以得到，C 框架 KB0 产品短路脱扣器动铁心的质量 $m_1 = 0.0032\mathrm{kg}$，动导电杆的质量为 $m_2 = 0.039\mathrm{kg}$，其工作的额定电压为交流 380V 或 690V，额定电流为 45A。

此外，欲进行短路分断过程仿真，还要确定触头系统的反力特性及一定气隙电流条件下系统作用力的二维表格。

1. 触头系统反力特性分析

CPS 接触组短路分断过程中受到 3 个弹簧反力的作用，即短路脱扣器的压力弹簧、铝推杆的压力弹簧和动触头杆上的宝塔弹簧。其中，两个压力弹簧是普通的圆柱旋转压缩弹簧，其参数如图 5.16 所示。

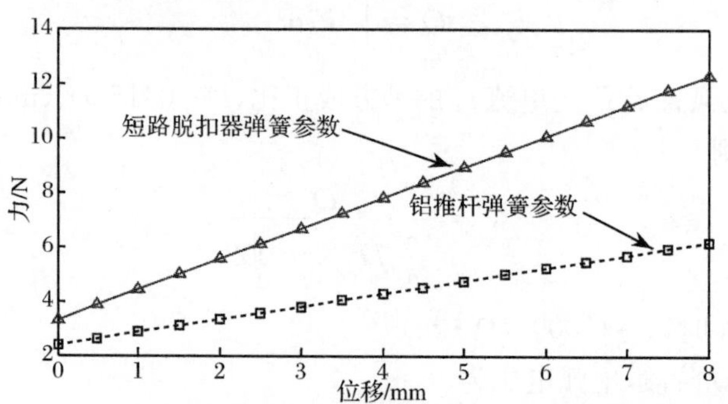

图 5.16　短路脱扣器及铝推杆反力弹簧参数

动触头杆上的宝塔弹簧，是将长方形截面的板材卷绕成圆锥状的弹簧，有时也称为蜗卷螺旋弹簧或竹笋弹簧。在相同的空间容积里，这种弹簧与其他弹簧相比可以吸收较大的能量，而且其板间存在的摩擦可用来衰减振动，因此，常将其用于需要吸收热胀变形而又需要阻尼振动的管道系统相连的部件中。这种弹簧的缺点是比一般弹簧的工艺复杂，成本高，且由于弹簧圈之间的间隙小，热处理比较困难，也不能进行喷丸处理[20]。

蜗卷螺旋弹簧一般采用热卷成型，小型的也可以冷卷。材料多用热轧硅锰弹簧钢板，也可用铬钒钢，在不太重要的地方还可用碳素弹簧钢或锰弹簧钢，弹簧钢经热处理后的硬度达到或超过 47HRC 时，其许用应力按表 5.5 选取[21]。

表 5.5　蜗卷螺旋弹簧的许用应力

使用条件	许用应力/MPa
只压缩使用或变载荷作用次数很少时	1330
只压缩使用或变载荷作用次数较多时	770
作为悬架弹簧使用时	1120
当载荷为压缩和拉伸的交变载荷时	380

蜗卷螺旋弹簧的特性曲线是非线性的，如图 5.17 所示。由 O 至 B 点是直线段，弹簧的有效圈未与坐垫的支承面接触。当载荷继续增加时，有效圈开始与坐垫的支承面顺次接触，从而使弹簧刚度逐渐增加，于是 BA 间也成为逐渐变陡的曲线。

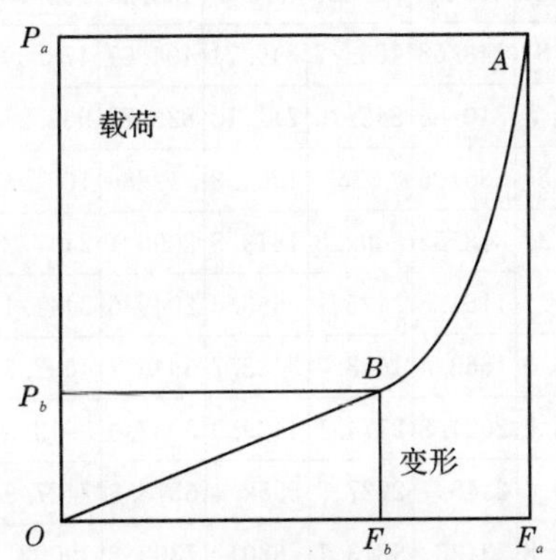

图 5.17　蜗卷螺旋弹簧的特性曲线图

2. 触头系统短路分断吸力二维表格

由于无法得到系统作用力的具体表达式，在进行短路分断仿真时，只能通过插值法给定具体行程和电流条件下的作用力值。因此，事先通过 ANSYS 有限元法得出系统作用力即触头间电动斥力、导电回路电动斥力及短路脱扣器的电磁吸力的二维表格，在进行短路分断仿真时，只需要通过查表插值的方法，即可得到不同电流及位移下的系统作用力。为了提高仿真精度，此处详细计算了不同电流及气隙下的短路脱扣器电磁吸力值，见表 5.6。

表 5.6　不同电流及气隙下的短路脱扣器电磁吸力值　　(单位:N)

σ/mm i/A	3.86	3.85	3.83	3.78	3.66	3.5	3.0	2.5	2.0	1.5	1.0	0.5
45	0.0555	0.0655	0.0881	0.1240	0.1719	0.5886	0.7979	1.0650	1.5009	2.2277	3.8976	9.7945
90	0.2219	0.2618	0.3524	0.4959	0.6874	2.3450	3.1741	4.2248	5.9185	8.6696	14.534	31.200
180	0.8837	1.0431	1.4042	1.9761	2.7391	8.8692	11.699	14.926	19.647	26.203	37.489	65.585
270	1.8857	2.2383	3.0258	4.2778	5.9351	16.939	21.465	26.145	32.769	41.869	57.775	98.629
360	2.8400	3.4295	4.7184	6.7763	9.4695	25.315	31.262	37.375	46.211	58.487	79.969	135.57
450	3.9249	4.7985	6.6722	9.6847	13.583	34.305	41.842	49.652	61.062	76.937	104.71	177.18
540	5.3395	6.5168	9.0337	13.102	18.344	44.206	53.452	63.197	77.419	97.336	132.35	224.03
630	7.5838	8.9995	12.108	17.174	23.691	55.068	66.14	77.986	95.386	119.84	162.69	275.8
720	10.917	12.553	16.113	21.97	29.508	66.881	79.904	94.138	115.04	144.47	196.02	332.64
810	14.884	16.725	20.723	27.334	35.838	79.669	94.853	111.66	136.36	171.23	232.27	394.56
900	19.494	21.523	25.927	33.254	42.667	93.506	110.98	130.56	159.38	200.14	271.44	461.56
1000	25.352	27.573	31.625	40.466	66.326	110.1	130.29	153.18	186.95	234.77	318.39	541.94
2000	117.44	120.88	129.81	148.68	166.77	346.71	404.07	473.39	577.42	726.05	985.18	1686.8
3000	265.89	272.41	284.7	310.84	345.16	711.13	823.72	963.21	1174.9	1478.6	2007.2	3448.6
4000	469.98	478.96	496.54	535.06	586	1202.3	1388	1621.3	1977.7	2490.4	3382	5820.4
5000	729.66	741.37	765.32	818.52	889.28	1819.8	2096.7	2447.2	2985.7	3760.8	5108.6	8801.4
6000	1044.9	1059.7	1091.1	1161.3	1255	2563.6	2949.6	3441.1	4198.3	5289.7	7186.5	12931
7000	1416	1434.1	1473.9	1563.4	1683.3	3433.7	3946.7	4602.3	5615.5	7076.8	9615.7	16589
8000	1842.3	1864.3	1913.8	2024.8	2174.1	4429.9	5087.9	5913.3	7237.3	9121.9	12396	21399
9000	2324.4	2350.5	2410.7	2545.7	2727.3	5552.4	6373.3	7427.9	9063.6	11425	15530	26811
10000	2862.1	2892.7	2964.8	3126	3343.1	6801	7802.8	9092	11094	13988	19010	32832
11000	3455.5	3491	3575.8	3765.9	4021.4	8175.8	9376.3	10924	13331	16807	22842	39460
12000	4104.5	4145.2	4243.8	4464.3	4762	9676.8	11094	13035	15625	19738	27200	46272
13000	4809.2	4855.5	4969	5223.6	5541.4	11242	12919	15220	18244	23048	31763	54044
14000	5569.3	5621.8	5751.5	6041.4	6431.6	13059	14963	17424	21262	26809	36443	62990
15000	6385.4	6444	6591.3	6918.6	7359.9	14938	17112	19925	24314	30659	41678	72049

5.2.3　CPS 短路分断仿真

通过前面得出的触头系统数学模型,将时间 t 离散,利用四阶龙格-库塔(Runge-Kutta)法求解微分方程组的解,即可得到短路分断过程的动态特性。

1. 龙格-库塔法

龙格-库塔法是一种在工程上应用广泛的高精度显示单步算法，简称 R-K 方法。

龙格-库塔公式的基本思想是设法计算 $f(x,y)$ 在某些点上的函数值，然后对这些函数值进行线性组合，构造近似计算公式，再把近似公式和解的泰勒展开式相比较，使前面的若干项吻合，从而获得达到一定精度的数值计算公式。

具体构造时，先引进若干参数，例如，一般的龙格-库塔公式的形式为

$$\begin{cases} y_{n+1} = y_n + \sum\limits_{i=1}^{r} \omega_i k_i \\ k_1 = hf(x_n, y_n) \\ k_i = hf(x_n + \alpha_i h, y_n + \sum\limits_{j=1}^{i-1} \beta_{ij} k_j), \quad i = 2,3,\cdots,r \end{cases} \tag{5.23}$$

式中，参数 ω_i、α_i、β_{ij} 是和步长 h 无关的常数。式(5.23)称为 r 段的龙格-库塔公式。特别地，若式(5.23)与 $y(x_{n+1})$ 的泰勒展开式的前 $p+1$ 项完全一致，即局部截断误差达到 $O(h^{p+1})$，则称式(5.23)为 p 阶 r 段龙格-库塔公式。

本书应用的是最常用的标准四阶四段龙格-库塔公式：

$$\begin{cases} y_{n+1} = y_n + \dfrac{1}{6}(k_1 + 2k_2 + 2k_3 + k_4) \\ k_1 = hf(x_n, y_n) \\ k_2 = hf(x_n + \dfrac{1}{2}h, y_n + \dfrac{1}{2}k_1) \\ k_3 = hf(x_n + \dfrac{1}{2}h, y_n + \dfrac{1}{2}k_2) \\ k_4 = hf(x_n + h, y_n + k_3) \end{cases} \tag{5.24}$$

标准四阶四段龙格-库塔法的程序流程如图 5.18 所示。

2. 主程序流程图

短路电流刚产生时，由于系统作用力较小，此时，系统处于触动阶段，机构尚未动作；随着电流的持续增大，当系统作用力大于弹簧反力时，触头分开，产生电弧，由于受到电磁力及气动斥力的作用，电弧向灭弧栅片运动，电弧电压不断增大；当电弧电压大于电源电压时，短路电流开始变小，直至为零，电弧熄灭；如果电弧熄灭时，触头位移还没到达触头开距，则触头发生抖动，反之，触头系统能可靠分断。短路分断仿真的主程序流程图如图 5.19 所示。

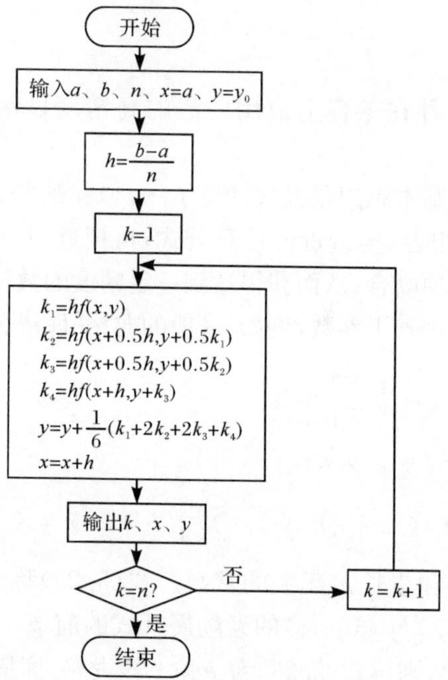

图 5.18　标准四阶四段龙格-库塔法程序流程图

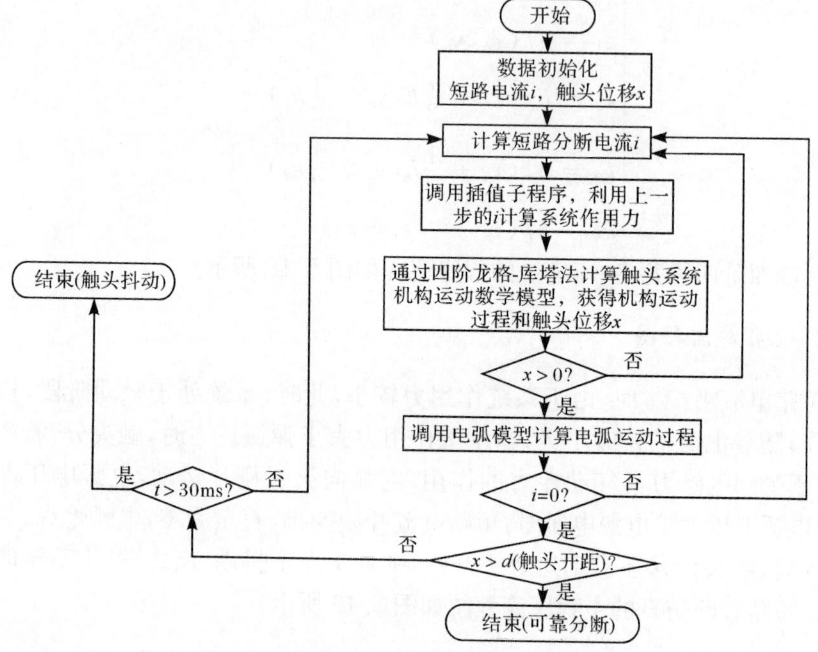

图 5.19　短路分断仿真主程序流程图

5.2.4　结果分析与验证

为了便于对仿真结果进行分析与验证，本节进行了两次不同参数下的仿真。

仿真一的参数为：分断电压为 380V，预期分断电流为 80kA，功率因数为 0.2，短路电流产生瞬间的电压导通角即电路合闸相角为 105°，进行短路分断仿真，得到仿真结果如下。

图 5.20 为短路分断电流的变化曲线。

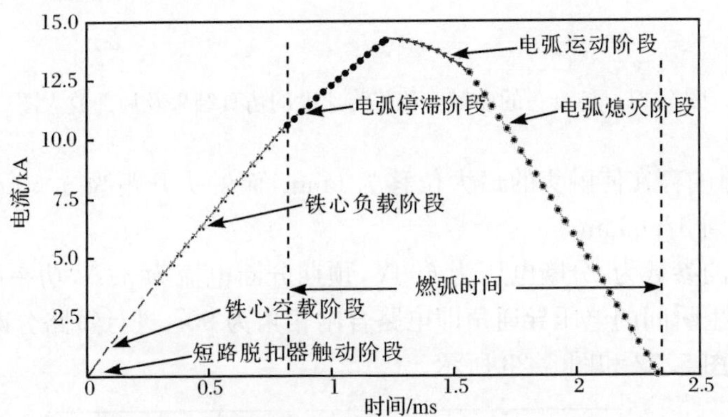

图 5.20　仿真一的短路分断电流仿真结果

图 5.21 为动触头位移与速度变化曲线。

从图 5.20 所示的短路分断电流变化曲线中可以看出短路分断时间为 2.335ms，其中燃弧时间为 1.515ms，从产生短路电流到触头分开产生电弧的触动时间为 0.82ms，电弧停滞时间为 0.404ms。在电弧向灭弧栅片运动的过程中，短路电流达到的峰值为 14.23kA。从图 5.21 所示的动触头位移与速度变化曲线中可以看

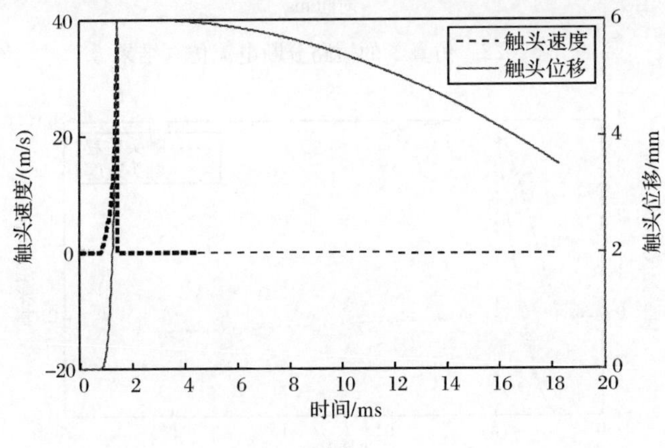

(a)

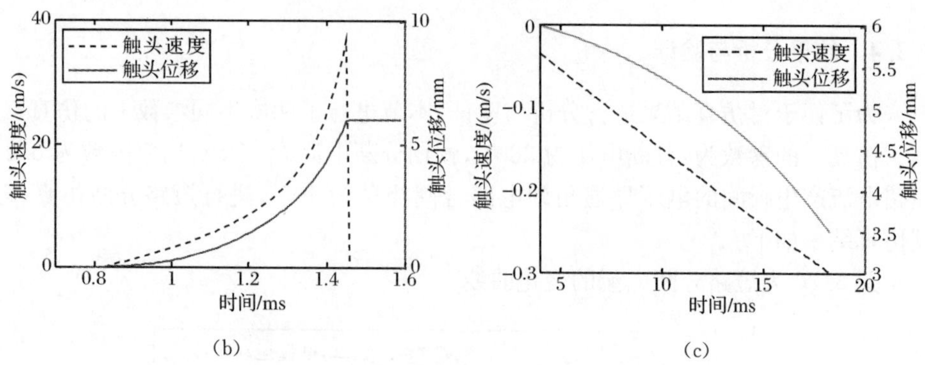

(b)　　(c)

图 5.21　仿真一的动触头位移与速度的仿真结果及局部放大图

出，触头支撑的存在使触头的最大位移为 6mm，而触头开距为 3.5mm，触头的最大速度可达到 37.663m/s。

仿真二的参数为：分断电压为 690V，预期分断电流为 3kA，功率因数为 0.9，短路电流产生瞬间的电压导通角即电路合闸相角为 90°，进行短路分断仿真，得到仿真结果如图 5.22 和图 5.23 所示。

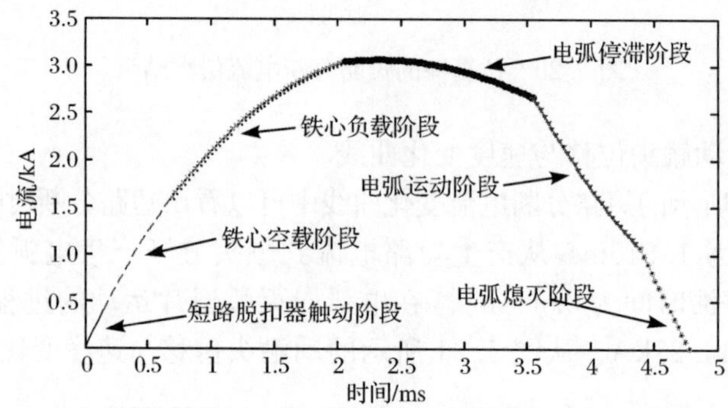

图 5.22　仿真二的短路分断电流仿真结果

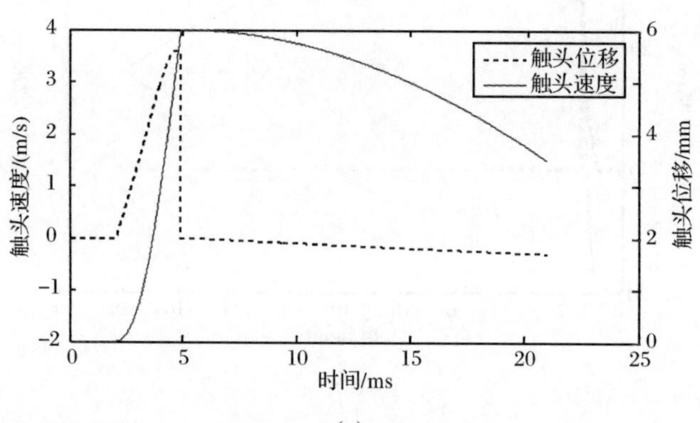

(a)

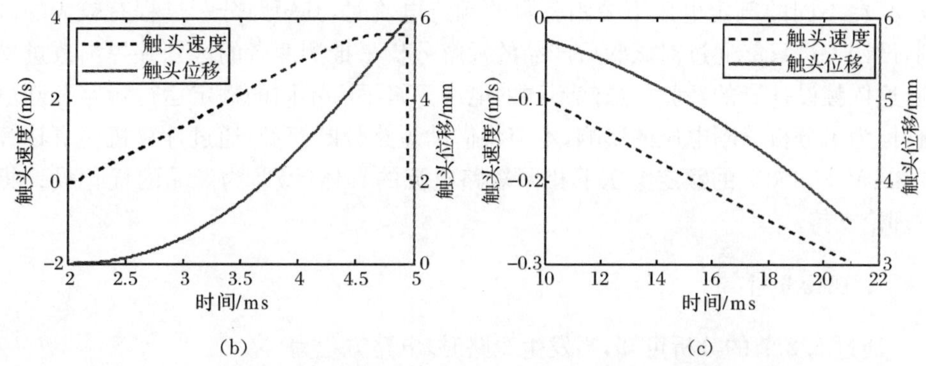

图 5.23　仿真二的动触头位移与速度的仿真结果及局部放大图

从图 5.22 所示的短路分断电流变化曲线中可以看出短路分断时间为4.7ms，其中燃弧时间为 2.72ms，从产生短路电流到触头分开产生电弧的触动时间为 2.061ms，电弧停滞时间为 1.483ms，在电弧停滞阶段，短路电流达到峰值为 3.0698kA。从图 5.23 所示的动触头位移与速度变化曲线中可以看出，触头的最大速度为 3.591m/s。与仿真一相比，由于仿真二中预期分断电流小，所以各个阶段(除熄弧阶段外)所需时间均要比仿真一长，触头的最大速度则更小。

通过对仿真结果的分析可知，可从三个方面考虑提高短路分断的性能：一是在电弧产生前，减少触动时间，尽快使触头分离；二是提高触头分断速度，减少电弧停滞时间，提高电弧电压的上升率，不仅可以缩短分断时间，还可以降低分断电流峰值；三是提高电弧电压，加快电弧熄灭的过程。

5.3　CPS 短路分断仿真应用

KB0 系列 CPS 的短路分断过程是触头分断和机械分断的配合过程，其中不仅有看得见的机构与机构之间的配合，还有看不见的电场、磁场、气场等的变化，通过 CPS 短路分断仿真，不仅可以分析机构的运动过程，还可以计算耦合场的变化。本节将结合前面的短路分断仿真，借助计算机软件研究分断电压、电压合闸角对 CPS 接触组短路分断性能的影响，分析不同条件下的短路分断过程，对产品的性能分析与优化设计提供指导。最后结合 CPS 出厂调试时的触头系统短路分断试验现象，应用短路分断仿真分析高压大电流和低压大电流下触头系统短路分断的具体区别，对触头系统的短路分断出厂调试提出优化建议。

5.3.1　分断电压对 CPS 短路分断的影响

KB0 系列控制与保护开关有 380V 与 690V 两个电压等级的产品。通过试验发现，在不同的额定电压下分断各自的额定电流时，其短路分断过程有较大的区别，设计人员只能通过对试验后产品的拆解分析来推测两者的区别并提出改进措施，这依赖设计者的经验。虽然不同的电压等级下有不同的额定运行短路分断电流，但为了分析分断电压的影响，本节将借助短路分断模型，通过计算机仿真计算在 380V 与 690V 的额定电压下相同短路电流的具体区别，为产品的优化设计提供理论支持。

1. 理论分析

通过 5.2 节的分析可知，当发生短路时，电路方程为

$$\frac{\mathrm{d}i}{\mathrm{d}t}=\frac{U_{\mathrm{m}}\sin(\omega t+\psi)-iR-U_{\mathrm{arc}}}{L} \tag{5.25}$$

式中，R、L 为短路回路的总电阻和总电感；ψ 为电路合闸相角；U_{arc} 为电弧电压；U_{m} 为电源电压的峰值。

通过分析式(5.25)可知，在短路电流产生阶段，提高电源电压峰值 U_{m}，将使短路电流的增长率 $\mathrm{d}i/\mathrm{d}t$ 变大，系统的作用力也将随之变大，从短路电流产生到触头分开所需的时间将越短，反之，则会使触头分开前的机构动作时间越长。在电弧熄灭阶段，随着电源电压峰值 U_{m} 的变大，电弧熄灭时间将越来越长。

2. 仿真计算

仿真参数为：预期分断电流为 15kA，功率因数为 0.3，电压合闸相角为 105°，分断电压从 380V 改为 690V，分析不同分断电压下的短路分断过程，仿真结果如图 5.24 所示。

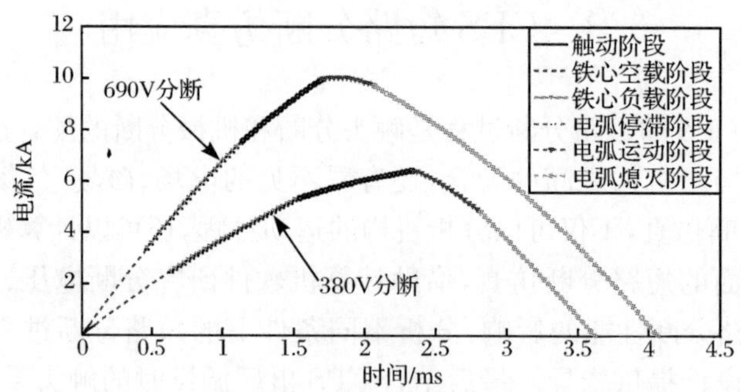

图 5.24 相同阻抗、不同分断电压下的分断电流

从图 5.24 中可以看出，在外施电压为 380V 和 690V 时，短路峰值电流分别为 6.4393kA 与 10.029kA，分断时间为 3.622ms 与 4.064ms，燃弧时间为 2.08ms 与 2.929ms。在触头分开前，分断电压越高，短路电流的增长率越大，触头分开所需

的时间越小,这是因为较大的电流产生更大的作用力;熄弧阶段,虽然在外施电压为380V时进入熄弧阶段所需的时间更长,但因为短路电流小,电源电压低,因此分断时间反而更小。

在不改变阻抗的情况下,提高分断电压相当于提高了预期分断电流。为了进一步分析在相同的预期分断电流下,不同的分断电压对短路分断过程的影响。图5.25为保持预期分断电流为15kA,功率因数为0.3,电压合闸相角105°不变的情况下,分断电压分别为380V与690V时的短路分断电流。

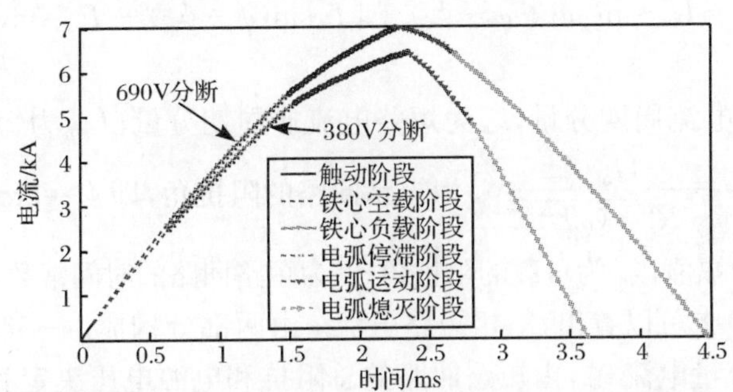

图5.25　相同预期电流、不同分断电压下的分断电流

从图5.25中可以看出,产品本身阻抗的影响,导致短路电流无论是增长率还是峰值,690V都比380V有了一定的提高,其峰值分别为6.99kA与6.43kA;而在熄弧阶段,虽然690V时的起始电流较大,但是其熄弧时间却变长,可见分断电压的提高对熄弧过程是相当不利的。通过分析图5.24与图5.25可知,分断电压的提高对熄弧过程有较大的阻滞作用。因此,在产品设计时,应尽量提高电弧电压消除分断电压的影响,即在保证电弧能可靠地进入灭弧栅片的同时,尽量提高灭弧栅片的片数,从而提高电弧电压。

5.3.2　电压合闸相角对CPS短路分断的影响

在产品的实际应用中,不管短路发生在任何瞬间,控制与保护开关都必须经受住短路电流的冲击,并能够可靠地分断短路电流。因此,通过分析电压合闸相角对短路分断过程的影响可以为产品的优化设计提供理论基础。

1. 理论分析

当供电系统运行正常时,系统工作在稳定状态,电路中流过的是负荷电流。当供电线路发生三相短路后,系统将进入新的稳定状态,即系统由正常工作的稳态过渡到短路后的新的稳态,这个变化过程称为短路电流的暂态过程或短路电流的过渡过程。在低压电网中进行低压电器(断路器等)的短路试验时,短路电流的过渡过程与电压的合闸角和功率因数等有密切的关系。

在短路电流产生到触头分开之前，电弧电压$U_{arc}=0$，式(5.25)变为

$$Ri+L\frac{\mathrm{d}i}{\mathrm{d}t}=U_m\sin(\omega t+\psi) \tag{5.26}$$

式中，R、L为短路回路的总电阻和总电感；ψ为电路合闸相角；U_m为电源电压的峰值。

式(5.26)的解为

$$i=i_{ke}+i_{ak}=I_{kem}\sin(\omega t+\psi-\phi_k)+[I_m\sin(\psi-\phi_m)-I_{kem}\sin(\psi-\phi_k)]e^{-\frac{t}{T}} \tag{5.27}$$

式中，i_{ke}为短路电流周期分量；i_{ak}为短路电流非周期分量；I_{kem}为短路电流周期分量幅值，即$I_{kem}=\dfrac{U_m}{\sqrt{R^2+(\omega L)^2}}$；$\phi_k$为短路回路的阻抗角，即$\phi_k=\arctan\dfrac{\omega L}{R}$；$I_m$为短路前负荷电流的幅值；$\phi_m$为负载的阻抗角；$T$为短路回路的时间常数，即$T=L/R$。

从式(5.27)中可以看出，三相短路电流i由两部分构成。一部分是按正弦规律变化的周期分量电流i_{ke}，由短路回路的总阻抗和电源电压决定其幅值I_{kem}。当系统容量无限大时，因为电源电压不变，所以在整个短路的过程中其幅值(或有效值)保持不变，故称为稳态分量。另一部分是按指数规律衰减变化的非周期分量电流i_{ak}，由短路过渡过程中回路总阻抗和感应电动势决定其幅值，是由电路中储存的磁场能量转换而来的，并只出现在过渡过程中，故称为过渡分量或自由分量。回路中的电阻和电感决定了非周期分量衰减的快慢，即短路回路的时间常数。当非周期分量电流流过短路回路的电阻时将产生能量损耗，所以非周期分量电流是一个衰减电流。

由于短路前负荷电流的幅值远小于短路电流周期分量幅值($I_m \ll I_{kem}$)，所以短路电流为

$$i=i_{ke}+i_{ak}=I_{kem}\sin(\omega t+\psi-\phi_k)-I_{kem}\sin(\psi-\phi_k)e^{-\frac{t}{T}} \tag{5.28}$$

由式(5.28)可知，当$t=0$时，i_{ke}和i_{ak}等值，但方向相反；若合闸时$\psi-\phi_k=0$或π，则非周期分量$i_{ak}=0$，短路电流仅接周期分量变化；若合闸时$-\phi_k=-\pi/2$，则i_{ak}具有最大值。

$$\begin{cases} i_{ak}=I_{kem}e^{-\frac{t}{T}}=\sqrt{2}I_{km}e^{-\frac{t}{T}} \\ i_{ke}=\sqrt{2}I_{km}\sin\left(\omega t-\dfrac{\pi}{2}\right) \end{cases} \tag{5.29}$$

式中，I_{km}为短路电流周期分量的有效值。在暂态过程中，短路电流最大可能出现的瞬时值，即为短路冲击电流。当短路发生后经半个周期($f=50\text{Hz}$，$t=0.01\text{s}$)，短路电流的瞬时值i达到最大值i_{ch}，即为冲击电流，因周期分量与非周期分量的方向相同，所以

$$i_{ch}=\sqrt{2}I_{km}\sin\frac{\pi}{2}+\sqrt{2}I_{km}e^{-\frac{0.01}{T}}=(1+e^{-\frac{0.01}{T}})\sqrt{2}I_{km}=\sqrt{2}K_{ch}I_{km} \quad (5.30)$$

式中，K_{ch}称为冲击系数；$\sqrt{2}K_{ch}$称为峰值系数。

2. 仿真计算

仿真参数为：预期分断电流为 15kA，功率因数为 0.3，分断电压为 380V，分析不同电压合闸相角下的短路分断过程，仿真结果如图 5.26 和表 5.7 所示。

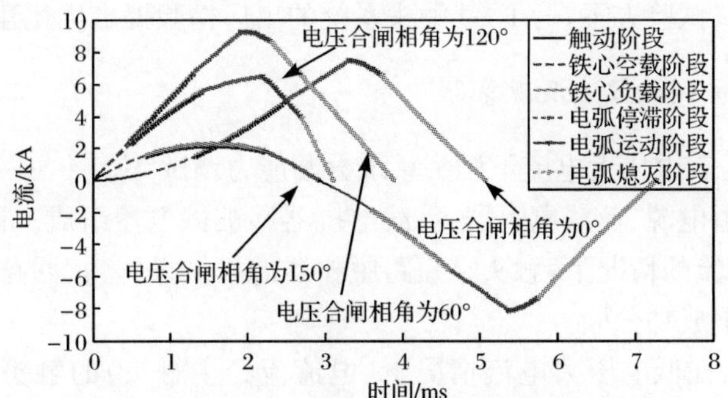

图 5.26　不同电压合闸相角下的短路分断电流

表 5.7　不同电压合闸相角下的短路分断特性

电压合闸相角/(°) \ 分断特性	电流峰值/kA	燃弧时间/ms	分断时间/ms
0	7.5244	2.5573	5.071
30	8.46	2.676	4.254
60	9.3057	2.581	3.883
90	8.8857	2.145	3.4
120	6.4902	1.702	3.105
150	8.1502	2.642	7.273

从图 5.26 和表 5.7 可以看出，在不同的电压合闸相角下，短路分断的动态特性包括的峰值电流、燃弧时间、分断时间等都有很大的区别。当电压合闸相角为 150°时，通过分析式(5.28)可知，在刚发生短路阶段，短路电流小且马上进入换向阶段，导致系统的作用力不足，在短路电流的第一次自然过零点之前，触头位移小于触头开距，使触头发生了一次抖动；当短路电流换向增大后，触头系统能够可靠地分断。通过分析图 5.26 和表 5.7 可知，电压合闸相角对 CPS 短路分断的动态

特性有较大的影响，在实际的产品应用中，由于短路电流的随机性，在对产品优化设计时必须考虑电压合闸相角对短路分断性能的影响。

5.3.3 CPS触头系统出厂调试方法及现象分析

控制与保护开关触头系统短路分断调试主要在高压大电流情况、低压大电流情况（电流流经主触头）、低压大电流情况（电流不流经主触头）等三种情况下进行。下面分别介绍这三种技术调试试验情况并通过分析试验现象确定触头灭弧系统的最优调试试验方案，为KB0触头系统的出厂检验提出优化建议。

1. 触头系统调试方法及现象

1）试验一：高电压大电流下触头系统分断能力调试

试验电路由电源、负载电阻器、负载电抗器和被试电器组成。试验结果显示，在16倍额定电流的情况下，触头在短路脱扣器的机械操作力、回路斥力和触头斥力的共同作用下成功分断。

2）试验二：在低电压大电流情况下（电流流经主触头）的触头系统分断能力试验

由于高电压大电流试验情况下的试品功率大、产热多，对试品具有破坏性，因此作为所有产品的出厂检验不可行。根据这一情况，试采用低电压大电流的方式对触头灭弧系统进行短路分断能力的检验。

试验采用如图5.27所示的电路进行。

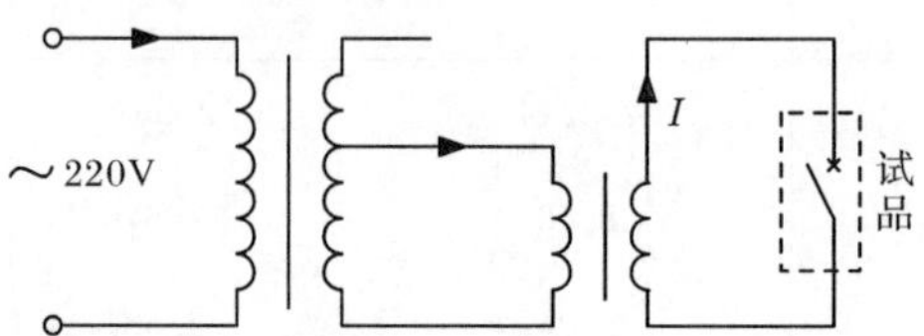

图5.27　低压大电流短路分断试验电路图

试验中，测试设备接市电交流220V电源，经过调压器将电压降低为50V左右，再经过一个变压器，将电压降低、电流升高，从而得到一个低压的大电流。图中流入试品的电流可达到1000A左右，而电压只有几伏。通过调整调压器，可以改变流过试品的电流。

试验结果显示，在规定倍数额定电流的情况下，短路脱扣器脱扣，带动铝杆和触头支持运动。但是运动到触头即将分开时，触头在反力弹簧的作用下又重新吸合，从而发生触头抖动。

通过试验设备，不断抬高电压，短路脱扣器动作，触头仍然不能分离，现象同上。

3）试验三：在低电压大电流情况下的触头系统分断能力试验，且电流不经过主触头，流经短路脱扣器后流出

鉴于低电压大电流短路分断试验中存在触头抖动的问题，为了检验触头灭弧系统中的短路脱扣器的脱扣性能和铝杆、触头支持等机械机构的机械性能，在低电压大电流的情况下，令主回路电流不流经接触组触头，而只经过短路脱扣器后流出。

试验结果显示，当主回路电流达到规定倍数的额定电流时（22倍），短路脱扣器发生脱扣，同时带动铝杆运动，铝杆带动触头支持，克服反力弹簧正常断开，触头系统能正常短路分断。

2. 触头系统分断能力仿真与分析

为了解释上述三种情况下的触头系统分断试验现象，本节借助第4章的短路分断模型，分别对三种情况下的分断能力试验进行仿真测试。

1）仿真一：高电压大电流下触头系统分断能力仿真

仿真参数为：分断电压为380V，分断电流为16倍的额定电流，即720A，功率因数为0.95，电压合闸角为0°。仿真结果如图5.28所示。

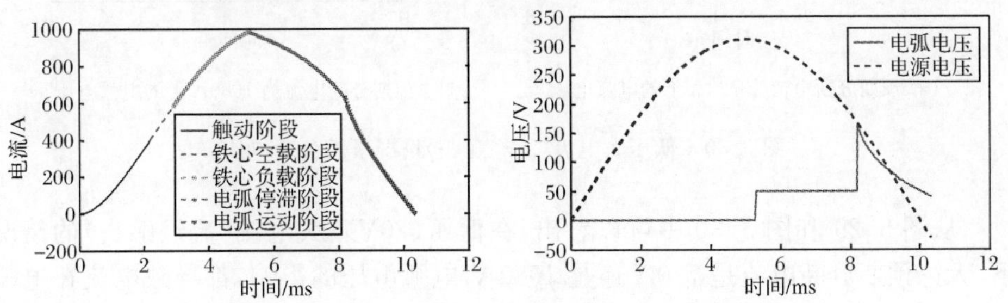

图5.28　高压大电流情况下短路分断电流与电弧电压

从图5.28中可以看出，在高电压大电流下，当预期分断电流为720A时，触头系统能够可靠分断，且电弧在进入灭弧栅片之前就熄灭了，分断时间为10.33ms，峰值电流为983A。

2）仿真二：在低电压大电流情况下（电流流经主触头）的触头系统分断能力仿真

仿真参数为：分断电压为20V，分断电流为720A、1080A，功率因数为0.95，电压合闸角为0°。仿真结果如图5.29和图5.30所示。

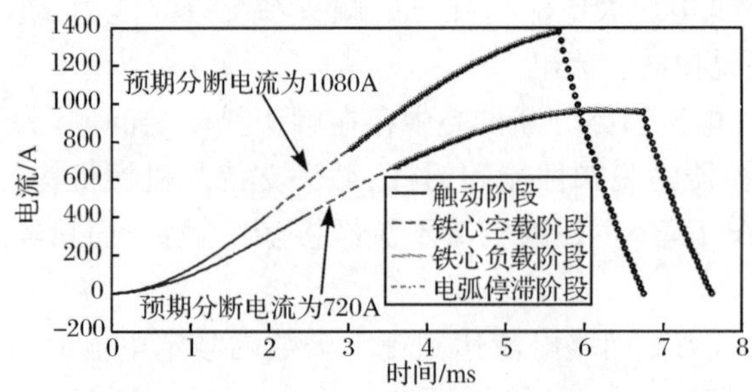

图 5.29　低压大电流(流经触头)情况下的短路分断电流

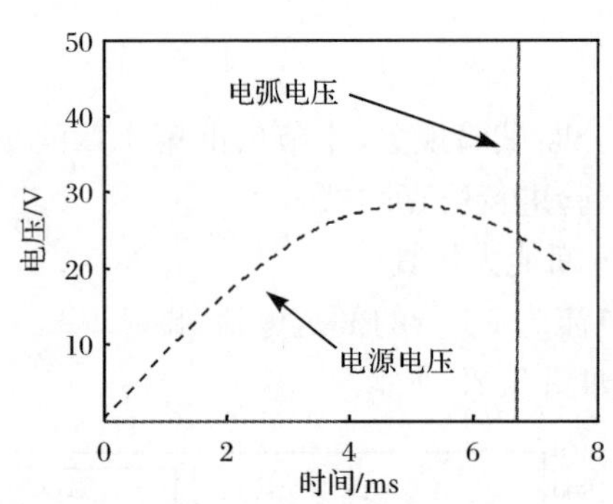

(a) 预期分断电流为 720A 下的电弧电压

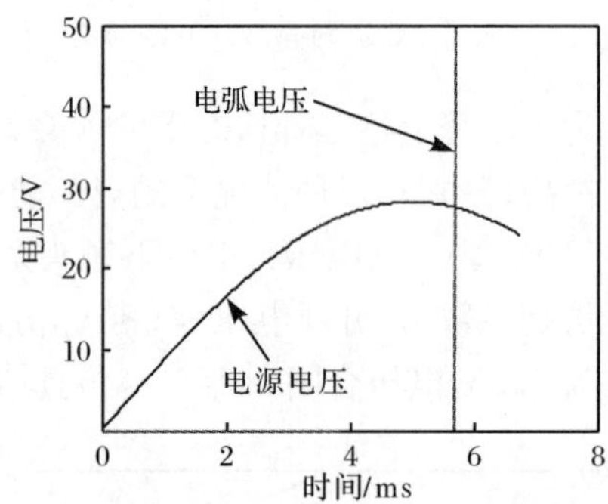

(b) 预期分断电流为 1080A 下的电弧电压

图 5.30　低压大电流(流经触头)情况下的分断电压

从图 5.29 和图 5.30 中可以看出,在低压(20V)、大电流(流经触头)的情况下,无论预期分断电流是 720A 还是 1080A,电弧电压的影响,都导致电流在电弧停滞阶段变为零,使触头发生抖动。

3) 仿真三:在低电压大电流情况下(电流不流经主触头)的触头系统分断能力仿真

仿真参数为:分断电压为 20V,分断电流为 720A、1080A,功率因数为 0.95,电压合闸角为 0°。仿真结果如图 5.31 所示。

图 5.31 中,触头间距小于等于 2mm 阶段对应于原电弧停滞阶段,触头间距大于 2mm 阶段对应于原电弧运动与熄灭阶段。

从图 5.31 和图 5.32 中可以看出,在低压(20V)、大电流(不流经触头)情况下,当预期分断电流为 720A 时,短路脱扣器脱扣,带动铝杆和触头支持运动,但是运动到触头即将分开时,触头在反力弹簧的作用下又重新吸合,触头抖动;当预期分断电流为 1080A 时,触头最大位移大于触头开距,触头系统能正常短路分断。

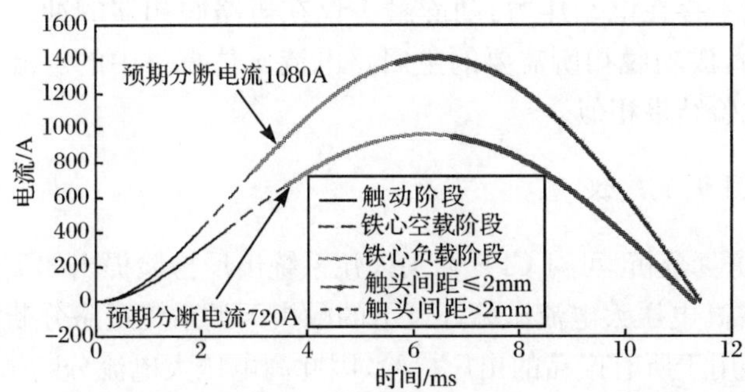

图 5.31　低压大电流(不流经触头)情况下的分断电流

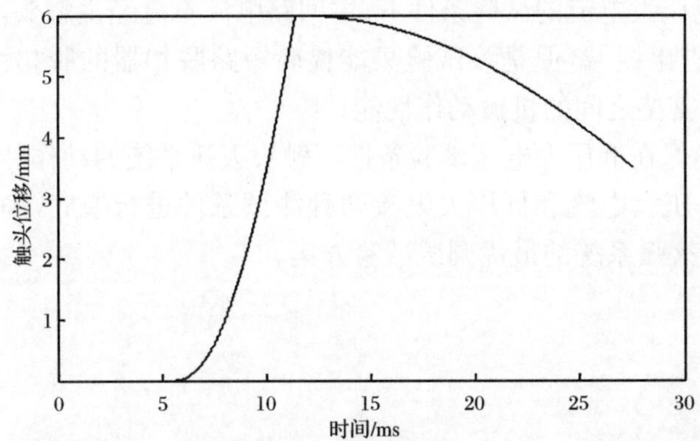

图 5.32　低压大电流(不流经触头)、预期分断电流为 1080A 情况下的触头位移

3. 对比分析与试验现象解释

1) 仿真一与仿真二对比分析

仿真二中,低电压大电流的条件下,随着电弧拉长,U_{arc}迅速增大,分断电压较小,导致短路电流迅速减小,触头系统的电动斥力和短路脱扣器的电磁吸力均随之迅速减小,因此,动触头在宝塔弹簧的反力作用下向上运动,触头再次闭合。触头闭合导致电弧消失,因此主回路电流又迅速增大,动静触头在系统作用力下再次分离。反复如此,就产生了触头的抖动。

仿真一中,高电压大电流的条件下,在与仿真二电流相等的情况下,由于分断电压较大,U_{arc}对主回路的电流影响不大,因此系统作用力减小不明显,在合力的作用下,触头仍能保持分开状态。

2) 仿真一与仿真三对比分析

仿真一中,主回路电流流经触头,导致动导电板受到电动斥力的作用,这个力协助短路脱扣器的瞬时脱扣力,使动静触头分开;仿真三中,由于主回路电流不流经主触头，因此不存在电动斥力，动静触头仅在短路脱扣器的冲击下分开。由此可见，仿真三中，成功脱扣所需要的主回路电流比仿真一中的电流大，为 21 倍的额定电流，与试验结果相似。

4. 触头系统调试建议

综合上述仿真分析，可对 CPS 触头灭弧系统出厂检验提出如下建议：

(1) 由于在高电压大电流试验环境下的触头灭弧系统短路分断测试试验是破坏性的，无法应用于所有产品的出厂检验，因此高电压大电流分断试验不可行；

(2) 在低电压大电流的试验条件下，短路状态下动静触头发生连续抖动而无法分断，因此该试验方案也不可行；

(3) 在低电压大电流的试验条件下，主回路电流不流经主触头，而是直接流经短路脱扣器的进出线端，但是该试验只能检验短路脱扣器的脱扣性能和铝杆、短路脱扣器、触头支持之间的机械动作性能；

(4) 为了确保在低压大电流试验条件下触头灭弧系统的动作特性与实际情况一致，需要对高压大电流和低压大电流两种测试条件进行摸底，确定等效换算关系，来确定触头灭弧系统的最优调试试验方案。

第 6 章　低压电器电磁系统动态计算仿真方法研究

在第 4 章中介绍了低压电器电磁系统的静态分析，运用有限元仿真软件，给定电磁系统研究对象，可以计算静态的电磁力，为电磁系统的设计起到了很好的指导作用。但是在低压电器中，大多都是动态的过程，是由无数个静态片段构成的。而设计人员更关注的是整个动态过程，如电磁系统的动作时间等。要分析电磁系统的动态过程，需要建立电磁系统的数学模型，然后运用数值计算方法进行求解。本章以 CPS 数字化控制器中的磁通变换器为研究对象，介绍动态计算方法。

6.1　磁通变换器的数学模型

6.1.1　磁通变换器及其驱动电路介绍

磁通变换器是控制与保护开关数字化控制器的执行元件，它的性能对数字化控制器的工作性能、结构小型化及可靠性有重要意义，在很大程度上影响到断路器的工作可靠性。典型磁通变换器的结构如图 6.1 所示。

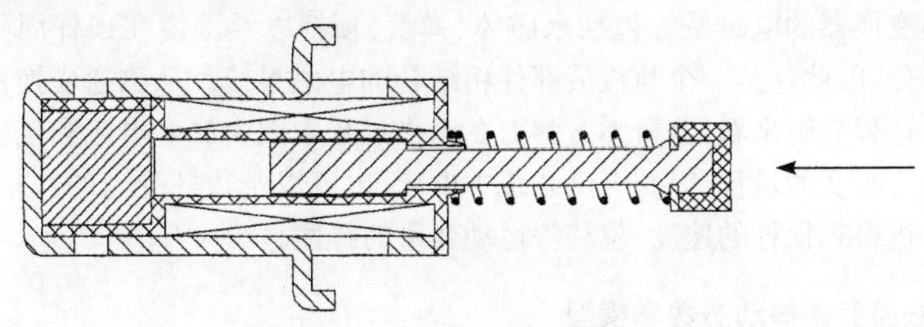

图 6.1　磁通变换器结构示意图

磁通变换器的性能影响到数字化控制器的工作可靠性。它的工作原理是：线路工作正常时，顶杆与内部的永磁体保持吸合状态；当线路发生短路故障时，连接到线路上的电流互感器检测到故障，此时的控制板向磁通变换器线圈提供 12V 的直流电，当线圈电流达到一定值时，顶杆上线圈电流和永磁体共同提供的电磁力小于弹簧力，顶杆开始释放，执行脱扣动作，推动操作机构执行动作。

磁通变换器的性能要求是：①体积小，价格低；②动作灵敏，动作功率低；③动作时间短；④工作可靠。为了保证低压电器能正常工作，要求磁通变换器脱扣能够及时、迅速，并且不误动作，因此，具体评价本章磁通变换器的性能指标有两个：动铁心的最终速度、动铁心由静止到最大气隙所需要的时间。

磁通变换器及其驱动电路结构可简化成图 6.2，图中 k_x 为弹簧对顶杆的弹力。

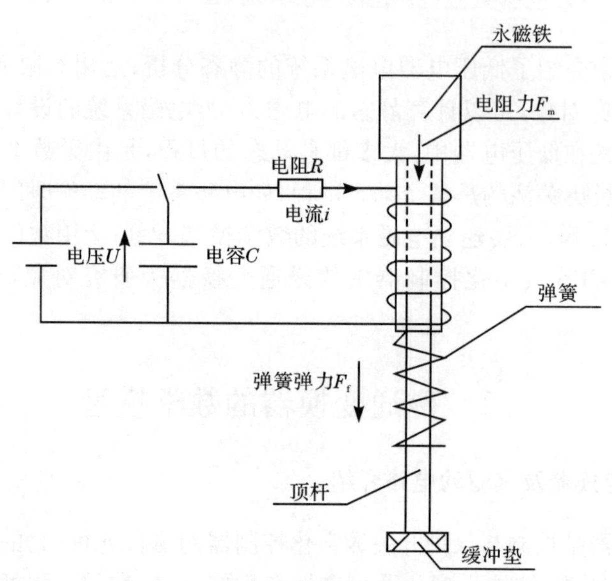

图 6.2　磁通变换器的工作原理图

磁通变换器的电磁系统包括永磁体、弹簧、顶杆以及围绕在顶杆周围的线圈这几个部分，因此这是一个与机械部件相结合的电磁系统。从磁通变换器的整个动态工作过程分解来看，分析弹簧弹力在动作过程中因为放电电流和气隙大小的改变而随之改变的过程，得到电磁系统中电压、电流以及顶杆受力的变化曲线，进而可以分析得到顶杆的速度、位移等运动变量的特性。

6.1.2　磁通变换器动态数学模型

磁通变换器整个动作过程可以分为两个阶段。在第一阶段，弹簧的弹力为 F_f，随着电容放电电流 i 的逐渐增大，产生的磁通逐渐削弱永磁体产生的磁通，因此动铁心所受的电磁力 F_m 逐渐减小，但是此时 $F_m > F_f$，所以动铁心保持静止状态，该阶段结束时间长度为 t_1。耦合线圈电路方程，得到如下动态方程组：

$$\begin{cases} U = U_0 - \dfrac{1}{C}\displaystyle\int_0^t i\mathrm{d}t \\ U = iR + \dfrac{\mathrm{d}\Psi}{\mathrm{d}t} \\ F_{\mathrm{m}} = F(i,\delta) \\ \Psi = \Psi(i,\delta) \\ t < t_1, \quad \delta = 0 \end{cases} \tag{6.1}$$

第二阶段是动铁心的运动阶段，在这个阶段 $F_{\mathrm{m}} < F_{\mathrm{f}}$，动铁心在合力的作用下脱离永磁体运动，结合线圈电路方程和动铁心的机械运动用牛顿力学进行分析，可以得到如下动态方程组：

$$\begin{cases} U = U_0 - \dfrac{1}{C}\displaystyle\int_{t_1}^t i\mathrm{d}t \\ U = iR + \dfrac{\mathrm{d}\Psi}{\mathrm{d}i}\dfrac{\mathrm{d}i}{\mathrm{d}t} \\ m\dfrac{\mathrm{d}^2\delta}{\mathrm{d}t^2} = F_{\mathrm{f}} - F_{\mathrm{m}} \\ F_{\mathrm{f}} = F_{\mathrm{f0}} - k\,\delta \\ F_{\mathrm{m}} = F(i,\delta) \\ \Psi = \Psi(i,\delta) \\ t \geqslant t_1 \end{cases} \tag{6.2}$$

式中，U 为驱动电压；C 为电路电容；R 为电路电阻；i 为电路电流；F_{m} 为永磁体和线圈产生的对顶杆的电磁合力；Ψ 为线圈磁链；F_{f0} 为初始状态下弹簧的压缩力；k 为弹簧的弹性系数(单位为 N/mm)。

6.2　电磁系统动态仿真的实现

磁通变换器动态运动的方程组是不可能用严密的解析方法求解的。在应用电子计算机以前，各种近似解法的计算工作量相当繁重，应用电子计算机可以大大减轻计算工作，提高计算的准确度，确定电流、电磁力、反力、气隙、速度等随时间变化的关系。

本书在第 4 章通过有限元分析软件 ANSYS 建模仿真磁通变换器在不同工作状态下的静态特性。本节利用四阶龙格-库塔算法，在 MATLAB 平台上进行分析计算，得到完整的动态特性曲线。进一步改变磁通变换器驱动电路的设计参数，观察动态特性的变化，分析得到相关结论，为实际生产中磁通变换器的优化设计提供参考。

6.2.1　动态仿真主程序流程图

动态仿真建立在 ANSYS 的静态特性仿真的基础上，采集了一系列的气隙——电流值组合下的电磁力结果，在 MATLAB 上利用四阶龙格-库塔算法对动态运动过程进行仿真，分析其运动过程中顶杆受到的电磁力、弹簧弹力以及线圈电流、运动速度等参量的变化情况，得到相应的变化曲线图。

MATLAB 仿真过程如下：通过已建立的磁通变换器的数学模型，将时间 t 离散，利用龙格-库塔法求解微分方程组的解，即可得到磁通变换器的动态特性。龙格-库塔算法流程如图 6.3 所示。

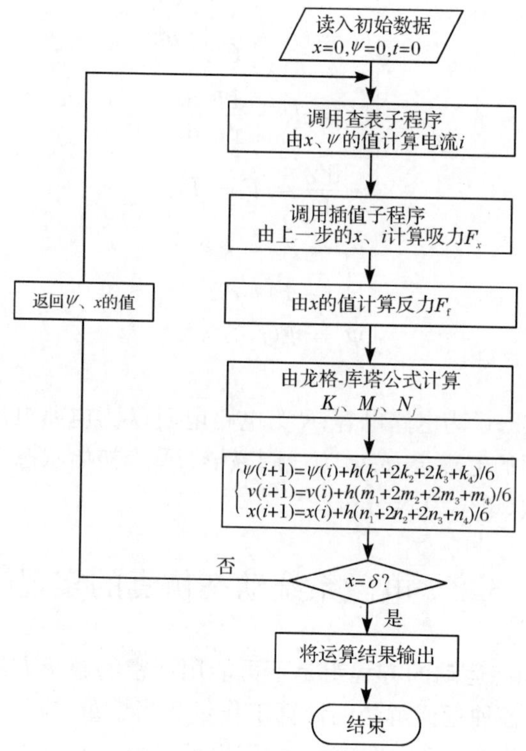

图 6.3　龙格-库塔算法流程图

6.2.2　动态特性仿真结果与分析

MATLAB 仿真分析着眼于磁通变换器的动态工作阶段。显然，电磁力 F_m 与线圈电流和气隙有关，而且与这两者是非线性函数的关系，电流来源于已充电电容的放电过程，电流大小由电源电压 U 以及电容 C 决定，并且随着放电过程的不断变化，也是一个非线性的变化过程，气隙大小以及弹簧反力则完全取决于磁通变换器顶杆的运动情况。计算结果如图 6.4 所示。

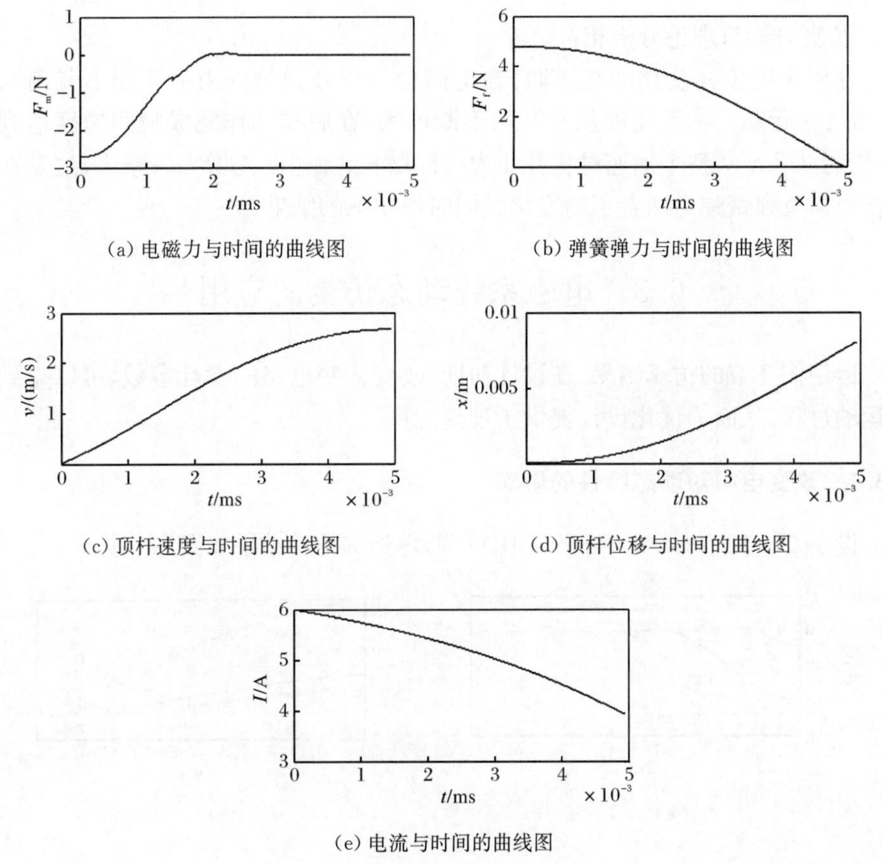

(a) 电磁力与时间的曲线图

(b) 弹簧弹力与时间的曲线图

(c) 顶杆速度与时间的曲线图

(d) 顶杆位移与时间的曲线图

(e) 电流与时间的曲线图

图 6.4　磁通变换器动态特性曲线图

由图 6.4 可知,脱扣的动作非常迅速,顶杆在整个动作过程中的位移为 8mm,整个动作过程持续时间不到 6ms。

电磁吸力数值的负号表示顶杆所受的永磁体与通电线圈的合力的方向向下,分析电磁力和弹力的变化曲线,合力在整个运动过程中从约 2.7N 开始不断减小,在 2ms 以后几乎为 0,即此时顶杆与永磁体的距离已经足够大,电流也在减小,两者对顶杆的作用几乎抵消,之后的过程中,推动顶杆运动的力主要来自弹簧的弹力。此外,在运动过程中,弹簧的弹力也在不断减小。在最初的静止状态时弹簧弹力最大,约为 4.8N,随着顶杆脱离永磁体运动,弹簧的压缩量也不断减小,弹力改变的速度也越来越快,直到脱口动作完成时,弹簧也完全松开,处于松弛状态。总之,在整个运动过程中,电磁合力和弹簧弹力的联合作用推动了顶杆的运动。

观察电流变化曲线图,磁通变换器线圈中的电流来自已充电电容的放电,因此，理论上，电流的变化情况符合 $I=C\dfrac{\mathrm{d}u}{\mathrm{d}t}$，$t=0$ 时刻电流的大小为 $I=\dfrac{u_0}{R}=\dfrac{12\mathrm{V}}{2\Omega}=6\mathrm{A}$。仿真分析与理论分析相符。

分析速度位移变化曲线，顶杆在电磁合力以及弹簧弹力的作用下脱离永磁体，做加速运动。运动速度从 0 开始不断增大，在脱扣动作完成瞬间速度达到最大，约为 2.7m/s，整个加速过程并非为线性增长，加速度先增大后减小，这是在电磁合力以及弹簧弹力两者不断变化且同时作用下的结果。

6.3 电磁系统动态仿真的应用

运用 6.2 节的仿真结果，在设计初期，改变一些电路的设计参数，可以得到动态运动过程，从而为优化设计提供了理论支撑。

6.3.1 改变电阻对动态特性的影响

设定 $U=12\mathrm{V}$，$C=2200\mu\mathrm{F}$，电阻可调，得到的仿真结果如图 6.5 所示。

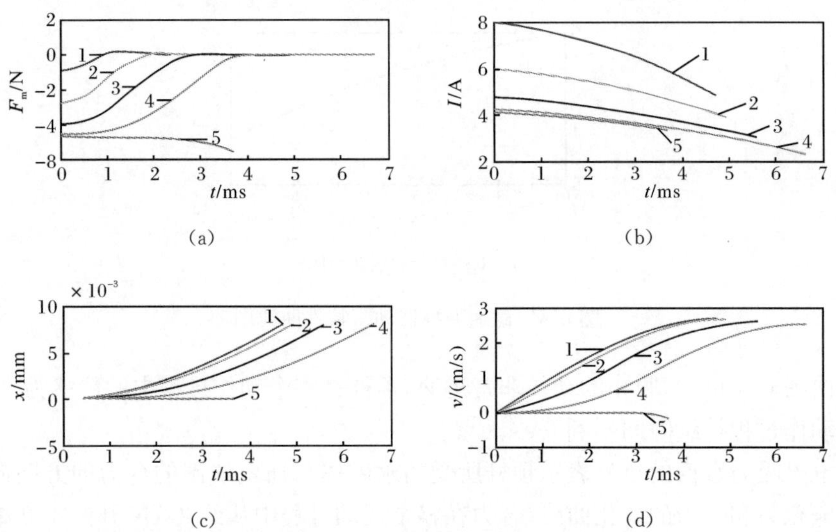

图 6.5 电阻对动态特性的影响曲线图

1-R=1.5Ω；2-R=2Ω；3-R=2.5Ω；4-R=2.8Ω；5-R=2.9Ω

分析图 6.5 可以得到下面的结论：

(1) 电阻越大，起始电流越小，电磁反力越大；

(2) 电阻越小，顶杆的最终速度越大，电阻值为 1.5～2Ω 时，顶杆最终速度相差不大，超过 2Ω 之后，最终速度相差变大。

(3) 电阻越小,动作完成时间越短,当 $R>2.8\Omega$ 时,动作无法完成。

综上所述,在充电电压和电容容量不变的情况下,磁通变换器的线圈内阻应控制在 $(2\pm0.5)\Omega$ 为最佳,2.5～2.8Ω 也能保证磁通变换器能完成最后的动作,但动作完成后,动能太小,后续冲击力略显不足。内阻阻值超过 2.8Ω 后,磁通变换器将不能完成动作。

6.3.2　改变电容对动态特性的影响

设定 $U=12\text{V}$,$R=2\Omega$,电容可调,得到的仿真结果如图 6.6 所示。

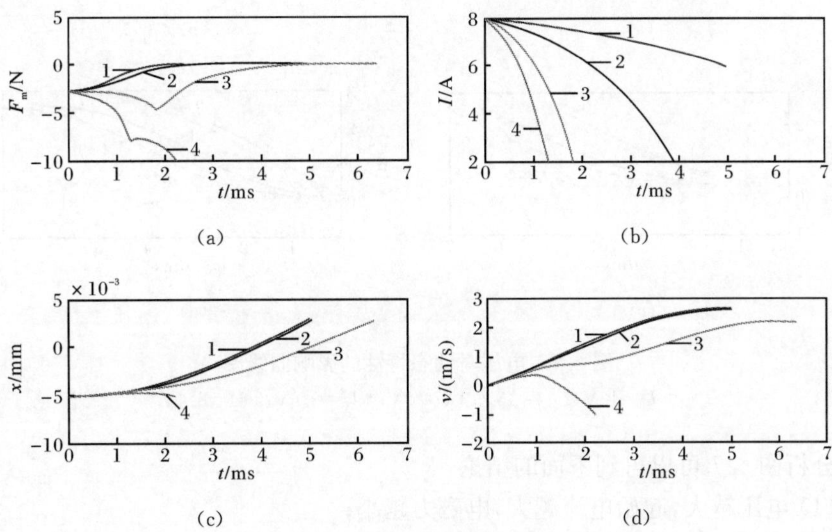

图 6.6　电容对动态特性的影响曲线图

1-$C=2200\mu\text{F}$;2-$C=1000\mu\text{F}$;3-$C=470\mu\text{F}$;4-$C=330\mu\text{F}$

分析图 6.6 可以得到下面的结论:

(1) 当电容小于 $470\mu\text{F}$ 时,磁通变换器将不能脱扣;

(2) 电容越小,顶杆的末速度越小;

(3) 电容越小,电路放电时间越短,

(4) 电容越小,整个动作过程的完成时间越长。

综上所述,在充电电压和磁通变换器线圈内阻不变的情况下。电容容量在 $1000\mu\text{F}$ 和 $2200\mu\text{F}$ 时,磁通变换器的脱扣时间相差不大,都能在 2ms 左右完成脱扣,电容为 $470\mu\text{F}$ 是磁通变换器能够动作的极限电容值,电容容量小于 $470\mu\text{F}$,磁通变换器不能脱扣。

6.3.3 改变电压对动态特性的影响

设定 $C=2200\mu F$，$R=2\Omega$，电压可调，得到仿真结果如图 6.7 所示。

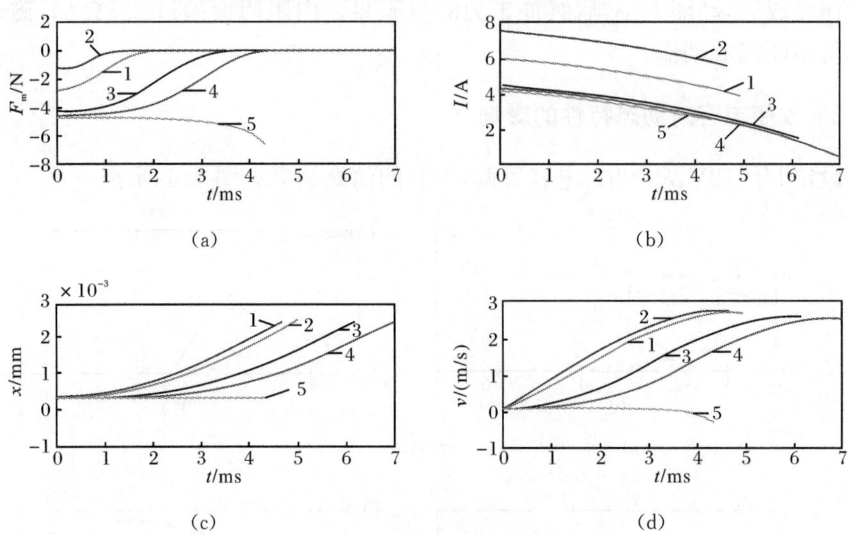

图 6.7 电压对动态特性的影响曲线图

1-U=12V；2-U=15V；3-U=9V；4-U=8.6V；5-U=8.4V

分析图 6.7 可以得到下面的结论：

(1) 电压越大，起始电流越大，电磁力越小；

(2) 电压越大，顶杆的末速度越大，但电压对速度的影响作用不大；

(3) 电压越大，动作完成时间越短；而当 $U<8.4V$ 时，脱扣动作无法完成。

综上所述，在电容容量和磁通变换器内阻不变的情况下，电容的初始电压越高，磁通变换器脱扣时间越短，脱扣后的速度越大，当电压在 12～15V 的范围内时，除了脱扣时间有比较明显的区别外，最终速度相差不大。因此，在时间要求比较严格的情况下，应提高电容的初始电压，在对最后动能有要求的情况下，可以根据实际情况选取合适的电容初始电压。

第7章　低压电器集成仿真分析

前面分别介绍了运动仿真、电磁系统静态仿真、灭弧系统仿真和电磁系统动态仿真，仿真对象涵盖了CPS的操作机构、电磁系统和接触组，能够很好地解决单个部件的设计优化问题。但是CPS作为一个整体，需要各个部件协同工作。认识CPS系统部件内部构件及部件之间的动作现实，是实现产品研发设计阶段的模块化与标准化的必要基础，也是实现产品故障排除阶段的快速性与准确性的有力工具。本章将在前面章节的基础上，运用ADAMS软件研究低压电器整机的特性。

7.1　CPS主体模块内部机构仿真分析与优化设计

KB0系列CPS主体由三个各自独立的模块单元构成，模块与模块之间由特殊构造的构件关联装配、并联运动，例如，热磁脱扣器的热磁推板与操作机构的过载推杆并联，操作机构的摇臂与电磁传动机构的导电夹并联，电磁传动机构的支架与主电路接触组的触头支持并联，主电路接触组短路脱扣器的锁扣与操作机构的短路推杆并联。CPS对控制电路和主电路的控制与保护功能即依靠模块之间的协调动作来实现。

当然，模块之间的有效配合是建立在各自模块内部构件的正确动作基础之上的，因此，要对CPS进行整机上的系统性性能分析与优化，首先要从分析独立模块这一分系统开始。本节即对操作机构、电磁传动机构和主电路接触组分别进行动力学仿真分析，其中涉及对由双E形电磁铁和电压线圈构成的电磁传动机构的电磁系统，以及由螺管形电磁铁和电流线圈构成的短路脱扣器的电磁系统进行电磁吸力的有限元计算过程。对适当简化后的三个模块式部件进行动力学仿真，较真实地模拟各构件的动作过程并获取相应的数据、曲线等信息，为后面进行的部件集成动力学仿真做必要的准备工作。

7.1.1　操作机构动力学仿真分析与优化设计

操作机构是CPS的运动中枢，协调各个模块之间的动作。

1. 操作机构动力学仿真分析

详见本书第3.3节。

2. 操作机构优化设计

CPS操作机构的动作速度直接影响其工作性能，而操作机构的动作速度又受到弹簧刚度系数及构件形状等因素的影响，而构件形状由构件的质心位置、质量决定。本节以操作机构脱扣动作仿真过程为例，分析扭簧刚度系数及构件质心位置对操作机构动作性能的影响，仿真确定关键参数并得到了物理样机试验验证。

1) 扭簧的刚度系数对动作性能的影响

位于中凸轮与限制件之间的扭簧在操作机构位于自动控制位置时属于储能状态，过载或过电流导致的故障脱扣动作过程中，中凸轮转至最大角度所用时间决定了操作机构动作的快速性，转至稳定状态所用时间决定了操作机构动作的可靠性，确定扭簧刚度系数需兼顾操作机构的动作快速性及可靠性两种工作性能。改变扭簧的刚度系数分别取 0.3919846N·mm/(°)、0.4919846N·mm/(°)、0.5919846N·mm/(°)、0.6919846N·mm/(°)、0.7919846N·mm/(°)、0.8919846N·mm/(°)。通过图 7.1 所示的不同刚度系数下中凸轮的旋转角度曲线可知，中凸轮动作信息以及旋转至稳定状态所用时间分别为不稳定、较不稳定、较稳定、20.4ms、19.8ms、19.3ms，中凸轮到达最大旋转角度所用时间分别为 7.6ms、8ms、7.5ms、7.0ms、6.9ms、6.7ms。

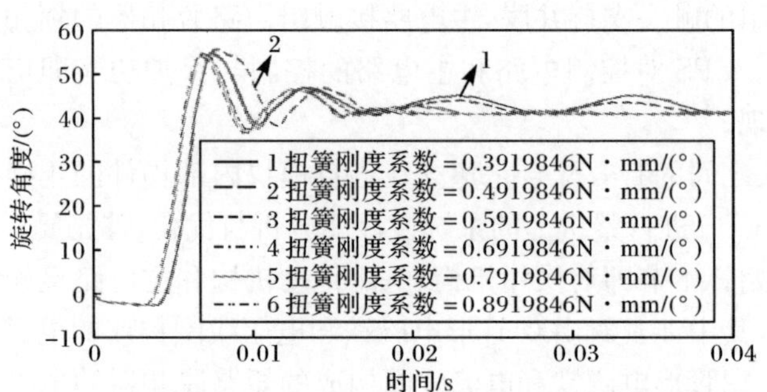

图 7.1　不同扭簧刚度系数下中凸轮的旋转角度曲线

仿真结果表明，在一定取值范围内，操作机构的动作速度随着扭簧刚度系数的提高而提高，但是在这一范围之外，过小的扭簧刚度系数会导致动作状态的不稳定，过大的扭簧刚度系数对操作机构的动作快速性影响不大。因此，结合仿真结果及分析，将扭簧刚度系数定位于 0.6919846～0.7919846N·mm/(°)。物理样机试验中取扭簧刚度系数为 0.7919846N·mm/(°)，扭簧材料选择 0.9 碳素弹簧钢丝，有效圈数为 3.5，自动控制位置扭簧储能角度为 145°，结果表明操作机构有良好的动作快速性与可靠性。

2）侧凸轮的质心位置对动作性能的影响

CPS操作机构内部构件形状各异、结构形式复杂。鉴于在ADAMS中，改变构件质心在计算坐标系中的位置会使构件的形状及其运动状态发生变化，以侧凸轮质心位置为变量，分析其对操作机构动作性能的影响。观察虚拟样机模型得知侧凸轮内旋转轴质心的Y坐标与侧凸轮质心的Y坐标相近，以侧凸轮质心X坐标为变量，根据侧凸轮的结构形式，调整侧凸轮质心X坐标向侧凸轮内旋转轴质心靠拢，仿真可得不同侧凸轮质心X坐标下的中凸轮、侧凸轮旋转角度曲线分别如图7.2和图7.3所示。

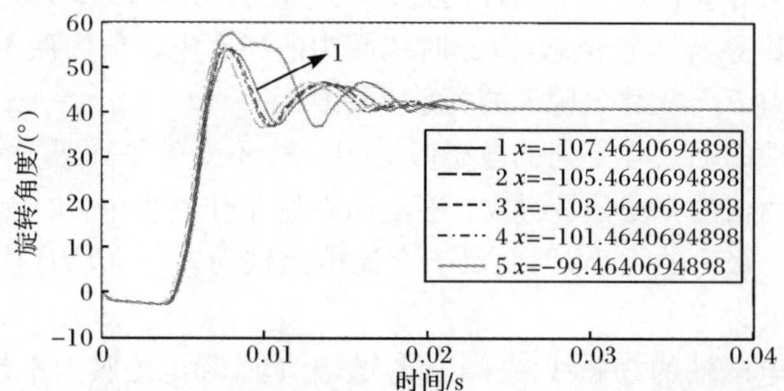

图7.2　不同侧凸轮质心X坐标下的中凸轮旋转角度曲线

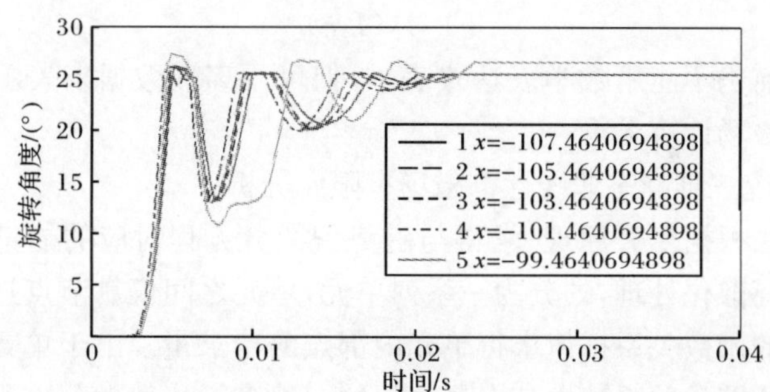

图7.3　不同侧凸轮质心X坐标下的侧凸轮旋转角度曲线

分析图7.2及图7.3可知，在一定距离内，中凸轮和侧凸轮旋转到最大角度以及到达稳定状态的时间都随着侧凸轮质心与侧凸轮内旋转轴质心距离减小而减小，然而当侧凸轮质心与侧凸轮内旋转轴质心X坐标几乎相同时，操作机构的动作过程发生变异，凸轮旋转过程振动增大且到达稳定时间延长，严重影响了操作机构的动作性能。因此，仿真结果可以指导产品制造环节将侧凸轮质心适当靠近旋转轴的中心位置，重新分配侧凸轮质量分布的比例，不仅可以提高产品工作的可靠性、合格率以及整体工艺制造水平，而且可以降低构件材料的使用量，符合产品朝着高速化、轻型化发展的趋势。

7.1.2　电磁传动机构仿真分析

1. 电磁传动机构电磁系统静态电磁场有限元分析

1）电磁系统静态特性计算方法

CPS电磁传动机构的电磁系统主要由动静铁心和线圈构成，具有欠电压、失电压保护功能。当电磁系统线圈通入交流电时，在包括铁心在内的周围介质中将产生电磁场，其在动铁心上会产生电磁吸力以带动动铁心向经铁心靠拢直至铁心吸合。不考虑铁心吸合过程中的任何过渡状态，当动铁心处于某一位置时，给定线圈电压使电磁系统达到稳态，以此时线圈中的稳态电流值为激励，计算动铁心承受的电磁吸力 F 与工作气隙 δ 的关系 $F=f(\delta)$。

交流电磁铁的动铁心受到的电磁吸力由一个不变的平均吸力和一个变化频率为电源频率两倍的交变分量组成。在电磁系统工作过程中，决定动铁心能否可靠吸合的是平均吸力的大小，因此对于交流电磁铁而言，其吸力（或吸力特性）均是指它的平均吸力 F。

对于交流电磁铁的励磁线圈来说，磁链幅值 Ψ_m 和电磁吸力平均值 F 都由一定的激磁电流 I 和气隙值 δ 唯一确定，都只是 I 和 δ 的二元非线性函数：

$$\Psi_m=f_1(I,\delta) \tag{7.1}$$

$$F=f_2(I,\delta) \tag{7.2}$$

此函数目前仍不能用数学表达式表示，但可用离散数据来表示，即在给定电流和气隙时由磁场计算求得。

2）电磁系统三维静态非线性电磁场有限元分析

有限元方法根据变分原理，求得与磁势偏微分方程对应的能量泛函，然后将问题的求解域离散化处理，划分为一系列单元，单元之间仅靠节点连接，由单元节点量通过选定的函数关系插值求得单元内部点的待求量。由于单元形状简单，易于由平衡关系或能量关系建立节点量之间的一组多元代数微分方程组，计入边界条件后即可对方程组求解，从而求得各节点的磁通密度和磁场强度。

ANSYS静态磁场分析针对动铁心整个运动的时间历程，将其离散为若干个静态的时间点，在每个离散点处给定动、静铁心间气隙和线圈电流的情况下，得到不同状态下的磁场分布图和电磁吸力值。标量法分析三维静态磁场的主要步骤及注意事项如下：

(1) 建立有限元模型并赋值材料。动、静铁心以及空气区模型的建立通过基于节点的三维实体单元SOLID96完成，采用自顶向下的建模方法并使用布尔运算来组合数据集，“雕刻”出动、静铁心实体模型。考虑到需要为动铁心组件添加力标志，因此需要在动铁心周围添加方柱体空气层。此外，在整个模型外围添加圆柱体空气层,为仿真分析提供空气介质。在三维磁标量位方法分析中,电流源不是有限元模型的一个组成部分,因此无须也不能通过实体建模的方式为其建立模型和划分网格。有限元哑元 SOURC36 也不是一个真正的有限元,只能通过直接生成的方式来指明电流源的形状和位置,从而建立跑道形线圈即电流传导区域,在三维磁标量位方法分析中以基元的方式得到单独处理。建立好的电磁机构模型如图 7.4 所示。

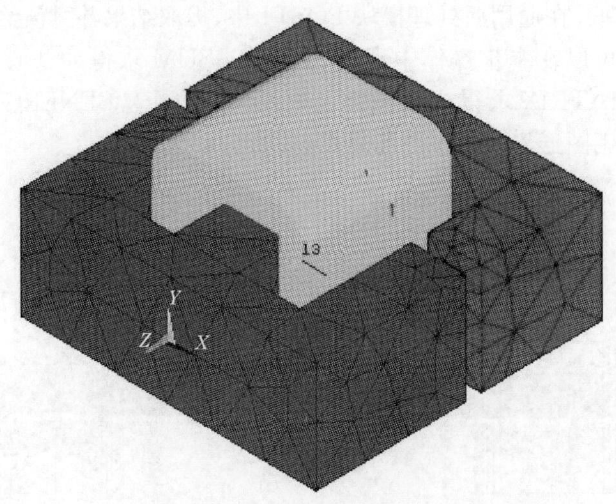

图 7.4　电磁传动机构电磁系统有限元模型

设置材料属性并将其赋予给各模型区域,其中,空气设置相对磁导率(MURX)为 1,铁心区赋予 B-H 特性曲线。B-H 磁化曲线的作用类似于结构分析中的应力应变曲线,能够全面反映电磁机构的励磁作用,用伪单元 SOURC36 生成的电流源不需要输入材料性质。

(2) 边界条件施加及网格剖分。用 ANSYS 进行三维磁场有限元分析,模型的剖分对计算结果的精度有至关重要的影响,若剖分不合理,往往会造成很大的误差。将仿真分析设定智能划分网格等级为 6,选择四面体“Ted”单元划分形状及“Free”自由划分类型对实体模型进行自动划分网格,将连续的电磁场转化为离散系统。

选择动铁心上的所有单元并将所选单元生成一个组件,给动铁心施加麦克斯韦力标志以在后处理中取出动铁心吸力值,并将其存储在临近空气与铁区界面的空气单元中。用磁标量位(MAG)来说明磁力线垂直、磁力线平行边界条件,其中磁力线平行自然满足,不用说明,而磁力线垂直边界条件需要通过在任一节点上施加磁标量位 MAG=0 来完成节点约束,避免了病态矩阵的出现。

(3) 差分标势法(DSP)求解。电磁机构同时含有铁心和空气区,不能为电流源产生的磁通量提供闭合回路,属于单连通区域模型。因此需要采用差分标量势法(DSP)进行三维有限元静态非线性分析。DSP 方法需要两步求解:在第一个载荷步中,近似认为铁区中的磁导率为无限大,只对空气求解;在第二个载荷步中,恢复原有的材料特性,从而得到最终解。根据 DSP 方法的第一个载荷步求解方式以及电磁机构铁心磁导率远大于空气这一非铁磁性物质的相对磁导率的特点,导致求解结束后出现诸如“Coefficient ratio exceeds 1.0e8-Check results”的警告信息,可以忽略。

(4) 后处理。在通用后处理模块 POST1 中,提取结果并赋值给状态变量和目标函数。同时可以在本步操作中利用宏 FMAGSUM 求得动铁心承受的电磁吸力,利用宏 LMATRIX 求得线圈磁链及电感值,利用宏 SENERGY 求得磁场能量。也可以利用图形显示观察磁场分布图,如图 7.5 所示。

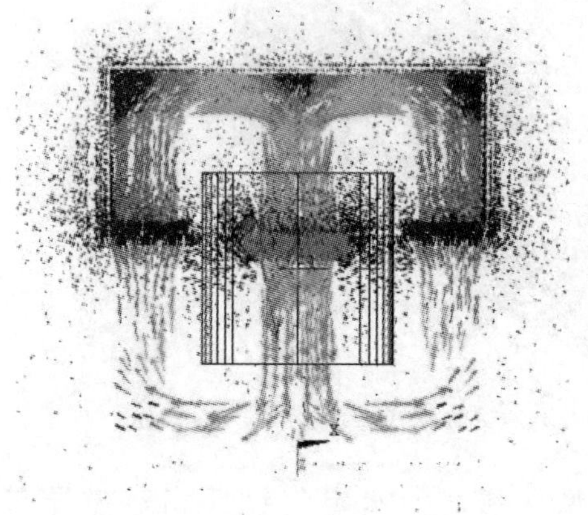

(a) 磁通密度 B

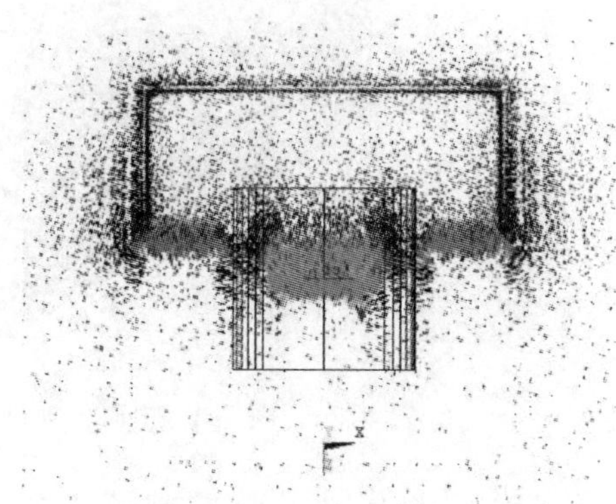

(b) 磁场强度 H

图 7.5　电磁系统磁场分布图

通过图 7.5 所示的磁场分布图可以看出,在动铁心的两个边角位置处磁通密度较低,因此可以考虑在动铁心制造过程中将该拐角处削去,不但不会影响磁场分布,而且可以在降低产品重量的同时节约铁心材料,降低成本。

有了上述电磁系统静态电磁场有限元分析过程,就可以利用 ANSYS 内部的 APDL 命令流,通过改变参数来观察电磁场受到的影响,通过大量的仿真试验获得电磁吸力等数据,并从中发现并总结规律,以用于电磁系统的优化设计。例如,可以通过改变铁心厚度、线圈厚度等机构参数观察电磁场的变化,以此为参照为提高电磁传动机构的静态吸合特性等性能提供依据。

表 7.1 为不同励磁电流及不同工作气隙下动铁心受到的电磁吸力值,ANSYS 静态电磁场有限元计算可以得到麦克斯韦力和虚功力两种电磁吸力,其中,在气隙较小时,麦克斯韦力相对较准确,而在大气隙时虚功力更准确。表 7.1 中的数

据全部为麦克斯韦电磁吸力。

表 7.1　不同励磁电流及气隙下电磁吸力表　(单位:N)

i/A \ δ/mm	0.05	1	2	3	4	5	6	7
0.7	453.03	202.19	158.18	90.512	45.187	23.592	14.341	13.081
0.8	464.56	209.25	171.91	107.57	54.487	29.742	18.589	17.011
0.9	476.10	215.97	182.91	119.01	63.331	35.781	22.868	21.106
1.0	487.69	222.50	190.26	128.53	69.607	41.974	27.189	25.120
1.1	499.44	228.95	193.62	136.48	75.099	46.613	30.853	28.974
1.2	510.95	235.37	196.61	143.35	80.101	51.387	34.146	31.922

通过分析表 7.1 中的数据可以发现,在某一固定电流值激励下,电磁吸力随着工作气隙的减小而增大;同时,在动铁心运动至某一固定位置时,其受到的电磁吸力随着励磁电流的增大而增大。

根据上述二维数据网格,还可以结合数值计算的方法,利用龙格-库塔法、二元三次插值法等对电磁系统动态特性进行计算,得到电磁吸力、电流等随时间变化的情况。

2. 电磁传动机构动力学仿真分析

在 ADAMS 软件建立简化后的电磁传动机构动力学模型,然后采用简单的交互式仿真控制方式实现动、静铁心的分离过程。图 7.6(a)为仿真前的动、静铁心吸合状态的动力学模型;图 7.6(b)为仿真结束后动、静铁心处于完全分离位置的动力学模型。

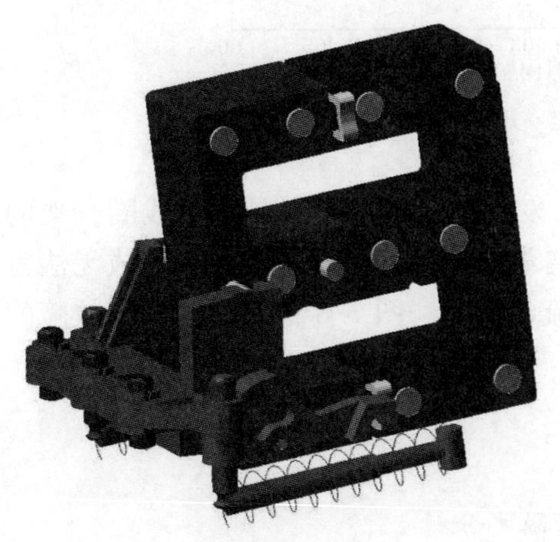

(a) 动、静铁心吸合

(b) 动、静铁心分开

图 7.6　电磁传动机构动力学仿真简化模型

ADAMS/View 自动调用求解程序完成电磁传动机构的动力学分析，而 ADAMS/Solver 则能够输出各种对象的质心位置等信息。通过上述电磁传动机构动、静铁心的分离过程，仿真结束可以获得对象构件的极限位置等信息，例如，可以观察到动铁心的最大位移为 7.0641mm，如图 7.7 所示。

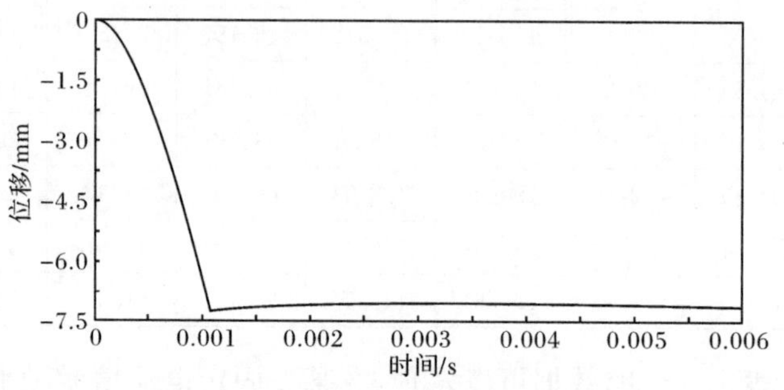

图 7.7　动铁心运动位移曲线图

此外，还可以观察到动铁心的运动轨迹并不是平直的。图 7.8 为动铁心质心 Z 坐标的运动轨迹，从图中可以看出动铁心运动过程中质心 Z 坐标有较大跳跃，反映到实际情况就是动铁心与线圈骨架有较大的冲击与摩擦。

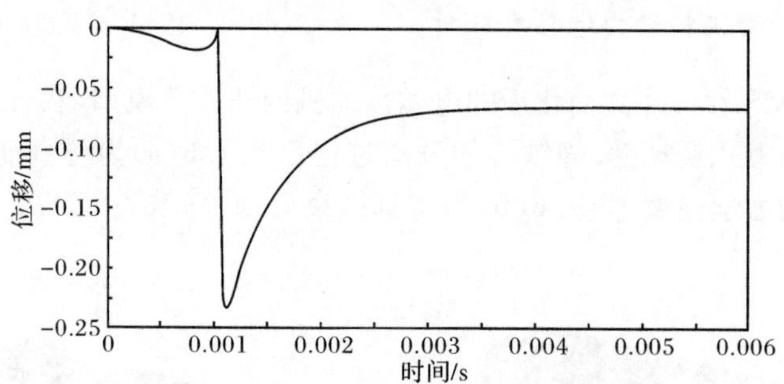

图 7.8　动铁心质心 Z 坐标运动轨迹

对相关失效产品进行现场拆机检查后发现很多产品失效是由于线圈骨架的磨损及严重变形，而磨损过程中产生的飞屑黏附于动、静铁心表面后，造成无法可靠吸合及碰撞，最后引起电磁线圈因大电流而烧毁。图 7.8 很好地证明了故障的原因所在。

7.1.3　主电路接触组仿真分析

1. 短路脱扣器电磁系统静态电磁场有限元分析

短路脱扣器是一种依靠主电路电流串联励磁的电磁铁，当被保护线路发生短路故障，短路电流达到整定值时，短路脱扣器动作使操作机构脱扣，迅速断开电路。可见，短路脱扣器对 CPS 的短路开断性能有重要作用，它的动作时间越短，越有利于提高短路的开断性能，对于整个 CPS 来说，更有利于达到操作机构动作和触头系统斥开过程的合理配合，防止动触头斥开后的二次闭合现象。

短路脱扣器构造较复杂，导致利用 ANSYS 软件建立短路脱扣器有限元分析模型的过程比较烦琐，而仿真分析方法与电磁系统仿真方法相同，因此本节着重介绍利用 APDL 命令流建立短路脱扣器有限元模型的过程及其注意事项。考虑到黄铜材料的磁导率很低，因此在建模过程中可以忽略黄铜顶杆的存在，即忽略黄铜顶杆对磁场分布的影响。

采用自顶向下的建模方式，利用建立整体然后挖出空腔的方法。建立短路脱扣器实体模型需要用到如下关键命令：

(1) BLOCK、X1、X2、Y1、Y2、Z1、Z2：根据两角点生成长方体。利用该命令可以建立磁轭及磁轭板模型。

(2) CYL4、XCENTER、YCENTER、RAD1、THETA1、RAD2、THETA2、DEPTH：根据任意点生成圆柱或扇环柱体。其中，XCENTER 和 YCENTER 代表圆柱底面圆心的位置；RAD1 和 RAD2 分别代表圆环柱体的内、外半径值；THETA1 和 THETA2 分别代表扇环柱体的起始、终止角度值；DEPTH 代表柱体的高度值。利用该命令可以建立动、静铁心以及外围空气层的模型。

(3) LOCAL、KCN、KCS、XC、YC、ZC、THXY、THYZ、THZX、PAR1、PAR2：在总体坐标系中定义局部坐标系。其中，KCN 为该局部坐标系的编号，注意在赋予该坐标编号时需要取任意大于 10 的数值，因为小于等于 10 的编号有其他意义；KCS 为坐标系类型，0 或 CART 代表直角坐标系，1 或 CYLIN 代表柱坐标系，2 或 SPHE 代表球坐标系；XC、YC、ZC 代表新的坐标系原点在总体坐标系中的位置。

(4) WPCSYS、WN、KCN：将当前坐标系 X-Y 平面定义为工作平面。由于动、静铁心内部均有多个半径不同的空腔，因此需要不断建立新的局部坐标系作为建立圆柱体时的底面圆心位置。

(5) VSBV、NV1、NV2、SEPO、KEEP1、KEEP2：体减体。

(6) RACE、XC、YC、RAD、TCUR、DY、DZ、CNAME：利用 SOURC36 单元来表示电流源的形状和位置。其中，XC 和 YC 用以确定线圈的位置；TCUR 为线圈中的安匝数；DY 为线圈的厚度；DZ 为线圈的深度。

经过不断地建立实体并挖去相应位置空腔的操作，即可获取短路脱扣器的有限元模型，如图 7.9 所示。

此外，在建模过程中还应该注意的是，动铁心的外围空气层不可与其他实体干涉，因此应合理设定包裹动铁心的外围空气层的厚度。由于动铁心上半部分圆

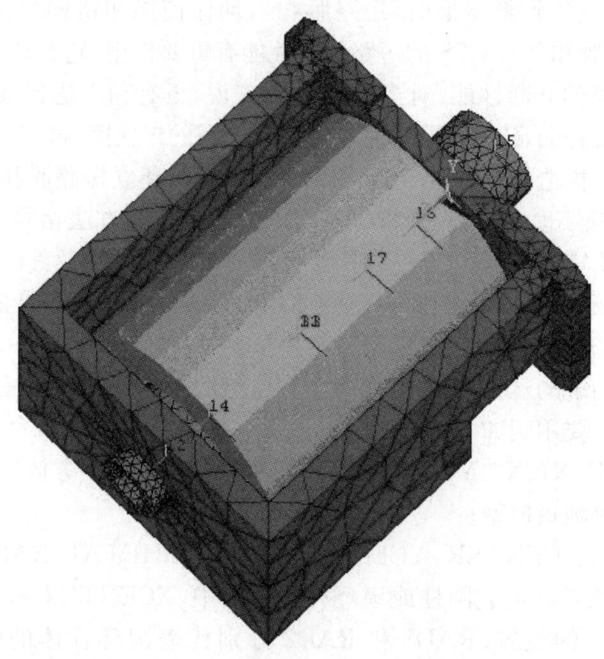

图 7.9　短路脱扣器有限元模型

柱的长度为 5.5mm，而气隙最大值为 4mm，磁轭板的厚度为 1.5mm，计算可知在动、静铁心完全分离时，动铁心下半部分圆柱顶面与磁轭板的底面接触。而若计算最大气隙即 4mm 处动铁心受到的电磁吸力，则包围动铁心的空气层将不得不与静铁心干涉，这是不允许的。因此将本次仿真中动铁心周围的空气层厚度取为 0.05mm（太大无法求得最大气隙附近的电磁吸力值，太小会导致方程组计算出错），且计算电磁吸力时，最大气隙取 3.9mm，这样就保证了空气层既能完全包裹动铁心，又不存在与其他实体干涉的情况，保证了麦克斯韦力标志的有效添加。

仿真结束可得短路脱扣器在线圈通过稳态电流时，动、静铁心间距某一固定气隙值时的静态电磁场分布图。图 7.10 为线圈电流为 12 倍的额定电流，动、静铁心间距为 2.5mm 时的磁通密度和磁场强度分布图。

短路脱扣器的线圈为电流型线圈，分别取 8 倍、10 倍以及 12 倍的额定电流为励磁激励，将动、静铁心之间的工作气隙均分为若干个离散的点，即可获取不同励磁电流及工作气隙下动铁心受到的电磁吸力值，如表 7.2 所示。

(a) 磁通密度 B

(b) 磁场强度 H

图 7.10　短路脱扣器磁场分布图

表 7.2　不同短路电流与气隙下麦克斯韦电磁吸力表　　(单位:N)

δ/mm \ i/A	8×45	10×45	12×45
0.05	396.23	519.14	657.55
0.25	171.08	224.17	283.83
0.50	102.02	133.62	169.05
0.75	69.349	90.872	114.93
1.00	53.959	70.762	89.503
1.25	44.117	57.957	73.334
1.50	35.627	46.901	59.377
1.75	30.803	40.661	51.534
2.00	26.545	35.089	44.497
2.25	23.315	30.888	39.239
2.50	20.974	27.866	35.474
2.75	18.902	25.209	32.164
3.00	17.206	23.031	29.448
3.25	15.681	21.100	27.076
3.50	13.713	18.621	24.081
3.75	10.204	14.515	19.545
3.90	3.7959	7.9686	12.721

表 7.2 中的电磁吸力值可以用于动力学仿真分析时的载荷施加给动铁心，并可以分析不同短路动作电流下的短路分断性能。

2. 主电路接触组动力学仿真分析

单个主电路接触组的动力学仿真模型可以参照操作机构动力学仿真的步骤，建立的主电路接触组动力学仿真模型如图 7.11 所示。

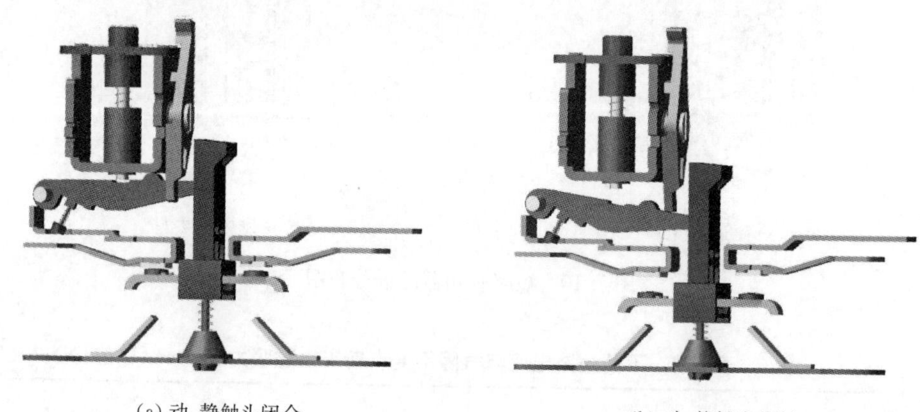

(a) 动、静触头闭合　　(b) 动、静触头分断

图 7.11　主电路接触组动力学仿真模型

由于仅仅是对主电路接触组进行仿真分析，主要用来测量触头的超程及开距，所以对于载荷的施加和某些约束的添加可以采取简化措施。例如，锁扣与操作机构的短路推杆的约束需要在本次仿真中特殊定义，此处通过改变锁扣扭簧的初始储能扭转角度来完成。此外，对于短路脱扣器的动铁心受到的电磁力也可以用一个简化的脉冲力来代替，只需要保证动铁心能够运动至与静铁心接触碰撞即可。

触头超程是指当触头完全闭合后，若将静触头移去，动触头所能移动的距离。在 ADAMS 软件中，不需要移去静触头，只需要移去动、静触头间的接触约束 CONTACT_16 和 CONTACT_17 即可测量触头超程。另外，还需要将短路脱扣器暂时移去，仿真可以看到，动触头在触头压簧的作用下向静触头方向运动，直到铝推杆与触头支持碰撞。仿真得动触头的超程测量去向如图 7.12 所示，通过该图可以读取触头超程为 3.9809mm。

触头开距是指触头处于打开位置时，动、静触头之间的最短距离。重新添加动静触头之间的接触约束后，即可仿真得到触头开距测量曲线如图 7.13 所示。

由于只是测量触头的超程、开距等极限位置，因此对于触头的动作速度、动作时间等参数不予考虑，体现在图 7.12 和图 7.13 中就是只读取曲线末端数值，而不关心中间的运动过程。这也是本次仿真没有利用有限元仿真获取的电磁吸力，而是取一个简化的短路脱扣力为载荷的原因所在。

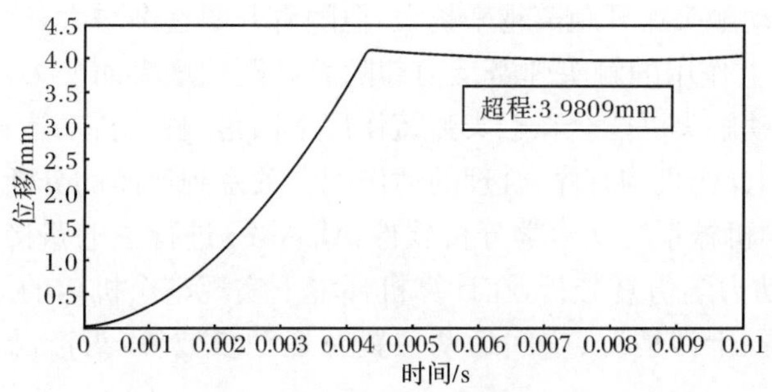

图7.12 触头超程测量曲线

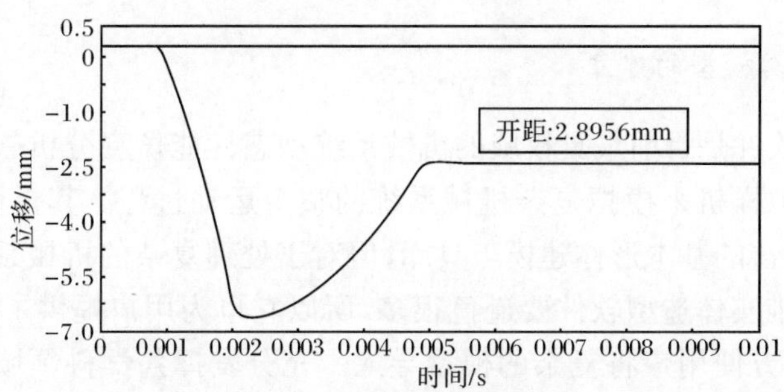

图7.13 触头开距测量曲线

7.2 主电路接触组与操作机构集成仿真分析与优化设计

KB0系列CPS的短路分断过程是触头分断和机械分断的配合过程。在短路故障发生后，主电路接触组内动导电杆的动作、短路脱扣器的动作、操作机构的动作三者并不同步。短路电流流经接触组内的动、静导电杆以及闭合的动、静触头，会产生很大的电动斥力，包括由于动、静触头接触点处电流线收缩造成的霍姆力以及由于回路电流激发磁场产生的洛伦兹力。起初，电动斥力小于触头预压力，因此动静触头保持在闭合位置，随着短路电流的增大，电动斥力增大，一旦电动斥力克服触头预压力，动导电杆会在短路脱扣器和操作机构动作之前先行斥开，然后，短路脱扣器受短路电流的作用，静铁心吸引动铁心带动顶杆、铝推杆、锁扣系列动作，同时带动触头支持下压动导电杆继续动作，进一步拉开动、静触头之间的距离，锁扣扭转一定角度触发操作机构脱扣，并对铝推杆起到限位作用，使动、静触头保持在打开状态。

在上述分断过程中需要注意的是：动、静触头一旦分离，接触点不存在，霍尔姆力将消失，这时作用在动导电杆上的力只有洛伦兹力和气动斥力两种，在这两个力的作用下，动触头斥开距离越来越大，但随着开距逐渐增大，这两种力随之减小，而相反触头上作用的触头弹簧反力却随着开距的增大而变大，因此若机构不能及时动作，则动触头可能会在触头弹簧作用下回落，触头抖动造成熔焊。因此，主电路接触组和操作机构有序、合理的动作配合关系到产品的分断性能及机械寿命。本节将借助机械系统动力学分析软件 ADAMS 进行主电路接触组和操作机构的部件集成动力学仿真分析，在计算机环境下实现整个机构的运动过程，分析运动的极限位置、干涉情况、空间运动位置及运动参数等，为产品设计提供科学依据。

7.2.1 主电路接触组与操作机构集成仿真分析

1. 样机仿真模型的建立

ADAMS 软件是目前最具权威的机械系统动态性能仿真分析软件，通过在计算机上创建虚拟样机来模拟复杂机械系统的整个运动过程。其提供了诸如长方体、圆环等较丰富的基本形体建模工具库，但对于处理复杂的机械系统，其建模功能比 UG 等三维实体造型软件要逊色很多，所以它也为用户提供了丰富的与 UG 等软件的接口，方便用户将复杂的模型导入。充分发挥各学科领域软件的优势，利用 UG 软件良好的人机交互建模方式建立造型复杂的三维实体模型，基于软件之间的接口，以中间文件的形式传导，利用 ADAMS 软件精确的仿真计算和功能强大的仿真后处理方法，通过机械系统模型动力学方程的自动形成与求解，获取高性能的动画与仿真结果数据曲线等直观的分析结果，供设计者或使用者高精度、高效率地对产品进行性能分析与优化设计。

本书中涉及的样机动力学仿真模型即采用 UG 软件与 ADAMS 软件联合的方法来建立，下面就以主电路接触组和操作机构模块集成仿真模型建立为例说明样机的建模过程。

1) 中间文件的传导及工作环境的设置

UG 三维实体模型与 ADAMS 动力学仿真模型之间进行传导的中间文件格式最好的是 Parasolid，如果是 IGES、STL 格式，则会造成模型一些信息的丢失。

(1) 用 UG 打开主电路接触组与操作机构的模型组装图，将不必要的零件如弹簧(需在 ADAMS 中重新建立)隐藏，在菜单中选择 File→Export→Parasolid…，选择仿真对象构件，将模型以 Parasolid 格式的文件从 UG 软件中导出形成 x_t 格式文件至指定导出位置。

(2) 在 ADAMS 软件建立新的数据文件并设置单位(Units)、工作栅格尺寸(Working Grid)、缺省尺寸(Icons)、重力加速度方向(Gravity)等工作环境，以保证导入的模型有较好的显示方式。

(3) 将生成的 x_t 文件以 Parasolid 格式的文件类型导入 ADAMS，并通过双击编辑框将 Model Name 选择为已有的 Model，至此即可将 UG 中绘制的三维实体模型导入 ADAMS 以进行下一步的分析处理。

2) 构件特性的修改

除几何形体外，仿真分析所需的构件特性还包括构件的质量、转动惯量和惯性积、初始速度、初始位置和方向等。要得到与实际样机等价的仿真结果，仿真构件几何形体的质量、质心位置、惯性矩和惯性积等特性需与实际构件相同。这就要对新导入 ADAMS 的众多构件进行特性修改。

主电路接触组与操作机构模块集成这一复杂的机械系统拥有众多构件和零件，为了方便查找和选择模型数据库中的各种对象以修改其特性，可利用ADAMS提供的数据库浏览器。在 Tools 菜单中选择 Database Navigator，出现数据库浏览器，双击 Model 名称出现模型内部元素，勾选 Highlight，则单击某 Part 时该构件会亮化显示，在模型附近右击出现附近的一些元素，选择相应的(感兴趣的，即目标对象)对象元素，选择 Modify，在 Category 一栏中选择 Name and Position 可对构件重命名，在 Define Mass By 一栏中选择 Geometry and Material Type，然后可在 Material Type 一栏中选择赋予构件的材料属性，构件材料默认设置为钢材，考虑到样机内部有诸多塑料构件，通过定义杨氏模量(Young's modulus＝8300N/mm^2)、泊松比(Poisson's ratio ＝0.28)及材料密度(density ＝1.15×10^{-6} kg/mm^3)生成尼龙 PA66 材料属性，并将其赋值给塑料构件。此外，每个 Part 下面对应一个 Solid，选择 Solid 下面的 Appearance，然后在 Color 一栏中右击选择 Color 内部的 Browse 或者 Guesses，可对构件颜色进行修改，对构件修改名称及颜色，以方便对象观察与选择；对构件修改材料特性则可以使 ADAMS 根据构件的几何形状自动计算出构件的体积，并根据体积和材料密度自动计算出构件的质量、转动惯量和惯性积。模型内几个关键构件特性设置如表 7.3 所示。

表 7.3　关键构件特性设置表

构件初始名	构件重命名	构件材料特性	弹性模量/(N/mm^2)	泊松比	材料密度/(kg/mm^3)	颜色
PART55	侧凸轮	Nylon_PA66	8300	0.28	1.15×10^{-6}	Navy
PART114	铝推杆	Aluminum	71705	0.33	2.74×10^{-6}	Maroon
PART189	磁轭板	Steel	207000	0.29	7.801×10^{-6}	Forest Green
PART179	铜顶杆	Brass	106000	0.324	8.545×10^{-6}	Yellow

表 7.3 以每种材料选取一个构件为例来说明构件特性的修改，样机模型中其余各构件均需要对其进行如上所述的特性修改，以保证每个构件均具有质量和惯性矩，避免由于构件零质量导致的加速度无穷大而造成分析失败。

3) 约束的添加

在机械系统中,每一个构件都以一定的方式与其他构件相互连接。相互连接的两个构件既保持直接接触,又能产生一定的相对运动。在建立动力学仿真模型时,可以通过添加各种约束限制构件之间的某些相对运动,并依此将不同构件连接起来组成一个机械系统。约束的正确添加与否至关重要,因此在施加约束之前就要对构件之间的连接关系很清楚,以保证仿真时机械系统以预想的方式正确运动。机械系统将这些构件间的连接称为运动副,ADAMS 可以处理的约束类型包括运动副约束、指定约束方向、接触约束及约束运动四类。

CPS 机构动力学仿真分析用到的约束关系主要包括固定副、铰接副、棱柱副等常用运动副约束及接触约束。在添加约束时,应注意选择对象的顺序和约束方向逐步对构件施加约束,并尽量用一个运动副来完成所需的约束以避免重复的自由度约束造成的运动混乱等无法预料的结果。表 7.4 为主电路接触组与操作机构部件集成仿真模型建立过程中所需的几个关键约束关系。

表 7.4 某些构件的约束关系

约束图标	构件名称	约束关系	被连接构件名称	作用
	操作机构安装板	固定约束	地	固定
	接触组静导电杆		地	
	操作机构旋钮		操作机构中轴	
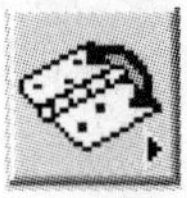	操作机构侧凸轮	转动约束	侧凸轮内轴	转动
	操作机构侧止动器		操作机构下安装板	
	接触组铝推杆		铝推杆内轴	
	操作机构短路推杆	滑移约束	操作机构下安装板	滑动
	接触组动铁心		接触组静铁心	
	接触组触头支持		接触组底座	
	操作机构侧止动器	接触约束	操作机构侧凸轮	限位
	接触组铝推杆		短路脱扣器锁扣	
	操作机构中止动器		操作机构中凸轮	

表 7.4 针对一些共性的约束进行了归纳,在确定机械系统内部构件正确动态行为的前提下,确定各个连接关系使系统装配情况与实际相符。此外,在添加约束时还需注意合理调整视图的显示方式,准确选择连接点位置,并定期通过 Model Verify 命令检查样机系统的自由度,在样机模型中去除多余的约束,且要注意即使在进行仿真分析时程序运行良好,也要将多余的约束除去。

4) 柔性连接的创建

ADAMS 可以考虑四种类型的力:柔性连接力、作用力、特殊力(如重力)和接触力。其中,CPS 的动力学仿真过程的柔性连接力主要来自拉压弹簧和扭转弹簧构成的柔性连接。主电路接触组和操作机构内部均存在较多弹簧构件,各个弹簧在特定位置储能,各司其职,作用重大。弹簧的输出特性取决于其刚度系数(stiffness coefficient)、预作用力(preload)以及预作用力下的长度或角度(length at preload 或 angle at preload),在存在柔性连接的两构件之间生成弹簧时需要定义上述弹簧参数,以确保系统性能参数的正确性。

通过弹簧图纸可以获得计算弹簧刚度系数所需的弹簧中径、钢丝直径、有效圈数等信息,也可以获取弹簧所用材料及制造技术等信息。下面将分别选择某位置的拉簧、压簧、扭簧为例介绍弹簧刚度系数的计算过程。

(1) 操作机构侧凸轮与操作机构下安装板间的拉簧,弹簧图纸如图 7.14 所示。已知 $d=0.7\text{mm}$,$D=5.3\text{mm}$,$D_2=4.6\text{mm}$,$n=17.5$,则可根据下式求得弹簧刚度系数 P' 为

$$P'=\frac{Gd^4}{8D_2^3n} \tag{7.3}$$

查 $d=0.7\text{mm}$ 时,G 按德国标准取 84280N/mm^2,代入数据得到拉簧的刚度系数为 1.4849614N/mm。

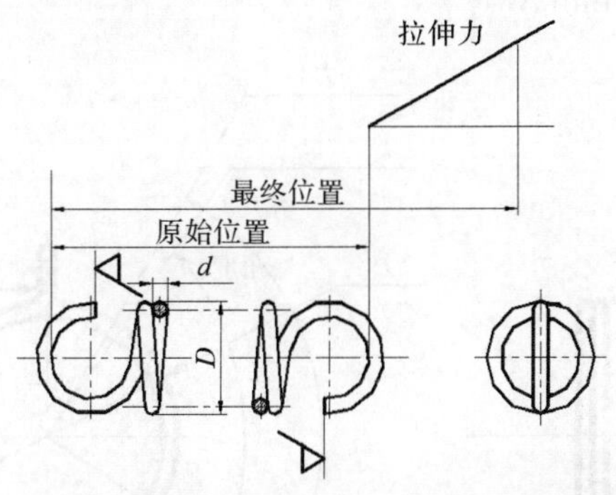

图 7.14　操作机构侧凸轮与操作机构下安装板间的拉簧

(2) 摇架与中止动器之间的压簧,弹簧图纸如图 7.15 所示。已知 $d=1.2\text{mm}$,$D=8\text{mm}$,$D_2=6.8\text{mm}$,$n=5.5$,则可根据式(7.3)求得弹簧刚度系数为 12.338175N/mm。

根据式(7.3)也可获得其余各拉簧和压簧的刚度系数。

(3) 中凸轮与限制件之间的扭簧,弹簧图纸如图 7.16 所示。已知 $d=0.9\text{mm}$,$D=14.5\text{mm}$,$D_2=13.6\text{mm}$,$n=3.5$,则可求得弹簧刚度系数 M' 为

$$M'=\frac{Ed^4}{3667D_2n} \tag{7.4}$$

查 $d=0.9\text{mm}$ 时,E 按德国标准取 210700N/mm^2,代入数据得到扭簧的刚度

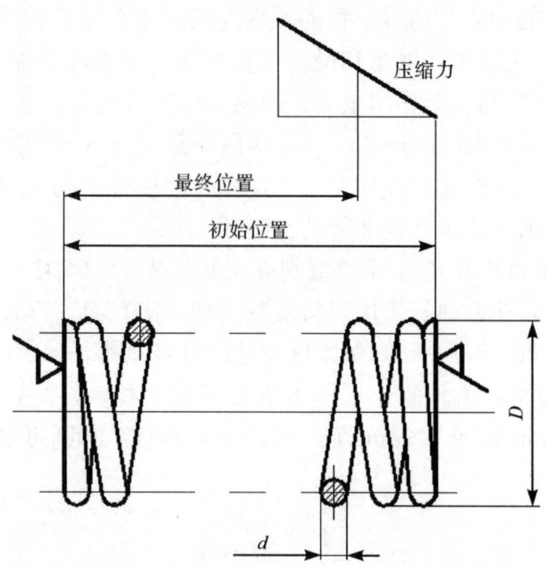

图 7.15　摇架与中止动器之间的压簧

系数为 0.7919846N · mm/(°)。

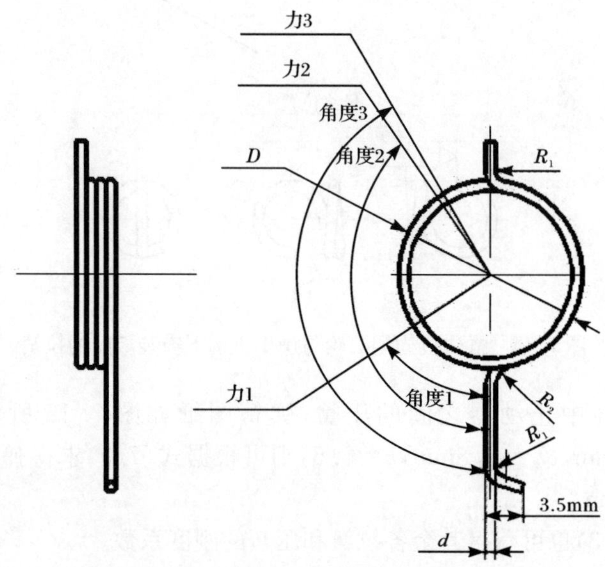

图 7.16　中凸轮与限制件之间的扭簧

通过上述方法获得弹簧的刚度系数,从图纸中读取弹簧在操作机构处于自动控制位置、主电路接触组触头闭合位置时的预作用力及该力作用下的长度或角度，即可将实际样机的弹簧参数赋值于虚拟样机内。下面对本仿真模型内的所有弹簧参数进行计算并归纳于表 7.5 中。

表 7.5　样机内部弹簧参数值

参数 名称	Action Body	Reaction Body	Stiffness Coefficient/(N/mm 或 N·mm/(°))	Damping Coefficient/(N/mm 或 N·mm/(°))	Preload /(N 或 N·mm)	Length or Angle at Preload /(mm 或(°))
THCTL	操作机构下安装板	操作机构侧凸轮	1.4849614	2.9×10^{-5}	−23.0	37.3
THZZDQ	操作机构上安装板	操作机构中止动器	0.4592524	3.9×10^{-5}	−3.1	21
THYJ	操作机构中止动器	操作机构摇架	12.338175	2.2×10^{-5}	43	10.7
THDLTG	操作机构下安装板	操作机构短路推杆	1.809166×10^{-2}	1.0×10^{-5}	−0.36	40
THCZDQ	操作机构下安装板	操作机构侧止动器	9.18083×10^{-2}	2.6×10^{-5}	0.4	1.2
THDLTKQ	短路脱扣器动铁心	短路脱扣器静铁心	0.95535105	3.5×10^{-6}	5.5	11.5
THCTZC	主电路接触组底座	动导电杆	0.3461531	1.8×10^{-5}	2.53	15
THLTG	短路脱扣器铝推杆	主电路接触组外壳	5.4184725×10^{-2}	1.3×10^{-5}	2.4	7
NHZTL	操作机构中凸轮	操作机构限制件	0.7919846	4.2×10^{-6}	114.83777	145
NHSK	短路脱扣器锁扣	短路脱扣器磁轭	1.9860731	5.9×10^{-6}	99.30365	50

在给样机创建好柔性连接，即按照物理样机各个弹簧的位置及参数在虚拟样机内生成弹簧后，即可在 ADAMS 环境内得到操作机构和主电路接触组两个部件集成装配好的动力学仿真模型，如图 7.17 所示。

5）载荷的施加

结合 KB0 系列 CPS 的工作原理及短路分断特性，可得图 7.18 所示的短路分断过程中的关键阶段关系图，T_P 为固有分断时间，即短路电流发生时刻起至三相动、静触头均分离的时刻止的耗时；T_Q 为燃弧时间，即三相中首先分离相的动、静触头分离时刻起至所有相电弧均熄灭的时刻止的耗时；固有分断时间与燃弧时间

图 7.17　操作机构与接触组集成装配动力学模型

之和 T_R 即为主电路接触组的分断时间；T_S 为短路脱扣器触发时间，是从短路电流发生时刻起至短路脱扣器中的动铁心开始向静铁心靠拢的时刻止的耗时；T_V 为操作机构触发时间，是从短路电流发生时刻起至操作机构中的短路推杆被短路脱扣器中的锁扣推动时刻止的耗时。

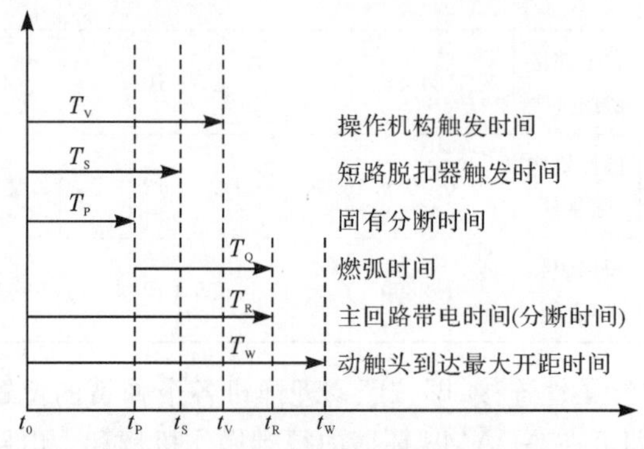

图 7.18　短路分断各阶段关系图

上述分断过程包含复杂的电、磁、热、气、机械场的耦合，涉及多学科领域多物理量的相互作用，包含电动斥力、气动斥力、机械动力、弹簧弹力等的协调配合。以分断区间[T_P，T_S]为例，该区间内参与分断的只有触头灭弧系统，是主电路接触组全分断周期上参与分断的最小系统，但包含的分断信息却很完整，包括电弧强电场放射、撞击电离、热电子发射、高温游离等复杂演化过程及其对应的电磁场、触头开距、动触头动力学响应等状态耦合变量信息。

为了简化计算，不考虑电动斥力及气动斥力对短路分断特性的影响，仅考虑短路脱扣器动铁心受到的短路脱扣力对 CPS 短路分断的影响。取脱扣电流为 12 倍的额定电流，利用前面所述短路脱扣器静态电磁场有限元分析方法得到的不同动、静铁心间隙下，动铁心受到的电磁吸力驱动机构动作开始仿真。

由于短路脱扣器动铁心受到的电磁吸力随动、静铁心间的气隙变化而变化，而且很难确定在某一时刻的电磁吸力值，因此可以利用 ADAMS 提供的样条函数来表示电磁吸力随工作气隙变化的曲线，即以动、静铁心间距为自变量，以电磁吸力为因变量，将 12 倍的额定电流作用下不同气隙的电磁吸力值输入至 ADAMS 形成一个点阵函数，再利用 AKISPL 函数将离散的点阵按照 AKIMA 插值方法拟合成连续的二维函数。ADAMS 内部产生的表格数据文件及其对应的曲线图如图 7.19 所示。

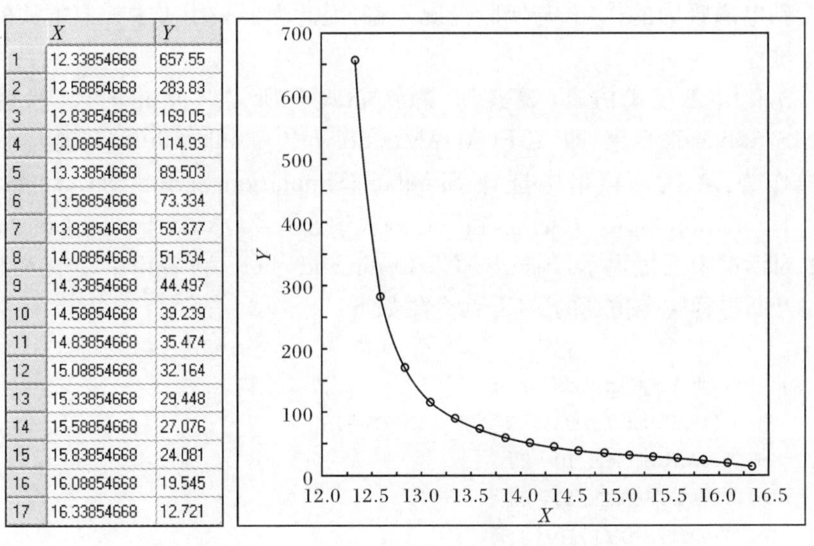

	X	Y
1	12.33854668	657.55
2	12.58854668	283.83
3	12.83854668	169.05
4	13.08854668	114.93
5	13.33854668	89.503
6	13.58854668	73.334
7	13.83854668	59.377
8	14.08854668	51.534
9	14.33854668	44.497
10	14.58854668	39.239
11	14.83854668	35.474
12	15.08854668	32.164
13	15.33854668	29.448
14	15.58854668	27.076
15	15.83854668	24.081
16	16.08854668	19.545
17	16.33854668	12.721

图 7.19　电磁吸力随气隙变化的样条函数

AKISPL 函数的调用方式为：AKISPL(First Independent Variable, Second Independent Variable, Spline Name, Derivative Order)。其中，First Independent Variable 是第一个自变量，这里是动、静铁心间隙，由于随着动铁心运动，该气隙的值是随时变化的，因此可用 ADAMS 提供的相对位移测量函数 DZ(MARKER_1, MARKER_2)实现，本章将动、静铁心的质心作为测量函数的两个标记点，将变化中的动、静铁心质心 Z 坐标间距作为第一个自变量；Second Independent Variable 是第二个自变量，此处可以设置为零，Spline Name 即为前面生成的样条函数；

Derivative Order 为阶数，对于大多数工程问题，较完善的零阶方法即可解决，一阶方法可以求解精确工程问题，此处也将求解阶数设置为零。设置好的电磁吸力调用函数为AKISPL(DZ(DONGTIEXINA. cm,JINGTIEXINA. cm),0,SPLINE_1245,0)。

2. 样机仿真控制与实现

ADAMS 软件中有交互式仿真(interactive simulation)和脚本控制(scripted simulation)两种方法，若只需单纯控制仿真过程的自动终止，对于交互式仿真，则可简单地利用仿真输入菜单下拉列表框中的终止时间(end time)来控制，正如前面所述的各种机构动力学仿真控制。然而，此处主电路接触组和操作机构的联合仿真过程中，短路脱扣器、触头系统以及操作机构分阶段完成，况且短路电流消失后，动铁心将会在压簧的作用下与静铁心分离，回弹至初始位置，而上述插值函数是以动、静铁心间距为自变量，也就是说，若采用交互式仿真控制方式，动铁心将一直受到电磁吸力的作用，与实际情况不符，因此需要采用脚本控制方式实现整个动作过程。

首先利用交互式仿真，观察动、静铁心吸合所需时间并记录，然后采用 ADAMS/Solver 命令集，即 ACF(ADAMS/Solver Command File)实现脚本控制，具体操作为：在执行菜单中选择 Simulate/Simulation Script/New 命令，打开 Create Simulation Script 对话框，在下拉列表中选取 ADAMS/Solver Commands，呈现的对话框中系统提示：Insert ACF Commands here：接着用手动输入方式完成短路开断过程脚本仿真的 ACF 命令集如下：

```
! Insert ACF Commands here:
SIMULATE/DYNAMIC,DURATION=2E-3,STEPS=100
DEACTIVATE/SFORCE,ID=22
DEACTIVATE/SFORCE,ID=23
DEACTIVATE/SFORCE,ID=24
SIMULATE/DYNAMIC,DURATION=0.05,STEPS=100
```

上述命令集中，第一条为动铁心在电磁吸力作用下向静铁心靠拢，DURATION 为仿真持续时间，此处即为短路电流的持续时间。由于无法准确得到短路分断时间，即无从知道短路脱扣力在什么时刻消失，因此需要不断改变 DURATION 的值来查看仿真效果，此处取 2ms 进行初步仿真尝试；STEPS 为仿真分析过程中总共输出的步数，例如，对于一个总共 0.05s 的分析过程，如果定义 100 步输出，则每隔 0.5ms 输出一次仿真结果；第二、三、四条为解除 ID 号为 22、23、24 的三相动铁心所受到的电磁吸力的作用；第五条是电磁吸力消失后的仿真过程，持续时间需取得较长以保证完成整个短路开断过程。

编制好仿真脚本之后，在仿真控制对话框中选择 Scripted 命令，或者在 Simulate 菜单中选择 Scripted Control 命令，在 Simulation Script Name 一栏输入仿真脚本名称，单击 Start Simulation 即可开始仿真分析。

3. 样机仿真结果分析

仿真得到短路脱扣力触发短路分断的整个动态过程后，即可通过 ADAMS 绘制的样机组成构件的机械参数曲线，对短路分断的动态性能进行分析。

A 相短路脱扣器的黄铜顶杆与铝推杆之间的接触约束为 CONTACT_7，铝推杆和触头支持之间的接触约束为 CONTACT_10，两个碰撞力如图 7.20(a)所示，图 7.20(b)为碰撞力初始状态局部放大图，图 7.20(c)为碰撞力终止状态局部放大图。如此大的撞击力促使铝推杆快速转动，下压触头支持并带动动导电杆动作，使动、静触头迅速分离，达到分断短路电流的目的。

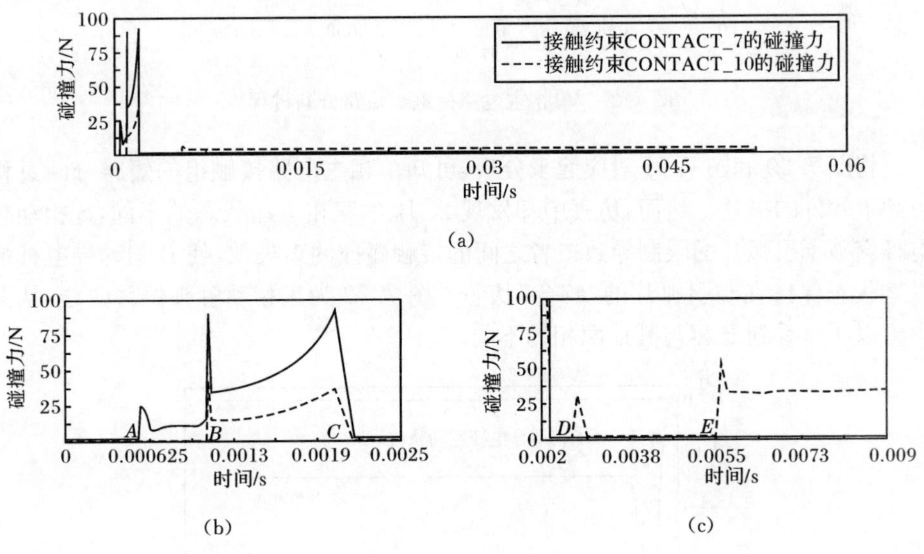

图 7.20　碰撞力曲线

分析图 7.20(b)可知，黄铜顶杆与铝推杆之间最初存在气隙，直到 A 点两者开始接触，迅猛的撞击产生突跳的撞击力，之后黄铜顶杆和铝推杆一起动作，撞击力趋于稳定；B 时刻，铝推杆与触头支持碰撞产生较大的撞击力，触头支持对铝推杆向上的撞击力与黄铜顶杆对铝推杆向下的作用力相遇，使黄铜推杆与铝推杆之间的碰撞力发生突跳。B 点以后黄铜顶杆、铝推杆和触头支持三者一起动作，碰撞力随着短路脱扣力的增大而增大；当到达 C 时刻即 2ms 的短路脱扣力维持时间时，两个碰撞力均迅速下降至零。

D 时刻，动导电杆运动至最大位移处，铝推杆与触头支持间有突跳的较小碰撞力；直到 E 点动导电杆在触头压簧的作用下反弹，回升带动触头支持与铝推杆碰撞，铝推杆将动导电杆限位使其停止运动，自此，铝推杆与触头支持之间的作用力保持稳定为压簧储能。

对于该仿真实现的单相主电路接触组的短路分断过程，同样可以用上述 3 个相互作用的构件，即黄铜顶杆、铝推杆和触头支持（或动导电杆）的运动轨迹来描述，如图 7.21 所示，图中的各标记点与图 7.20 对应。

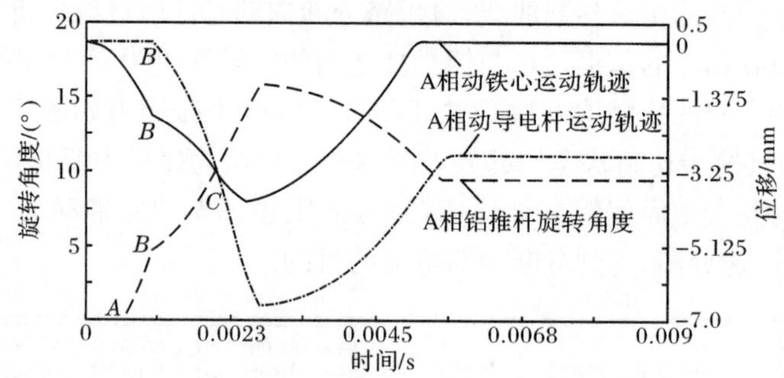

图 7.21　单相主电路接触组短路分断过程

将图 7.20 和图 7.21 对应起来分析，可知单相主电路接触组的短路分断过程得到了较好的描述。然而，仿真中却发现 A、B、C 三相运动状态的不同，B 相动导电杆突破了引弧片的限制导致二者之间的接触碰撞约束失效，使 B 相动导电杆的最终状态保持在与引弧片的“咬合”状态。图 7.22 为三相动触头位移曲线，从图中可以明显看到 B 相与其他两相的不同。

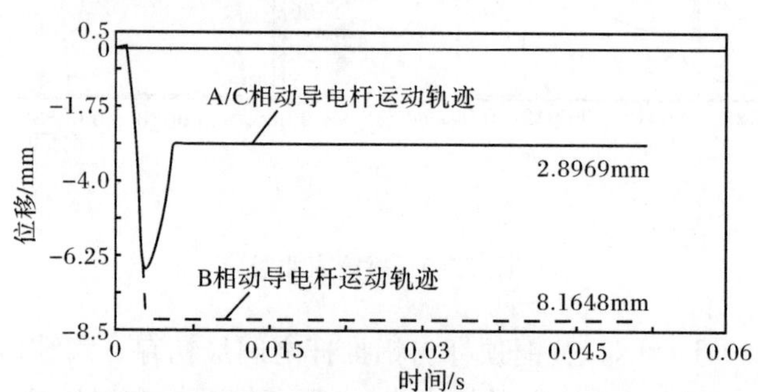

图 7.22　短路分断过程中三相动触头位移

在对动导电杆和两个引弧片添加了正确的接触约束后，对于仿真得到的 B 相动导电杆“穿破”引弧片这一非正常现象，需要从机械系统动力学分析以及仿真过程控制的角度分析原因。从机械系统的角度来说，B 相各构件的质心在计算坐标系中的位置不同于 A、C 相，这或许是造成该现象的原因之一；从仿真过程实现的角度来说，首要的影响因素即短路脱扣力的作用时间，即动铁心在运动至距离静铁心多远时电磁力消失。基于上述仿真过程，可以发现动铁心的运动速度曲线如图 7.23所示。

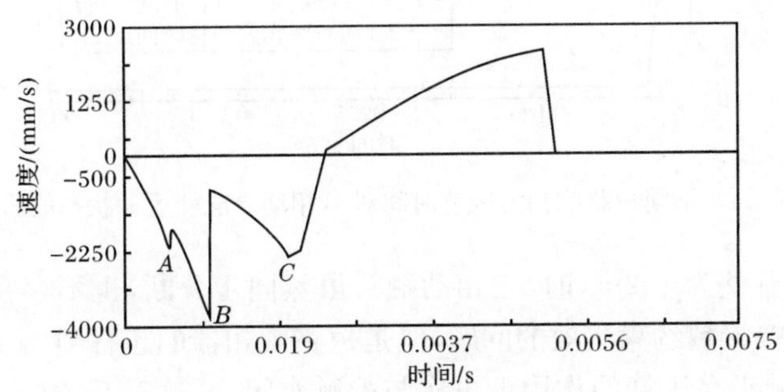

图 7.23　动铁心运动速度

从图 7.23 可以发现，从 C 点对应的 2ms 时刻开始，动铁心速度开始持续下降，这是因为短路脱扣力仅维持了 2ms，换句话说，即短路电流仅在主电路内流通了 2ms。而对于短路电流的维持时间，涉及主电路接触组内触头系统的灭弧问题，电弧何时熄灭，短路电流则何时消失，从而决定上述仿真过程实现中对力的作用时间的控制。

综上所述，无论是从提高仿真精确度的角度出发，还是从提高产品性能的深远处考虑，都需要对主电路接触组与操作机构的集成动力学仿真进行优化。

7.2.2　主电路接触组与操作机构集成仿真优化设计

1. 短路电流维持时间对仿真过程的影响

对于上述仿真出现的三相动导电杆运动状态不同步的现象，考虑到开关的短路分断过程瞬间完成，肉眼无法观察到短路脱扣器动铁心的动作过程，且试验获取的短路电流维持时间误差较大，因此无法准确确定短路脱扣力的作用时间。因此本节从仿真贴合实际的角度出发，尝试改变短路脱扣力的作用时间来观察其对仿真过程实现及结果显示的影响。

在编制脚本控制方式文件时调整短路脱扣力的作用时间，将其由原来的 2ms 分作两次分别降低为 1.5ms 和 1.2ms，以重新定义仿真过程的控制。以 B 相动导电杆的运动情况作为目标对象进行仿真，对比其运动状态的不同。图 7.24 为三种情况下的 B 相动导电杆运动轨迹对比曲线。

分析图 7.24 可知，当短路电流维持时间为 1.5ms 时，三相动导电杆同步动作，且能保证短路脱扣器有效锁扣，使三相动、静触头保持在分断状态。而将短路

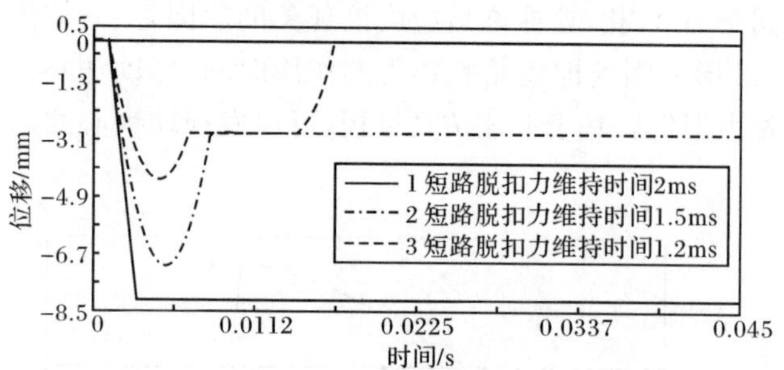

图 7.24　不同短路脱扣力维持时间对 B 相动导电杆运动状态的影响

电流维持时间调整为 1.2ms 时，三相动触头虽然同步分断，也不存在 B 相动导电杆与引弧片碰撞导致约束失效的问题，但是短路脱扣器的扭杆对触头系统的锁扣失败，导致动触头在压簧的作用下再次与静触头闭合，这对开关的正常运行是不允许的。

将短路脱扣力的作用时间暂定为 1.5ms，仿真可对整个样机的动作过程有一个较好的描述：从三相短路脱扣器的动铁心受力作用开始运动，动铁心带动黄铜顶杆撞击铝推杆，铝推杆触碰触头支持带动动导电杆运动，而且铝推杆运动一定距离后还会解锁扭杆，使扭杆在扭簧作用下旋转，推动操作机构的短路推杆运动顶开侧止动器，使侧止动器对侧凸轮限位消失，侧凸轮在拉簧作用下旋转，顶开中止动器对中凸轮的限位，中凸轮在扭簧作用下旋转，带动中轴使旋钮最终指向脱扣位置。期间，动、静触头分断一定距离后，短路电流消失，动导电杆在触头压簧作用下回升，直至触头支持被锁扣限位，动、静触头保持在分断位置。通过 ADAMS 绘制的各种运动参数随时间变化的曲线，可以得到对应上述短路分断过程描述的关键构件运动状态如图 7.25 和图 7.26 所示。

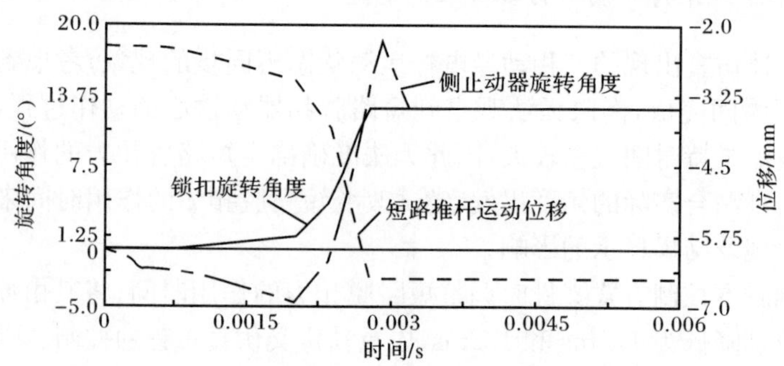

图 7.25　锁扣、短路推杆和侧止动器的运动过程

从图 7.25 中可以看出，短路推杆随着锁扣的旋转一起运动，当短路推杆运动至被操作机构下安装板限位时，二者均停止动作。侧止动器前期的反方向旋转运

动属于初始位置调整，之后会被短路推杆顶开而做正向旋转，直至被短路推杆限位，保持在侧止动器与下安装板间的压簧处于深度压缩状态。

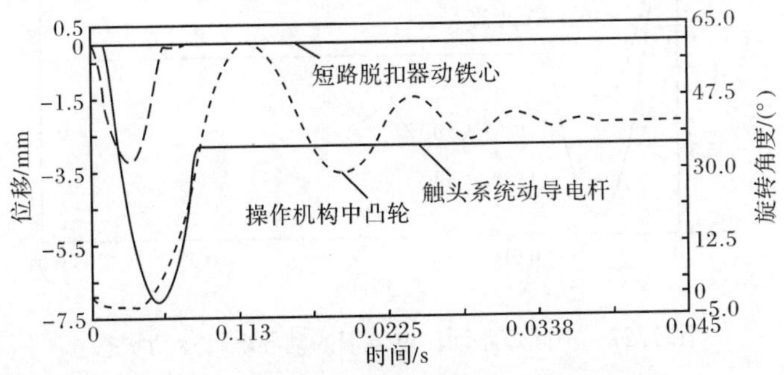

图 7.26　动铁心、动导电杆和中凸轮运动过程

图 7.26 描述了仿真最先动作的短路脱扣器动铁心和仿真最后停止动作的操作机构中凸轮的运动状态，其中还描绘了短路分断最重要的动触头动作过程信息。从图 7.26 中可以看出，主电路接触组和操作机构的集成动力学模型中，整个机构运动历时 38.8ms。

通过上述分析可知，在对主电路接触组和操作机构的集成模型进行动力学仿真模拟短路分断时，既要合理设置仿真过程中的参数，使仿真实现的各构件动作过程与产品工作原理相符；又要将仿真与理论相结合，从机械系统动力学分析的层面对仿真过程给予指导；同时还要综合电、力等其他物理场的因素对机械场的影响，合理掌控关键节点的确定，逐步实现仿真与实际相统一。

2. 不同短路动作电流时的仿真过程分析

短路脱扣器内部的铁心和磁轭依靠与主电路串联的线圈内流过的短路电流励磁，当短路电流达到整定值时，动铁心即带动黄铜顶杆做向静铁心靠拢的动作，对主电路起到短路保护的作用。鉴于不可调脱扣器的短路脱扣动作电流一般取额定电流的 10～12 倍，本节利用前面所述的短路脱扣器静态电磁场有限元分析方法，分别获得 8 倍、10 倍和 12 倍的额定电流下的电磁吸力值。按照表中数据新建样条函数 SPLINE_0845 和 SPLINE_1045，设定短路脱扣力的持续时间为 1.5ms，分析不同短路动作电流下的机构分断情况。

三次仿真后，将得到的动导电杆的运动状态呈现于一张图上，如图 7.27 所示。

由图 7.27 可知，10 倍和 12 倍的额定电流作用下，动触头均能够有效分断，机构达到有效锁扣，并不存在三相不同步的现象，而当短路动作电流取 8 倍的额定电流时，动触头的运动最大距离仅为 1.2373mm，即短路脱扣力在 1.5ms 的作用

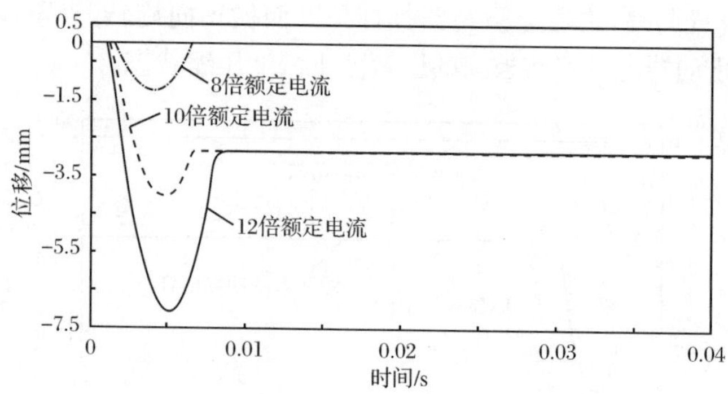

图 7.27 不同短路动作电流下的动导电杆运动状态

时间内并不能将动触头斥开有效距离，机构也无法正常锁扣。由此可知，对短路脱扣器的设计目标，既要保证短路脱扣动作时间尽可能短，还要满足脱扣电流即最小动作电流的要求。

7.3 接触组与电磁传动机构集成仿真分析与优化设计

KB0 系列 CPS 具有远距离频繁地接通和断开交流电路的自动控制功能，利用电磁原理通过控制电路和动铁心运动来带动支架、触头支持等构件控制主电路的通断。主电路和控制电路的通断分别对应的 CPS 部件为主电路接触组和电磁传动机构。电磁传动机构作为 KB0 系列 CPS 的感测部件，通过控制线圈的得电产生磁场或失电导致磁场消失，实现电能到机械能的转换与传递。当控制线圈得电产生磁场时，动铁心依靠电磁吸力克服拉簧反力向静铁心靠拢，带动支架释放对主电路接触组内部触头支持的压力，动导电杆在压簧弹力作用下上抬直至动、静触头闭合，接通主电路；当控制线圈失电，磁场消失致使作用在动铁心上的电磁吸力消失，动铁心在拉簧拉力作用下与静铁心分离，通过固定轴带动支架下压触头支持，动、静触头分离断开主电路。

CPS 正常工作实现对电路的通断控制，依靠的是部件内部构件的合理动作，更离不开两个部件动作的协调配合。主电路接触组和电磁传动机构等众多构件在复杂的电、磁、热耦合环境下，只有作为一个整体的机械系统完成有序合理的机械运动过程，才能达到实现 CPS 自动控制功能的结果。本节将主电路接触组和电磁传动机构集成为一个机械系统，利用 ADAMS 对其进行动力学自动分析，实现 CPS 通断电路过程中构件的机械运动过程，直观形象地阐释 CPS 的工作原理，同时对产品的性能分析与优化设计均具指导意义。

7.3.1 接触组与电磁传动机构集成仿真分析

1. 样机仿真模型的建立

主电路接触组与电磁传动机构集成装配的动力学仿真模型可以根据前面章节所述过程建立。通过 ADAMS 软件提供的图形接口模块，将三维实体造型软件 UG 中建立的机构三维模型导入 ADAMS 软件中，然后进行构件特性修改、约束添加、创建弹簧、动力及反力的合理施加等步骤，完成样机模型在 ADAMS 中的装配。建模过程中的两个关键弹簧参数如表 7.6 所示。

表 7.6 建模过程中用到的部分参数

弹簧	参数	数值
主反力拉簧	刚度系数/(N/mm)	1.9791633
	接通位置拉力/N	27.5±2.8
	接通位置长度/mm	39.8
	分断位置拉力/N	24.5±2.5
	分断位置长度/mm	38.0
触头压簧	刚度系数/(N/mm)	0.3462531
	接通位置压力/N	2.53±0.253
	接通位置长度/mm	15
	最大分断位置压力/N	4.3±0.43
	分断位置长度/mm	9

建模过程中的注意事项如下：

(1) 包围动、静铁心的外围框架会影响对接通与分断过程的观察，但考虑到其对动铁心有限位作用，且两个主反力拉簧均有一端固定其上，因此不可在 UG 软件中将其隐藏而简化，必须将其导入 ADAMS 并相对地(ground)添加固定约束，至于其影响观察的问题，可在仿真过程实现时将其隐藏(hide)，这样，问题即可得到解决。同样地，三相主电路接触组的 6 个外壳也是如此，铝推杆处 3 个压簧可在与接触组外壳固定的位置创建两个点(point)，然后以这两个点作为圆柱体两个圆面的圆心，创建圆柱体(cylinder)，以此作为压簧的固定位置，这样即可将接触组外壳删除(delete)。

(2) 动铁心内部固定有两个轴，其中一个轴与线圈骨架接触(contact)，起到限制动铁心运动轨迹的作用；另一个轴被包裹在支架中，随动铁心的运动而运动，并为支架提供旋转(revolute)轴。因此需要为支架添加两个旋转约束，既绕固定轴旋转，又绕运动的动铁心内轴旋转。

建模过程中几个关键接触约束如表 7.7 所示。

表 7.7　建模过程中的关键接触约束

Name	I Geometry	J Geometry
CONTACT_1	A 相螺杆(SOLID313)	A 相触头支持(SOLID70)
CONTACT_5	动铁心(SOLID296)	外围框架(SOLID317)
CONTACT_6	A 相铝推杆(SOLID68)	A 相触头支持(SOLID70)
CONTACT_12	A 相动导电杆(SOLID106)	A 相引弧片 1(SOLID113)
CONTACT_13	A 相动导电杆(SOLID106)	A 相引弧片 2(SOLID110)

最终可得接通状态的主电路接触组和电磁传动机构集成的装配动力学仿真模型如图 7.28 所示。

图 7.28　接通位置样机动力学仿真模型

2. 样机仿真结果分析

在给样机各构件正确添加约束并施加载荷之后,即可进行仿真分析。分断过程中,电磁传动机构动铁心及主电路接触组动导电杆的运动速度如图 7.29 所示。

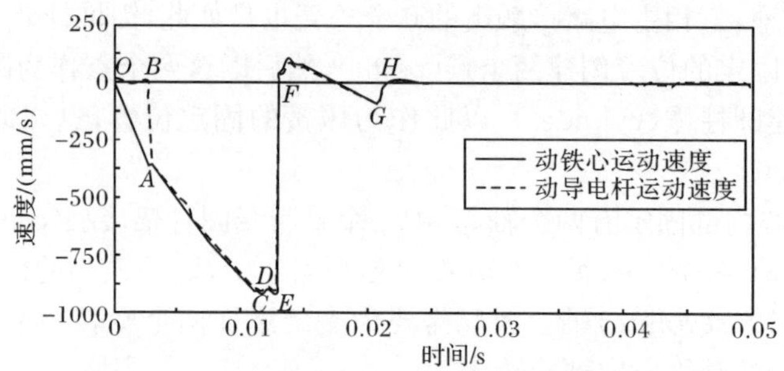

图 7.29　分断过程动铁心与动导电杆的运动速度

图 7.29 可以较好地反映分断过程机构的运动及相互关系。下面将结合图 7.29对电磁传动机构和主电路接触组的正常分断过程分析如下：

(1) 仿真开始时，动铁心在主反力拉簧的作用下迅速动作，支架在动铁心带动下，一方面绕运动中的动铁心内部轴旋转，另一方面又绕固定轴旋转，如图中 *OA* 段所示。由于螺杆与触头之间超程的存在，动导电杆经过一段时间再运动，如图中 *OB* 段所示。

(2) 经过 2.8ms 后，三螺杆与触头支持接触，受碰撞影响，动铁心速度有波动，如图中 *A* 点所示，而动导电杆受到较大的碰撞冲击力，在触头支持带动下速度急剧增加，如图中 *BA* 段所示。

(3) 碰撞影响消失后，在主反力拉簧的作用下，动铁心的速度有所回升，但同时触头压簧开始间接地作用于动铁心，与主反力拉簧的作用相抵消，但主反力拉簧的正作用还是远大于触头压簧的反作用，使动铁心速度仍然有所增大，但主反力拉簧拉力逐渐减小，而触头压簧却随着触头开距的增大而增大，因而动铁心加速度比之前有所降低，如图中 *AC* 段所示。

(4) 随着动铁心远离静铁心，三螺杆下压触头支持，带动动导电杆持续向下运动，直到动导电杆碰撞引弧片，动铁心和动导电杆的运动速度均出现波动，如图中 *CDE* 段所示。

(5) 动导电杆碰撞引弧片 0.3ms 后，动铁心与电磁传动机构外围框架碰撞，速度急剧降低并出现回弹现象，但在拉簧拉力作用下持续向背离静铁心的方向运动，经过较大幅度振荡，如图中 *EFG* 段所示。

(6) *G* 时刻动导电杆再一次撞击引弧片，动铁心及动导电杆运动速度再次下降，且直接将两者仅剩的动能消耗殆尽。

(7) *H* 时刻以后，动铁心振动逐渐消失，与电磁传动机构外围框架接触，到达与静铁心的最大分离距离，分断过程结束。

仿真结束后，还可以观察 ADAMS 软件绘制的各构件的诸如碰撞力、合力、力矩等的分析曲线。图 7.30 显示的分别是动铁心和外围框架、螺杆与触头支持的碰撞力曲线图。

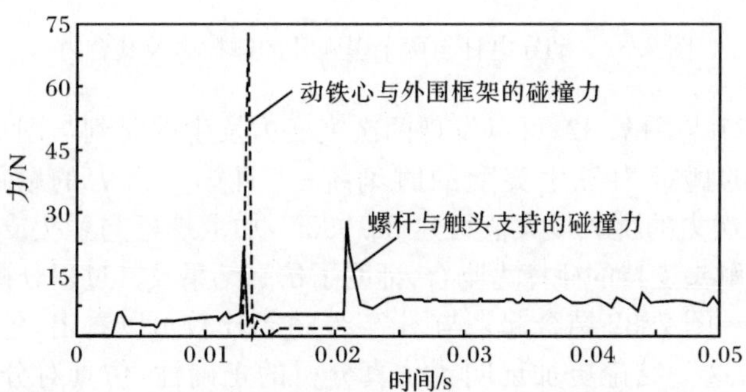

图 7.30　动铁芯和外围框架螺杆与触头支持的碰撞力曲线图

分析图 7.30 可知，2.8ms 时刻，螺杆与触头支持碰撞，13ms 时刻，动铁心到达最大位移处并与外围框架发生碰撞，碰撞力最高可达 73.8153N。对图中螺杆与触头支持在 12.7ms 时刻碰撞力的跳跃分析可知，这是由于触头支持与引弧片碰撞，较大的碰撞力(20.6407N)形成螺杆与触头支持的反作用力。同样地，20.7ms 时刻，螺杆与触头支持碰撞力的突变也系动导电杆与引弧片碰撞传递而来，该碰撞力最大可达 27.4245N。

由于每相接触组有两个引弧片，通过 Add Two Curves 命令将两个引弧片与动导电杆的碰撞力相加，即可较好地解释较大跳跃的碰撞力产生的原因。A 相主电路接触组内，动导电杆与两个引弧片的碰撞约束分别为 CONTACT_12 和 CONTACT_13。图 7.31 为动导电杆和一个引弧片的碰撞力。图 7.32 为动导电杆和两个引弧片的碰撞力及其合力的曲线图。

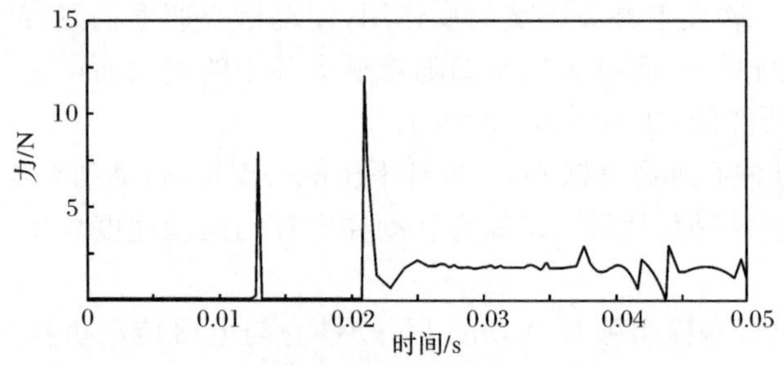

图 7.31 动导电杆与单个引弧片的碰撞力

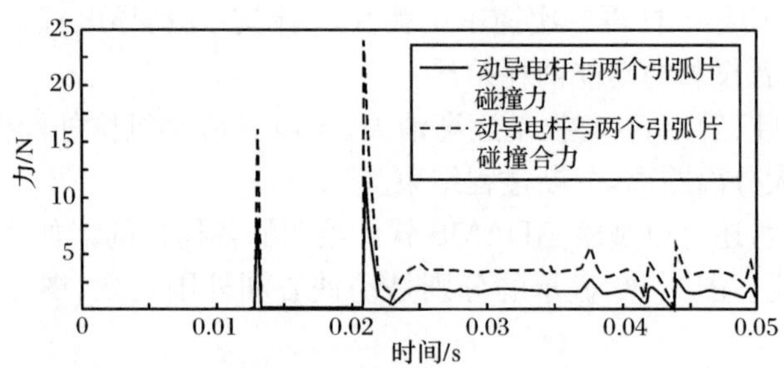

图 7.32 动导电杆与两个引弧片的碰撞力及其合力

分析图 7.31 与图 7.32，可以发现两次突变力发生的时刻与图 7.30 所示的螺杆与触头支持的碰撞力发生突变的时刻统一，且第一次力的跳跃最大值可达 16.0081N，第二次力的跳跃最大值可达 23.992N，加上螺杆与触头支持原有的碰撞力，即与螺杆与触头支持的碰撞力吻合，证明了仿真结果及其过程分析的正确性。

将图 7.30～图 7.32 结合起来与图 7.29 进行比较可以看出，各运动节点所处时刻是统一的，这一结论更加证明了仿真分析的正确性，仿真对分析机构运动过程有较高的指导意义。

7.3.2　弹簧刚度系数对开关分断性能的影响

弹簧在开关电器中是个重要的零件，弹簧能否起到它应有的作用将直接关系到产品诸如通断能力、动作的可靠性、触头压力等性能的好坏；弹簧性能参数设计的正确与否，又是不可忽视的环节。

主电路接触组和电磁传动机构的正常分断过程涉及弹簧的能量转换，包括主反力拉簧的释放过程及触头压簧的储能过程。下面将从两个弹簧的刚度系数着手，分析其对开关正常分断过程的性能影响。

1. 主反力拉簧的刚度系数对分断过程的影响

增大主反力拉簧的刚度系数可以提高开断速度，图 7.33 为不同主反力拉簧刚度系数下的动导电杆运动轨迹。

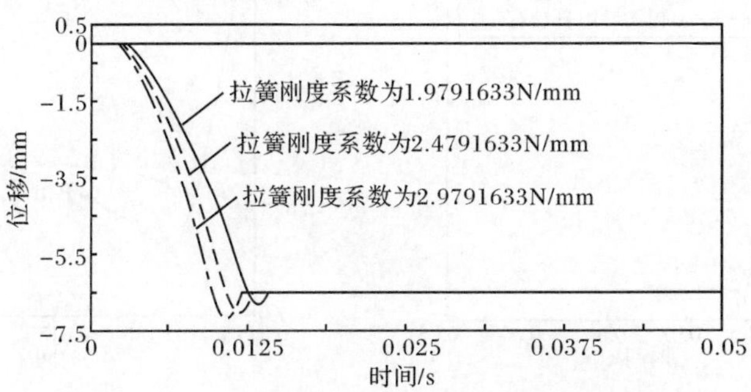

图 7.33　不同刚度系数下动导电杆运动轨迹

通过图 7.33 可以观察并分析主反力拉簧的刚度系数分别为 1.9791633N/mm、2.4791633N/mm、2.9791633N/mm 时的动导电杆运动轨迹曲线。由图可知，随着刚度系数的增加，动导电杆到达最大位移处的时间分别为 13.3ms、12ms、11ms，即动导电杆平均速度随着拉簧刚度系数的增大而增大。但是，增大主反力拉簧的刚度系数，即增加了电磁传动机构动、静铁心吸合所需克服的反力，要保证动、静铁心可靠吸合，就要相应地增加吸合电压，而电磁传动机构的吸合特性又与电磁系统的温升息息相关且关系复杂，既相互影响又相互排斥。再者，增大拉簧刚度系数也势必会导致动铁心与外围框架的碰撞力增大，较大的撞击力也会降低产品的机械寿命。因此，在正常分断过程中，若为了让主电路动、静触头分断速度提高而单纯地增加主反力拉簧的刚度系数的做法并不可取。

2. 触头压簧的刚度系数对分断过程的影响

增大触头压簧的刚度系数可以增加开关接通状态时的触头压力，从而会增大分断难度，过大的刚度系数和会使正常分断时电磁传动机构的支架不能将触头支持下压到一定位置，增加了触头因不能及时分断而发生烧蚀现象的可能性。减小触头压簧的刚度系数，会使接通状态的触头压力达不到允许值，这样会导致开关在一些不必分断的状况而发生分断。因此，合理选取触头压簧的刚度系数至关重要。而机构含有众多弹簧等构件，要想整体提高开关的分断性能，涉及的影响因素很多，使对开关的优化设计面临“众口难调”的境地。本节单从触头压簧的刚度系数这一因素出发，研究刚度系数的变化对分断性能的影响。

在改变触头压簧的刚度系数之前，仿真发现三相主电路接触组在触头压簧参数一致时，三相动触头的分断过程却有不同之处。图 7.34～图 7.36 分别为正常关断过程中主电路三相动触头的位移、速度和加速度曲线局部放大图。

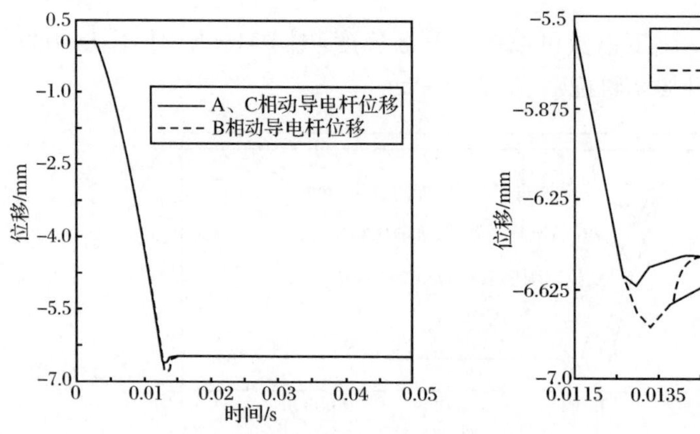

图 7.34 分断过程中三相动导电杆位移

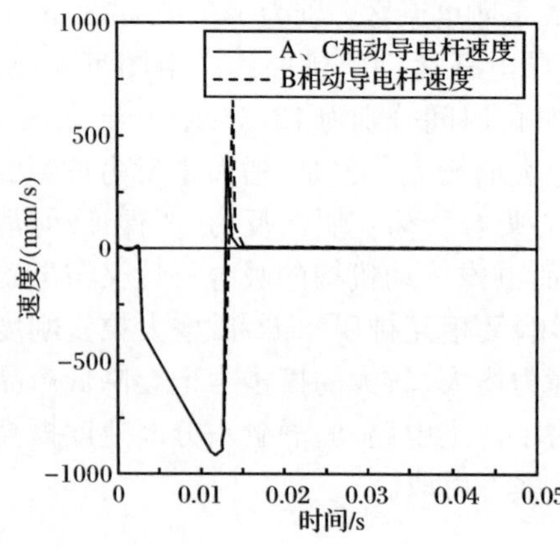

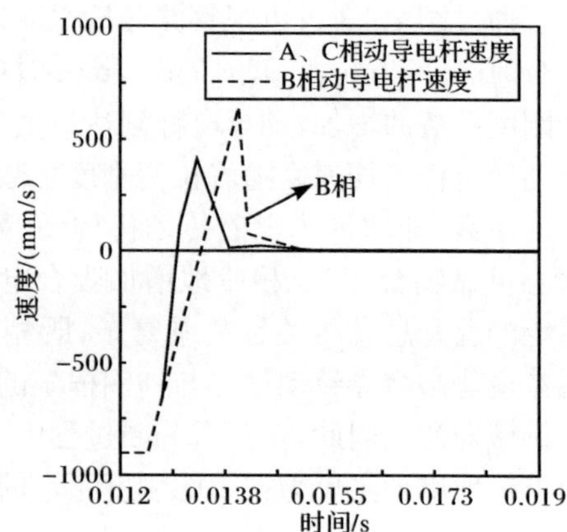

图 7.35 分断过程中三相动导电杆速度

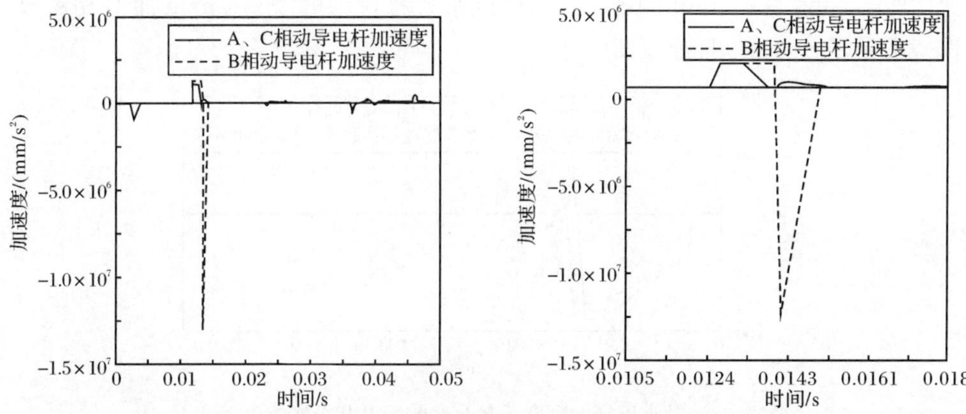

图 7.36　分断过程中三相动导电杆加速度

由图 7.34～图 7.36 可以发现，中间的 B 相与两边的 A、C 相在 12.4ms 时刻的动导电杆与引弧片发生碰撞时明显不同，B 相动导电杆与引弧片的碰撞相比 A 相和 C 相更加猛烈，且在调整三螺杆、触头支持、铝推杆等接触构件的质心位置后，这一现象仍然存在。结合开关实际应用中可能存在的三相不同步的故障，尝试从触头压簧的角度给予解释。

增大 A、C 两相触头压簧的刚度系数，仿真发现中间相不同于两边相的现象依然存在，体现在动导电杆的运动速度曲线上如图 7.37 所示。结合第 4 章主电路接触组和操作机构集成动力学仿真短路分断过程中出现的 B 相不同于 A、C 相的状况，考虑到 ADAMS 对刚体的运动状态的计算是根据构件质心在计算坐标系中的位置，采用修正的 Newton-Raphson 迭代算法迅速分析求解的。B 相构件的质心位置与 A 相和 C 相在计算坐标系中的位置不同，于是大胆猜测这一现象存在的正常性，需要从机械系统动力学的角度得到深入的阐释与验证。

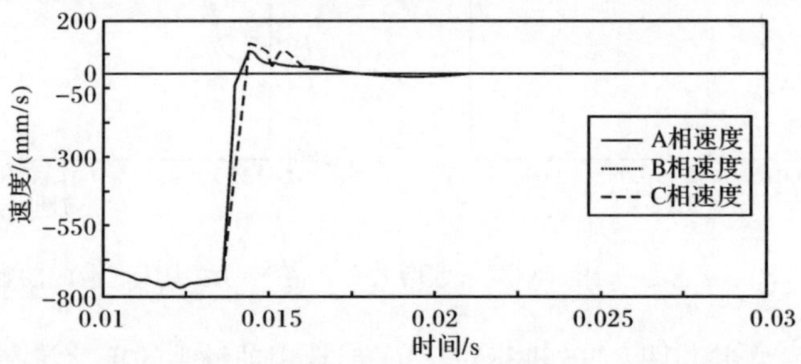

图 7.37　改变 A、C 相压簧的刚度系数后的触头分断速度

图 7.38 为三相触头压簧刚度系数同为 0.3461531N/mm 时的动导电杆运动

速度曲线，和改变A、C相的触头压簧刚度系数为0.51922965N/mm而B相参数保持不变时的动导电杆速度曲线。

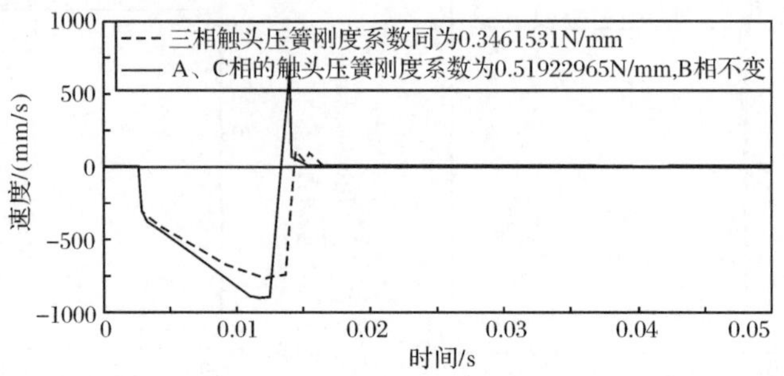

图 7.38　触头压簧的刚度系数改变前后B相分断速度对比

从图7.38中可以看出，三相动导电杆首次到达最大位置(与引弧片碰撞)的时刻均由原来的12.4ms增长至现在的13.6ms。由此可知，增大A、C相压簧的刚度系数不仅没有改变中间相与两边相的运动差别，反而明显地降低了机构的分断速度，因此这一改变并不可取，且要保持三相触头压簧参数的一致。

通过上述仿真可知，中间相与两边相运动状态的不同体现在动导电杆与引弧片碰撞的时刻，尝试将三相触头压簧的刚度系数均提高1.3倍，仿真可得三相动触头的运动速度随时间变化的曲线及其局部放大图如图7.39所示。

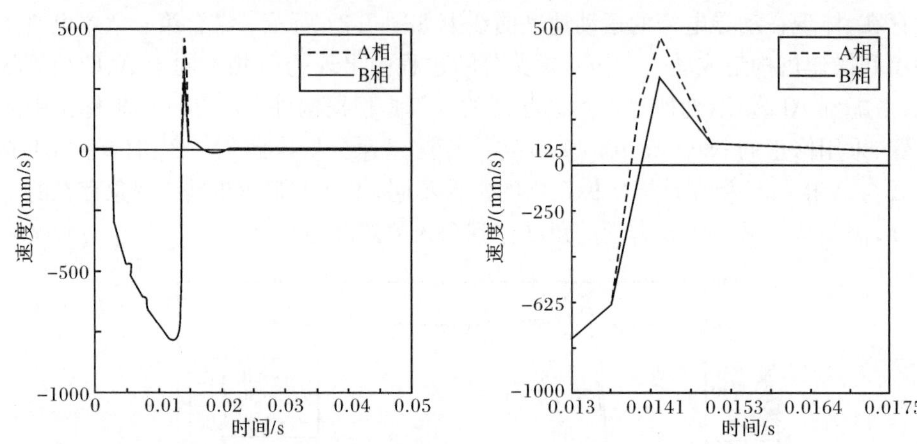

图 7.39　三相触头压簧刚度系数增大1.3倍对动触头速度造成的影响

分析图7.39并与图7.35进行对比可知，B相动触头的运动状态与A、C相相近，这是由增大压簧刚度系数，动刀电杆与引弧片的碰撞强度降低而致。由此可知，合理选取触头压簧关系重大，不仅影响到动、静触头的有效分断等问题，还影响到动导电杆与引弧片的碰撞等易忽略问题，因此需要有效利用仿真所得并结合实际准确选择合适的触头压簧。

7.4　主体三大部件集成仿真分析与优化设计

KB0 系列 CPS 过载保护功能的实现依靠热磁脱扣器与操作机构的联动控制。当三相过载故障发生时,热磁脱扣器内部双金属片受到热元件的加热而弯曲,推动推板致使差动机构动作,从而带动与操作机构耦连的热磁推板动作,碰撞操作机构内部的过载推杆。过载推杆碰撞侧止动器,使侧止动器释放对侧凸轮的限位,侧凸轮在拉簧作用下旋转顶开中止动器,中止动器带动摇架旋转,摇架碰撞摇臂致使摇臂旋转拨开导电夹,断开控制电路,同时摇架释放对中凸轮的限位致使中凸轮旋转,旋钮指示脱扣位置。控制线圈断电导致电磁吸力消失,动铁心释放带动支架旋转,三螺杆下压触头支持带动动导电杆运动,动、静触头分离断开主电路,完成分断过程。整个过载分断过程的主要参与构件及其关联控制关系如图 7.40所示。

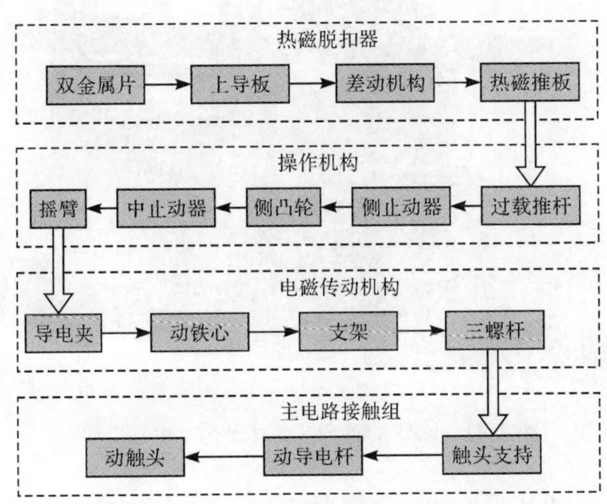

图 7.40　过载分断过程的主要参与构件

前面已经对 CPS 主体三大部件就某一分断过程进行了两两集成的仿真分析,本节不考虑热磁脱扣器内部的动作关系,而是直接将热磁推板作为本次过载分断过程仿真分析的首先触发构件,集中装配操作机构、电磁传动机构与主电路接触组进行动力学仿真分析。通过 ADAMS 提供的动画显示直观地观察过载分断过程中各构件的系列动作及其作用关系,既对设计者对 CPS 进行性能分析与优化设计有较大的指导意义,也对使用者熟悉产品内部工作原理有较大的帮助。

7.4.1 KB0 系列 CPS 主体三大部件集成仿真分析

1. 样机仿真模型的建立

KB0 系列 CPS 主体三大组成部件电磁传动机构、操作机构和主电路接触组集成装配动力学仿真模型的建立过程可参考 7.2.1 节所述的方法，在 UG 中装配后导入 ADAMS，在 ADAMS 中进行修改构件特性、添加约束、施加载荷等操作后，得到简化后的 CPS 主体动力学仿真模型如图 7.41 所示。

图 7.41 KB0 系列 CPS 主体动力学仿真模型

此仿真模型共包含 223 个运动构件(moving part)，定义了 198 个固定约束(fixed joint)、16 个旋转约束(revolute joint)、10 个滑移约束(translational joint)以及 59 个碰撞约束(contact)。如此多的构件及其约束关系，需要在模型建立过程中有序、合理而又准确无误地对各个构件进行操作与处理。其中，尤其需要注意的是部件关联处并联构件的装配关系是否正确，即短路推杆与锁扣的接触关系、摇臂与导电夹的接触关系，以及热磁推板与过载推杆、三螺杆与三相触头支持之间的位置关系，排除模型中诸如应该“相切”的构件却是“相交”“相离”等不合理的装配，这就需要用到 ADAMS 软件提供的 Precision Move Dialog Box 对构件进行精确地绕坐标轴旋转或沿坐标轴移动。构件的位置精确移动对话框如图 7.42 所示。

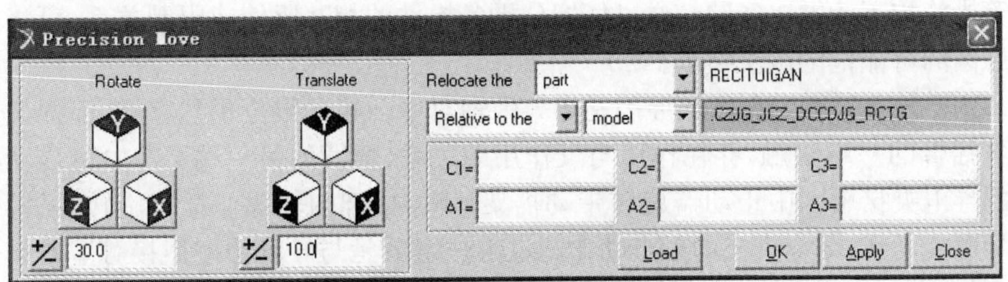

图7.42　精确移动对话框

例如,在将热磁推板单独导入ADAMS后,热磁推板不在指定位置,这时采取的做法是,以过载推杆为参照,在热磁推板与过载推杆的位置对应角上分别建立点,用以确定两者之间的空间距离,然后分别计算两者在3个坐标轴上的位置差,即可利用图7.42所示构件位置精确移动对话框分别进行各坐标轴上的相应移动,使构件到达指定位置。

若需对构件执行绕固定轴旋转的操作,另一重要且有效的工具是"Rotate object about or align with the grid or a geometric feature"命令。例如,在将UG模型导入ADAMS后发现摇臂位置远离导电夹,这就需要旋转摇臂使其与导电夹接触。选中上述旋转命令并填写需要旋转的角度,根据提示命令"Select the object to rotate"选择摇臂,然后根据命令"Select the direction vector to rotate about"选择中止动器内轴下部(上部)铆钉的质心(摇臂绕中止动器内轴旋转),再根据命令"Select the next point that defines the direction"选择中止动器内轴上部(下部)铆钉的质心,以确定旋转轴的方向。经过不断的调整,即可使摇臂旋转至与导电夹接触位置处。

此外,由于建立的模型是处于自动控制位置,必须知道电磁传动机构的动、静铁心间存在着电磁吸力。实测得到开关处于接通状态的控制电流为50mA,实际状态动、静铁心即使完全吸合,也会始终存在较微小的间距,根据前面所述的有限元方法,即可得到开关处于正常工作状态时,动、静铁心间的保持电磁吸力为281.44N。当摇臂拨开导电夹后,电磁吸力瞬时消失,动铁心释放。

2. 样机仿真控制与实现

模型建立好后,对热磁推杆施加一个冲击力来模拟热磁脱扣力,即可采用交互式仿真方式对其进行动力学仿真计算,通过观察构件的移动或旋转是否与实际相符合,对仿真模型进行优化。

仿真过程中发现中凸轮不旋转,旋钮无法指向脱扣位置,仔细观察还会发现存在侧凸轮也没有旋转至最大角度等明显的问题。增大侧凸轮与下安装板之间拉簧的初始拉力、减小摇架与中止动器之间压簧的初始压力、微调摇架内轴的位置等措施均不能解决问题。通过仔细分析各构件的相互驱使或限制关系,可将故障原因的可能范围逐步缩小。

中凸轮无法旋转的直接原因是摇架内轴对中凸轮的限位仍然存在,而摇架内轴与摇臂的一端接触,存在作用与反作用的关系,摇臂的另一端又与电磁传动机构的导电夹接触。中止动器旋转带动摇架运动,摇架内轴驱使摇臂旋转,摇臂带动导电夹动作,导电夹上的触点动作的最大位置就是与导电槽碰撞接触。通过分析可知,导电槽限制了导电夹的动作,导电夹限制了摇臂的动作,摇臂限制了摇架的动作,从而摇架限制了中凸轮的动作。将"始作俑者"定位在导电槽中限制触点的位置处,将此处削减 1mm 使摇臂有更多的旋转空间,本次仿真中体现的就是将 PART_348 在 Y 轴方向上减小 1mm。再次仿真可以发现之前存在的故障均得到解决。各构件动作行为及结果与实际相符。

考虑到部件动作的合理匹配以及各构件动作的先后顺序,例如,电磁传动机构的动铁心需要在控制线圈断电后释放,而断电时刻由摇臂拨开导电夹的时刻决定,不考虑过渡过程的影响,视摇臂旋转至最大角度时控制线圈失电,电磁吸力消失,动铁心开始释放。通过上述交互式仿真方式,获取摇臂旋转至最大角度所需的时间为 3ms 左右,记录该时刻并新建脚本文件。参照前面章节所述,编写脚本仿真的 ACF 命令集如下:

```
! Insert ACF Commands here:
SIMULATE/DYNAMIC,DURATION=2.6E-3,STEPS=100
DEACTIVATE/SFORCE,ID=29
SIMULATE/DYNAMIC,DURATION=0.05,STEPS=100
```

其中,第一条命令为操作机构动作过程的一段,2.6ms 视为摇臂旋转至导电触点完全分断的时刻;第二条命令为解除电磁传动机构,动铁心受到的电磁吸力的作用;第三条是电磁吸力消失后的仿真过程,在这期间,操作机构、电磁传动机构以及主电路接触组内部构件均在动作,持续时间需取得较长以保证完成整个过载分断过程。

3. 样机仿真结果分析

在模型的动态行为准确实现后,即可得到样机的各组成构件的位移、角度、速度、加速度、碰撞力等分析曲线,对各曲线进行仿真结果分析。其中操作机构内部的侧凸轮、中止动器、摇臂、中凸轮的角度变化情况如图 7.43 所示。

由图 7.43 可知,OA 和 OB 段分别为侧凸轮和中凸轮角度为负时的初始位置调整阶段,AC 段对应的是侧止动器对侧凸轮限位消失阶段,侧凸轮开始正向旋转,中止动器和摇臂同时旋转,侧凸轮旋转至最大角度 23.4373°,中止动器和摇臂

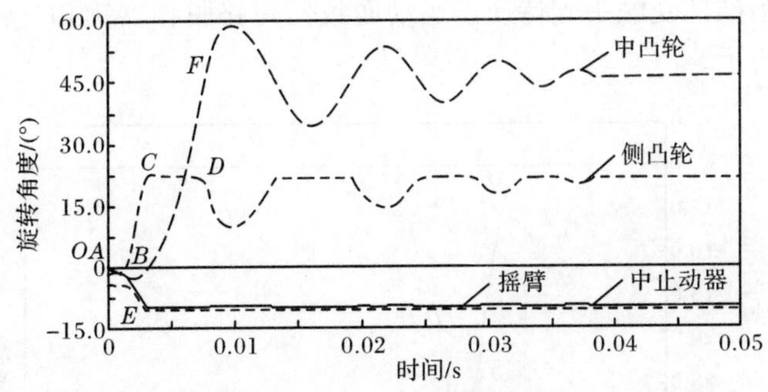

图 7.43　操作机构关键构件旋转角度

也旋转至最大角度 E 处，对应 B 点所处时刻开始，中凸轮开始正向旋转，直至与暂时稳定下来的侧凸轮碰撞，如图中的 F 处，之后便是侧凸轮与中凸轮之间的几次衰减碰撞直至中凸轮旋转角度最终稳定在 45.9488°，其中，衰减碰撞过程中，侧凸轮的短暂静止阶段为受到侧止动器限位的阶段，另外，碰撞次数较多是由于中凸轮处的扭簧与侧凸轮处的拉簧作用均较明显，两个弹簧均具备可观的刚度系数，需要在几次相互作用后才能达到平衡状态，考虑到关心的主要是开关对控制电路和主电路的分断速度，对中凸轮与侧凸轮碰撞后的运动不进行深入研究。

采用脚本控制方式进行仿真结束后，获得摇臂旋转角度及电磁传动机构动铁心移动位移曲线图如图 7.44 所示。

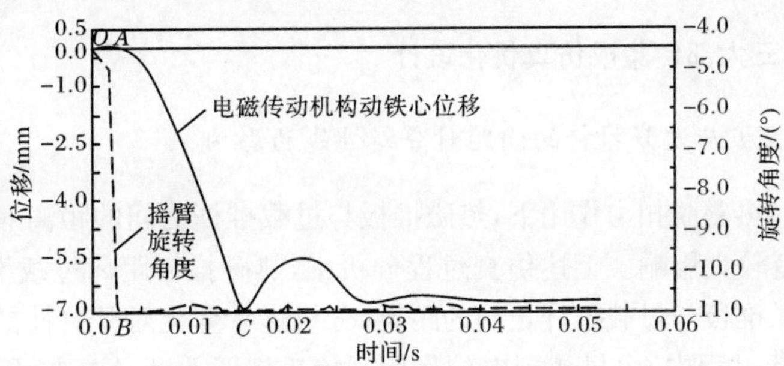

图 7.44　摇臂旋转角度及电磁传动机构动铁心位移移动曲线图

图 7.44 较好地反映了摇臂及动铁心动作的先后顺序，OB 阶段，摇臂受摇架碰撞以很大速度旋转，可以瞬间拨开电磁传动该机构导电夹，OA 阶段，动铁心受电磁吸力作用保持静止，A 点对应 B 点，此后动铁心在拉簧作用下运动，到达 C 点碰撞外围框架反弹，依靠较大的拉簧拉力，动铁心经过一次较大碰撞后即停止动作。

对比正常分断过程铝推杆的动作情况，发现本节过载分断过程仿真中与其不同之处在于,铝推杆受触头支持撞击运动而致使短路脱扣器锁扣。铝推杆运动位移如图 7.45 所示。

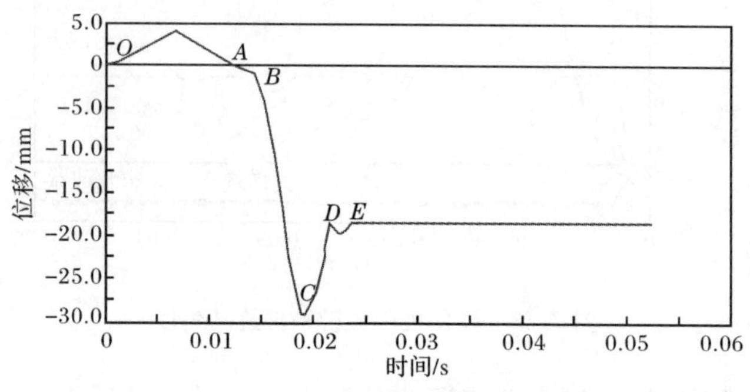

图 7.45 铝推杆运动位移

分析图 7.45 可知,OA 段表征铝推杆在仿真开始时首先在压簧作用下上移,碰撞短路脱扣器的黄铜顶杆并反弹;从 B 点开始,铝推杆在触头支持的带动下迅速旋转,直到 C 点压缩压簧至最大量值,之后在压簧作用下向上旋转,到达 D 点碰撞锁扣,直到 E 点铝推杆停止运动,被锁扣限位。

关于具体的对象构件,都可以获取其各种物理信息,结合与其有接触等约束关系的构件,即可分析过载分断过程中的耦连构件等关键构件的相互作用情况,对照实际工作原理及动作情况,为部件动作的合理匹配进行深入研究。

7.4.2 主体三大部件集成仿真优化设计

1. 热磁推板与过载推杆的间距对分断性能的影响

在相同的热磁脱扣力作用下,热磁推板与过载推杆之间的距离对开关执行过载分断功能有较大影响。上述仿真过程分析中,热磁推板距离过载推杆 1mm,本节将改变热磁推板与过载推杆之间的距离,分析这一变化对开关性能的影响。考虑到过载分断过程中,由机械到电的作用开始于摇臂拨开导电夹,因此以摇臂旋转角度为目标,分析该变化对过载分断性能的影响。图 7.46 为不同的热磁推板与过载推杆间距对摇臂旋转角度的影响。

从图 7.46 可以看出,摇臂旋转至最大角度所需时间随着间距的减小而减小,即缩短热磁推板与过载推杆之间的距离会提高机构的过载分断速度。然而,考虑到振动等外部因素的影响,如果热磁推板紧靠过载推杆,则会增加开关受外部环境而误动作的概率。因此,需要综合考虑各种内、外部参数的影响,合理地确定热磁推板与过载推杆之间的距离,使产品既能拥有良好的短路分断能力又能保证较高的工作可靠性。

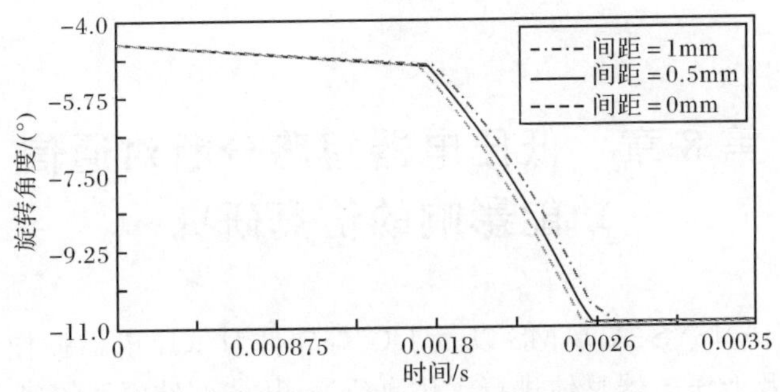

图 7.46　不同间距下的摇臂旋转角度

2. 构件的材料特性对分断性能的影响

在对样机进行机械系统动力学自动分析的过程中,从机械角度来说,构件选取材料的不同,构件的杨氏模量、密度和泊松比等参数也不同,构件与构件发生碰撞等物理作用时所表征出来的动态特性也会不同,势必会引起机构工作性能的变化。本节以改变热磁推板的材料特性为例,阐释不同的材料对样机过载分断性能的影响。分别将热磁推板的材料设置成尼龙、铝和钢,以动、静触头到达完全分开时所需的时间长或短来衡量过载分断性能的差或好。对比仿真得到的动触头运动轨迹,发现 3 条轨迹几乎重合,但将动触头趋于静止的阶段放大后,则可明显发现 3 条曲线存在不同之处。动触头在动作末端的运动轨迹曲线放大图如图 7.47 所示。

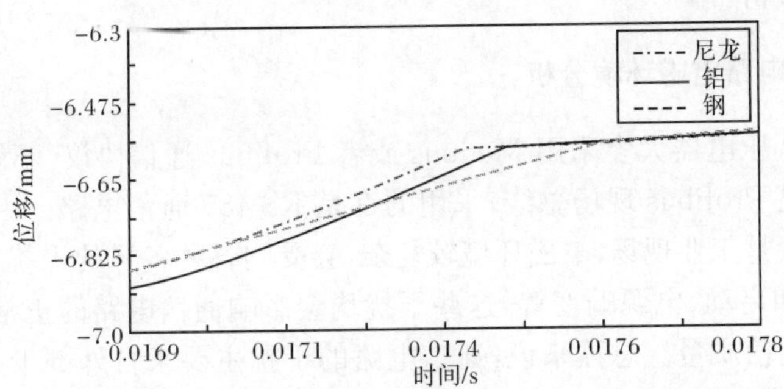

图 7.47　不同的热磁推板材料特性对分断性能的影响

从图 7.47 中可以发现,热磁推板分别选取尼龙、铝和钢材料时,动触头到达最终位置的时间按照长短可排序为:钢>铝>尼龙。由此可见,单独改变热磁推杆的材料特性时,样机的过载分断性能高低排序为:尼龙>铝>钢。仿真结果证明构件材料特性的变化对样机分断性能有较大的影响,因此,设计人员在研发过程中需合理选取构件所用材料。

第8章　低压电器短路分断对通信功能影响的仿真研究

前面运用ANSYS、ADAMS以及UG等软件对低压电器操作机构、电磁系统、接触组以及低压电器整体进行了仿真研究，从各部件模型的建立到仿真过程的实现以及仿真结果的分析，对低压电器进行了全面而深入的研究。随着嵌入式微处理技术和现场总线技术在低压电器中逐渐应用，越来越多的低压电器都增加了通信功能，并且通信模块和通信线大都紧挨着触头灭弧系统，因此低压电器的动作对通信过程中的干扰不可避免。在低压电器实际应用过程中发现，短路分断过程产生的短路电流会在空间产生电磁场，对通信电路产生了不可忽视的干扰。因此，本章将研究低压电器短路分段过程对通信功能的影响机理。通过对影响机理的仿真研究，可以为低压电器在实际应用过程中的抗干扰提供指导作用，从而保障低压电器通信功能的可靠性。

8.1　低压电器通信网络电磁环境分析

在对低压电器短路分断对通信功能影响的研究时有必要首先对通信网络电磁环境进行分析。

8.1.1　通信电路电磁环境分析

可通信低压电器大多采用Modbus或者Profibus通信协议，不管是Modbus现场总线还是Profibus现场总线，采用的都是RS-485通信电路。由于低压电器运行环境一般是工业现场，电磁环境较复杂，会受到各种各样的干扰，如大量感性设备的停止和启动、电源畸变等，这些干扰均会影响通信电路的正常工作情况和通信网络的通信质量。总体来说，通信电路的干扰主要来自外部干扰、开关电源和PCB电磁兼容三个方面。

1. 外部干扰

外部干扰源主要是由其他物体和没有辐射的电磁波产生的强电场和强磁场，以及通过保护装置端子从外界引入的浪涌。主要有如下外部干扰源。

1) 低频干扰

接入电网的电能质量不稳定将会引起低频干扰。电能质量本质上也是一个电磁兼容问题，当电网出现三相电压不平衡、电网电压跌落和短时中断、电网频率变化、谐波等故障时，将会对电气、电子设备构成干扰，这些干扰的频率在工频附近，属于低频干扰[22]。

2) 高频干扰

高频干扰主要由浪涌电压、浪涌电流和快速瞬变脉冲群产生[23]：

(1) 交流 20kHz 以上的电压浪涌和 50kHz 的电流浪涌。电网中的开关电器操作、电动机和变压器及其他大功率感性负载的投切、雷击、线路或负载短路等因素会引起线路的电压或电流快速异常增大，从而形成电压或电流浪涌。

(2) 电快速瞬变脉冲群(EFT)干扰。包括二次回路中继电器闭合操作时的触点弹跳，真空断路器操作过程中电弧电压不稳定等。这些因素使工作电路中的电流周期性地快速通、断，引起瞬变脉冲群。

3) 静电放电干扰

静电放电干扰主要来自雷电、操作者和邻近物体对设备的放电。静电放电可以形成高电位、强电场和瞬态大电流，并产生强烈的电磁辐射而形成电磁脉冲。作为一种近场干扰源，它可以干扰电子系统。雷电放电的放电电流持续时间长，与静电放电相比，雷电电磁脉冲的频率较低，但能量巨大。雷电电磁脉冲是伴随雷电放电过程的电磁辐射，可以电压或电流的形式，从电源线、信号线传导到电子系统中，也可以通过辐射耦合到电子系统上。因此，雷电电磁脉冲是复杂电磁环境中的主要因素之一。同时，雷电放电是自然电磁干扰源中最强的一种放电现象，一次闪电平均含有上万个脉冲放电过程，电流脉冲平均幅值为几万安培，持续时间为几十到几百微秒，闪电通道大约有几百米至几公里长。

雷电放电电磁噪声的传播取决于频率。雷电的中频和高频分量的传播与相应频率的无线电波传播相似，雷电噪声从极低频到 50MHz 都有能量分布，主要能量分布在 100kHz 左右，高频分量则会随着 $1/f$ 衰减下去。目前主要 10/350μs、0.5/100μs、8/20μs、1.5/50μs 等标准波形。雷电电磁脉冲主要与雷电放电的情况有关。因此将以 IEC 标准和国标 GB 50057—2010 推荐的首次雷击 10/350μs 波形以及后续雷击 0.25/100μs 的雷电流波形为研究对象，分析其时域、频域和能量分布。

4) 磁场干扰

通信模块受到的磁场干扰主要有工频和脉冲两种[23]。工频磁场主要由一次回路中的工频电流和变压器磁场泄漏引起，脉冲磁场干扰则是由雷电或大功率电力电子设备运行时在电路中流过的脉冲电流产生。

智能 CPS 由于集成了很多电子电路元件，其自身将产生电磁辐射，而且还会受到外界电磁骚扰的影响。电磁骚扰影响通信硬件电路或通信线路都会造成通信的中断或是传输出错。

2. 开关电源

常见的低压电器通信模块通电电源为24V，经由内部的DC-DC开关电源转换为5V或3.3V给RS-485通信电路供电。在一些工业环境中，并未设置单独的24V通信电压而是将开关主体的220V或380V供电电压经降压模块直接给通信模块供电。无论是内部的开关电源还是外部的降压模块均布置在设备附近，产生的各种噪声形成了一个很强的电磁干扰源，这些干扰随着开关频率的提高、输出功率的增大而明显地增强，对电子设备的正常运行构成了潜在的威胁。

开关电源利用半导体器件的开和关工作，并以开和关的时间比来控制输出电压的高低。由于它通常在20kHz以上的开关频率下工作，所以电源线路内的dv/dt、di/dt很大，浪涌电压、浪涌电流和其他各种噪声随之产生，然后通过电源线以共模或差模方式向外传导，同时向周围空间辐射噪声。

在一次整流回路中，整流二极管只有在脉动电压超过充电电压的瞬间，电流才从电源输入侧流入。所以，一次整流回路产生高次畸变波，形成噪声。

在开关回路中，电源在工作时，开关管处于高频率通断状态，在由脉冲变压器初级线圈、开关管和滤波器构成的高频电流环路中，可能会产生较大的空间辐射噪声。如果滤波不足，高频电流还会以差模方式向外传导。同时，在开关回路中，开关管的负载是脉冲变压器的初级线圈，是感性负载，所以开关管在通断时，在脉冲变压器的初级线圈的两端会出现较高的浪涌电压。

相同地，在二次整流回路中，也伴随着电磁辐射和浪涌电流的问题。直流输出线路中分布电容、分布电感的存在，使因浪涌引起的干扰成为高频衰减振荡。

3. PCB电磁兼容

PCB电磁兼容研究涉及的问题很多，但总体上是由系统结构布局和生产工艺等决定的串扰引起的。印制电路板的杂散电感、电容结合引起的不同信号感应、长线传输造成的电磁波的反射，各点接地造成的电位差等部能够造成电磁干扰。还有电路中的电感器件、高速电路、晶振电路，也会对控制单元产生干扰。

目前对于PCB的电磁抗干扰问题，国内外进行了大量的研究工作和工程实践，印制电路板的抗干扰性能也有了显著的提高，不再赘述。

4. 通信电路电磁兼容性设计

通信电路的电磁兼容性设计从电磁干扰的三个条件入手：①电磁干扰源，包括自然干扰源和人为干扰源；②耦合途径，即将电磁能量耦合到被干扰设备的途径或通道，包括传导耦合和辐射耦合，其中传导耦合包括公共阻抗耦合、电容性耦合和电感性耦合，辐射耦合包括近场感应耦合和远场辐射耦合；③敏感设备，即对电磁干扰产生响应的设备。

采取如下有效的技术手段：抑制干扰源，减少不希望有的发射；消除或减弱干扰耦合；增加敏感设备的抗干扰能力，减弱不希望的响应。利用各种抗干扰技术，包括合适的接地，良好的搭接，合理的布线、屏蔽、滤波和限幅等技术以及这些技术的组合使用。

RS-485 电路芯片本身集成 ESD 保护措施并且会额外增加一些保护电路用来保护 RS-485 总线，避免 RS-485 总线在受外界干扰(雷击、浪涌)时产生高压损坏。

2007 年，国家标准化管理委员会颁发了智能 CPS 的最新行业标准《低压开关设备和控制设备第 6-2 部分：多功能电器(设备)控制与保护开关电器(设备)(CPS)》(GB 14048.9—2008)，其中包含了关于智能 CPS 安规、EMC 等各方面的准则和要求，当中包括了电快速瞬变脉冲群抗扰度测试(EFT)和传导射频发射试验(CE)等 EMC 测试要求。

但是目前对于传输线间的电磁干扰和雷电放电电磁噪声等方面的产生原理和抑制措施还不够完善，而对于通信电路的研究也局限于电路本身的影响而没有注意到通信电路作为一个干扰源对传输线的电磁干扰，因此本书将在 8.3 节着重分析传输线间的电磁干扰和雷电情况下低压电器周围的空间电磁场。

8.1.2　开关主体电磁环境分析

可通信低压电器通常把通信控制器与开关本体布置在一起。从电气工程角度考虑，承担着电路分断的触头系统等开关部分属于“一次部分”，承担着信号采集处理判断及通信的控制器属于“二次部分”。在通常的设计中，“一次部分”和“二次部分”应该显著分开。但低压电器中，控制器与开关本体有着强电、力、弱电信号的传递，因此，控制器与开关本体通常被布置在一起，并安装在一个底板上。开关本体与可通信控制器放在一起，也构成了可通信低压电器的一个重要的特征。

因此，开关主体的电气特性对于可通性控制器来说是一个严重的干扰源。CPS 的开关特性遵循 GB 14048.9—2009 的有关规定[24]，见表 8.1 和表 8.2。

表 8.1　过载脱扣器在各级通电时的动作极限值

使用类别	脱扣器类型	电流整定倍数			
		A	B	C	D
AC-42	热式无空气温度补偿	1.0	1.2	1.5	7.2
AC-43		1.05	1.3	1.5	—
AC-44	热式有空气温度补偿	1.05	1.2	1.5	7.2
DC-43		1.0	1.2	1.5	—
DC-45	电子式	1.05	1.2	1.5	7.2

续表

使用类别	脱扣器类型	电流整定倍数			
		A	*B*	*C*	*D*
AC-40					
AC-41					
AC-45a					
AC-45b	所有形式	1.05	1.3	—	—
DC-40					
DC-41					
DC-46					

表 8.2　额定接通和分断能力

使用类别	接通和分断条件			
		I_c/I_e	U_r/U_e	相位率 cos 值
AC-43	接通	8	1.05	$I_e \leqslant 100$A,0.45
	分断	12	1.05	$I_e > 100$A,0.35

1. 额定电流下的通信干扰

低压电器在 GB 14048.9—2008 中规定为主触头电压交流不超过 1000V 或者直流不超过 1500V 的开关电器设备。CPS 产品一般用于交流 50Hz、额定电压最大 690V、额定电流为 0.63～125A 的电力系统中，低压电器在额定状态下通常能正常工作，通信模块在额定工况下也能发挥正常的功能，通信状态和通信波形正常。由于额定电流下设备的电流较稳定，变化率不高，通信干扰较小，这部分可以忽略。

2. 过载电流下的通信干扰

以 CPS 产品为代表的智能低压电器的一个基本功能就是过载电流保护和断相保护，根据 GB 14048.9—2008 中的规定，CPS 需能接通 8 倍额定电流和分断 12 倍额定电流的过载电流，接通时间为 12～35ms，分断时间为 7～20ms。由于动作时间较短，电流的幅值变化较大，对通信来说，将会产生较强的电磁干扰。在过载电流下，通信网络的电磁环境比较恶劣，因此在分析通信可靠性的过程中必须考虑过载电流对通信的影响[25,26]。

3. 短路电流下的通信干扰

过载电流在千安级别，千安级别的正弦电流波形已经对通信波形产生了较大的畸变。工程测得，短路电流的峰值能达到万安级别。与过载电流相比，短路电流的波形将出现尖峰脉冲，短路电流的变化率更高，幅值更大，短路瞬间能够产生较强的空间瞬态电磁场，是一个严重的干扰源。因此，分析短路电流的电磁干扰能够覆盖过载电流下的通信干扰[27]。

8.1.3　配电系统电磁环境分析

低压电器在电网中起着开关、保护、控制、调节、检测及显示等作用，通常处于输电线路的末端，与终端用户连接。电磁环境较稳定，由于直接与电网相连，电网中的一些异常状况也会通过输电线进入低压电器所在的开关柜。二次控制、保护设备的高度集成化，增加了二次智能设备对瞬态干扰的敏感性与脆弱性。开关柜作为配电系统中保护与控制的重要开关设备，其内部结构复杂，二次装置与高压断路器距离较近，较容易遭受高压开关操作引起的瞬态高频干扰，而且低压部分相互之间也会发生串扰[8]。

总而言之，配电系统的电磁环境对通信的影响由于受到低压电器前端设备的调整，电能质量较为稳定，其影响将不会超过短路分断电流的影响，抑制短路电流的电磁干扰措施同样适用于抑制配电系统异常带来的电磁干扰。

8.2　电磁耦合有限元模型的建立

8.2.1　实体模型参数

在 Maxwell 中使用基本几何体绘制工具建立通电导线和通信电缆的实体模型。实体模型的相关尺寸如表 8.3 所示。

表 8.3　实体模型的相关尺寸

类型	正常工作电流/A	截面/mm²	绝缘层	间隔/mm	进线长度/mm	出线长度/mm	材料
通电导线	45	10	不带	19	1000	1000	铜
	100	35	不带	27.4	1000	1000	铜
	125	50	不带	27.4	1000	1000	铜
通信电缆	—	0.75	不带	5	2000		铜

以 B 相导线中心点为坐标原点建立 Maxwell 环境下的实体模型如图 8.1 所示。

8.2.2　实体模型材料设置

仿真中，通电导线和通信电缆线均为标准铜材质，通电导线和通信电缆线之

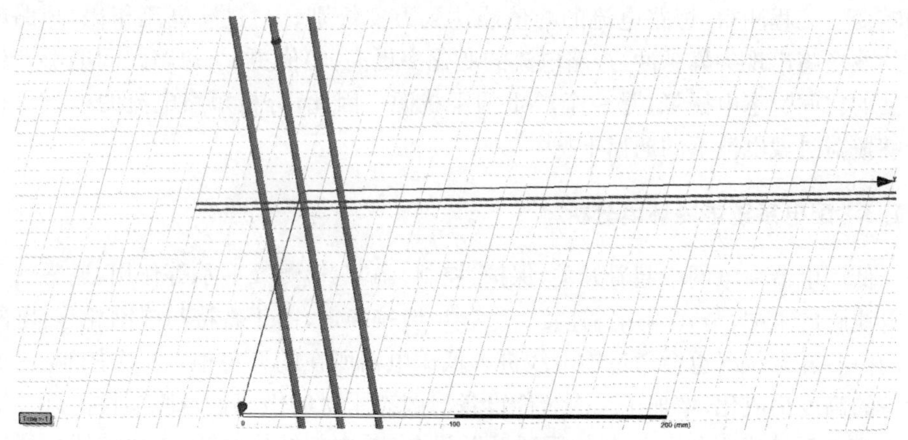

图 8.1　Maxwell 下的实体模型

间的空间选用真空材质，这两种材质的相关参数如表 8.4 所示。

表 8.4　铜材质和真空材质的相关参数

材质	相对介电常数	体积导电率/(S/m)	介质衰耗因数	朗德因子
铜	0.999991	58000000	0	2
真空	1	0	0	2

相对介电常数是将一个介质的介电常数与真空的介电常数相比的比例常量，这个值超过 1 的材质就是绝缘材质。体积导电率是表征材料导电性的特征物理量，其单位是 S/m。介质衰耗因数是用来表达材质绝缘性能的参数，其值为零说明电流在介质中无损耗，而当其大于零时，这个值越小，材质绝缘性能就越好，当绝缘层的介质衰耗因数为 0.001 时，说明该材质有良好的绝缘性能。朗德因子是和电子自旋伴随的磁矩基本单位有关的一项比例常数。

8.2.3　网格划分

本仿真采用四面体作为基本离散单元，由于 Maxwell 采取自适应迭代算法，因此系统开始选用较粗的剖分，通过自适应迭代算法求解，然后看其进度是否满足要求。如果不满足，则进一步细化剖分，再次进行求解，直到达到给定的精度。但是网格质量提升后不仅相应计算结果的精度会提高，同时造成仿真时间和仿真所需内存的大幅上升，考虑到本实体模型长度长但结构单一，通过尝试，对通电导线和通信电缆线的划分如图 8.2 和图 8.3 所示。

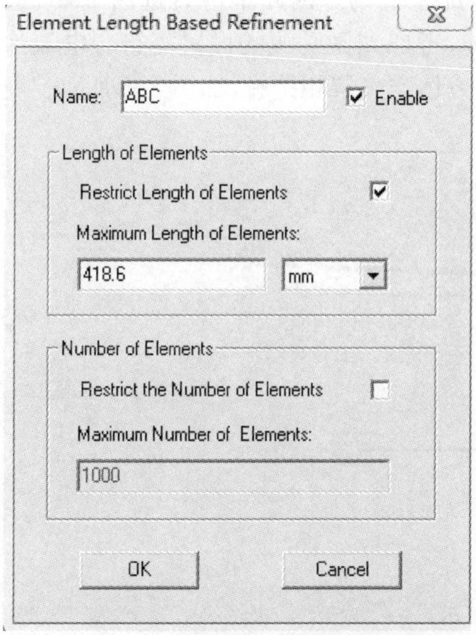

图 8.2　通电导线网格划分示意图 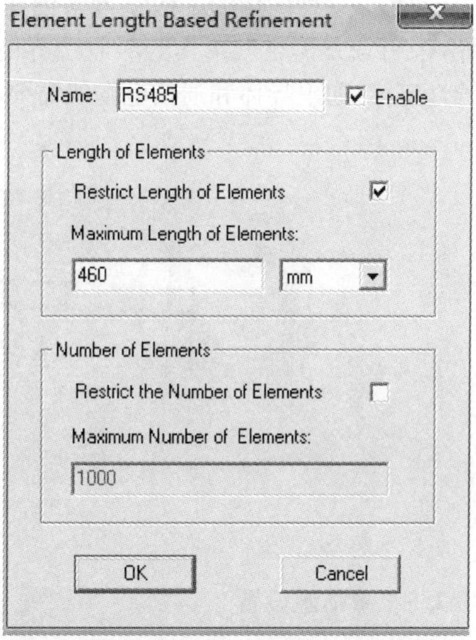　　图 8.3　通信电缆线网格划分示意图

网格划分后的模型如图 8.4 所示。

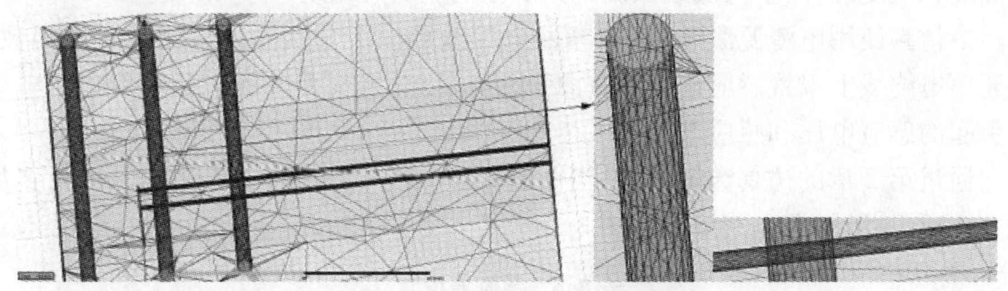

图 8.4　网格划分后的实体模型

8.2.4　边界条件设置

在电磁场理论中，所要求解的电磁场问题都归结于麦克斯韦方程组的求解。由于计算机的存储空间是有限的，为了模拟现实中电磁波在无界的自由空间中传播，需要用特殊的边界来截断。Maxwell 软件中吸收边界共有 3 个，分别是辐射边界(radiation)、完善匹配层吸收边界(perfect matched layer，PML)和 FE-BI。对于一些需要快速求解的应用，可以使用辐射边界条件，由 Berenger 引入的完善匹配层吸收边界与其他吸收边界条件相比，是功能最强的吸收边界之一。PML 是公认的精度最高的吸收边界条件，PML 是一种有限厚度的特殊媒质，它包围计算空

间，是基于一种虚构的本构参量来创建波匹配条件的。因此本仿真选用 PML 边界，采用立方体空气罩作为吸收边界的载体，考虑到激励源的设置需符合电流连续性定律，通电导体和通信电缆线需要与立方体空气罩相接触，如图 8.5 所示。

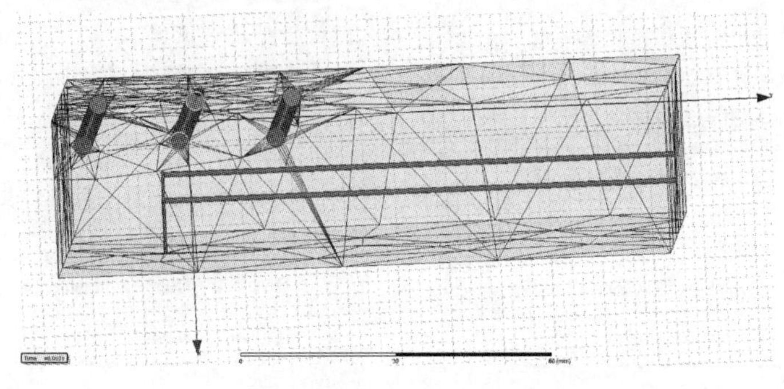

图 8.5 边界设置

8.2.5 激励源设置

Maxwell 中常用的激励源有：波端口激励，主要用于微波网络参数的计算；磁偏置源激励，用于有铁氧体材料存在的模型；平面波源，主要用于电磁散射问题；电压源和电流源，用于天线或微波电路的激励。

本仿真使用电流源激励，在三相通电导线平面上分别注入电流源时间函数，在通信电缆线上设置感应电压电流源平面，用以分析突变空间电磁场对通信电缆线引起的感应电压和感应电流。

通过第 2 章的仿真数据，假设当前时刻 C 相突然短路，电流激励源的设置如表 8.5 所示，激励源电流波形如图 8.6 所示。

表 8.5 激励源设置

	激励源类型	值
A	电流源	$63\times\sin(2\pi\times50\times time)$
B	电流源	$63\times\sin(2\pi\times50\times time+2\pi/3)$
C	电流源	$10190\times\exp(-((time-0.0023)/0.0008933)^2)$
RS-485_A	外电路激励源	—
RS-485_B	外电路激励源	—

8.2.6 外电路设置

如图 8.7 所示，LWingdingTA 和 LWindingTB 分别对应于通信电缆线上的外电路激励源，其首末端按照 RS-485 规范中设置阻值为 120Ω 的匹配电阻，外置

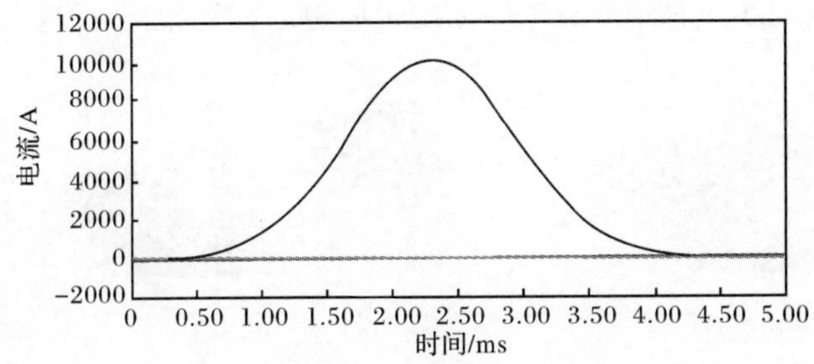

图 8.6　激励源电流波形

电压电流表用以获取感应电压电流波形。

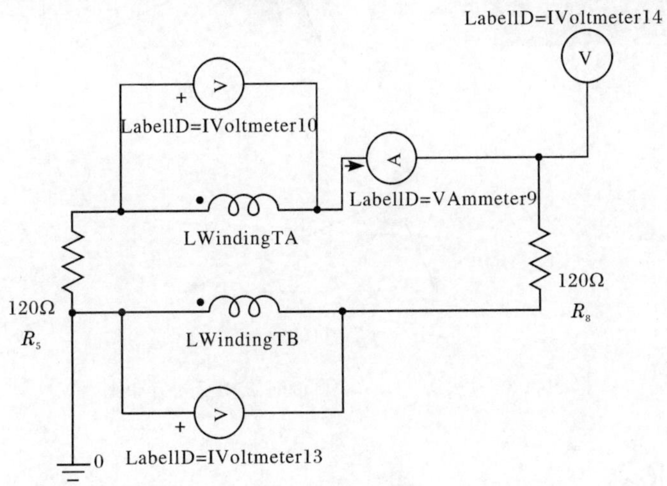

图 8.7　外电路设置

8.3　结果分析与验证

在 8.2 节的基础上进行仿真，总仿真时间为 0.005s，分别仿真通电导线的电磁场空间分布和通信电缆位于距离通电导线距离 10mm（最短间距）、15mm 和 93mm（壳体间距）的感应电压和电流。

8.3.1　电磁场仿真结果分析

由图 8.8 和图 8.9 可知，在短路电流变化 Δi 最显著的时间内，即 $T=0.002\sim0.004$s，产生的磁场强度较大，磁场强度峰值达到 0.0142Wb。通过对 $T=0.002$s 时空间磁场矢量的分析，可以判断径向磁场矢量和法向磁场矢量对通信电缆的干扰较大，并且电缆线布置距离通电导体的距离越近，产生的干扰越大。

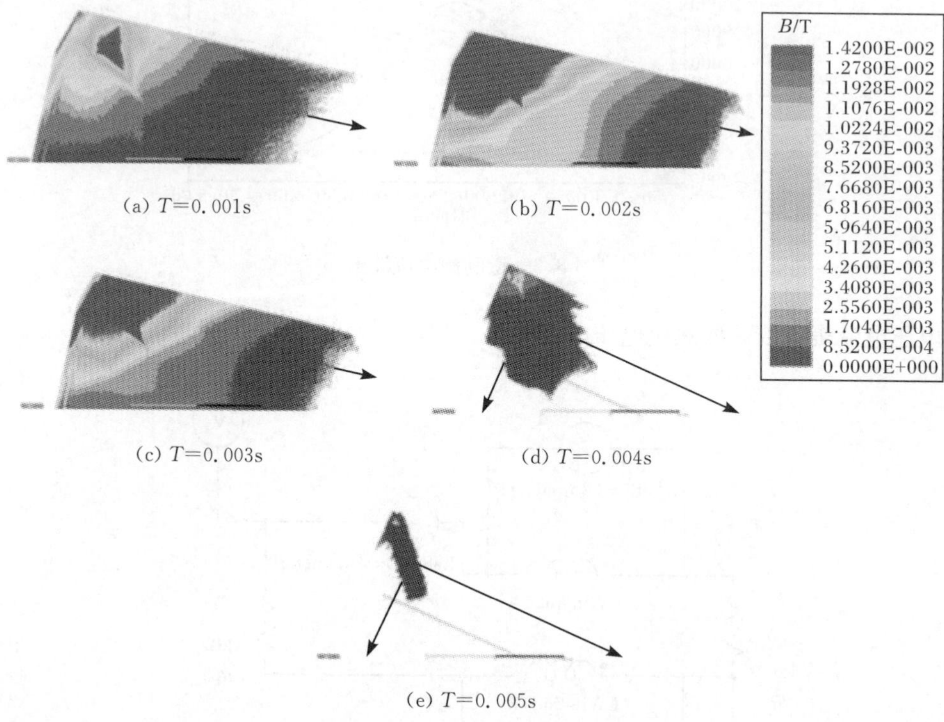

(a) $T=0.001$s　　(b) $T=0.002$s

(c) $T=0.003$s　　(d) $T=0.004$s

(e) $T=0.005$s

图 8.8　$T=0.001\sim0.005$s 时磁场空间分布图

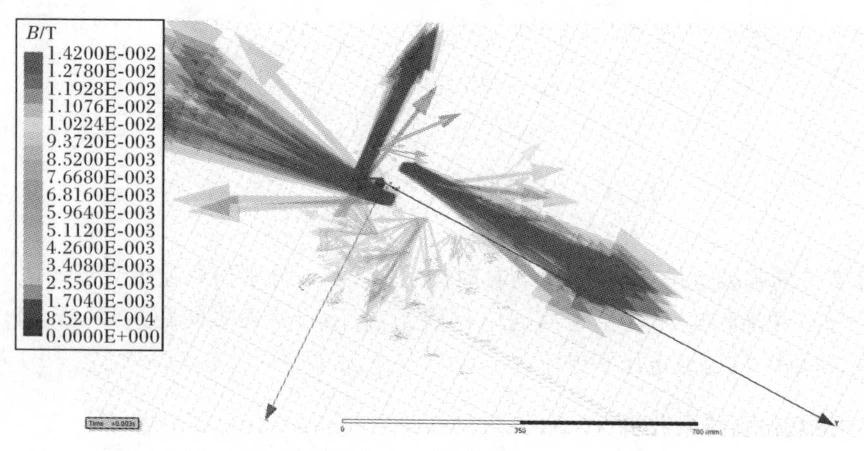

图 8.9　$T=0.002$s 的磁场矢量强度

由图 8.10 可知，在距离通电导线 0～15mm 的范围内，磁场强度最大，磁场强度范围为 0.010～0.0142Wb；在 15～20mm 范围内，属于中等干扰区域，磁场强度范围为 0.004～0.010Wb；当大于等于 20mm 时，磁场强度对通信电缆的干扰较少。

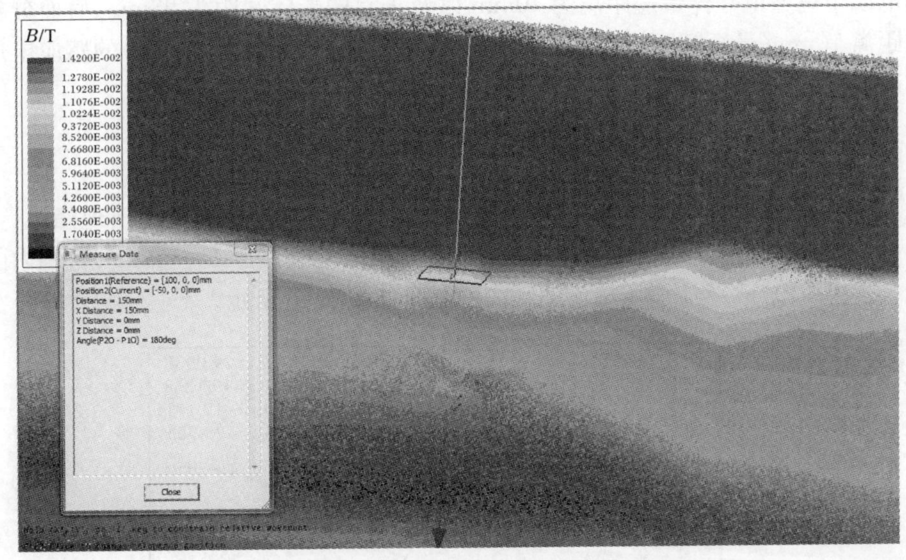

图 8.10　T=0.002s 时磁场最大值对应的距离

由图 8.11 可知，通信电缆在首端 0～50mm 即在短路相 C 相－25～25mm 范围内的干扰最大，中心磁场峰值为 1.7625Wb。

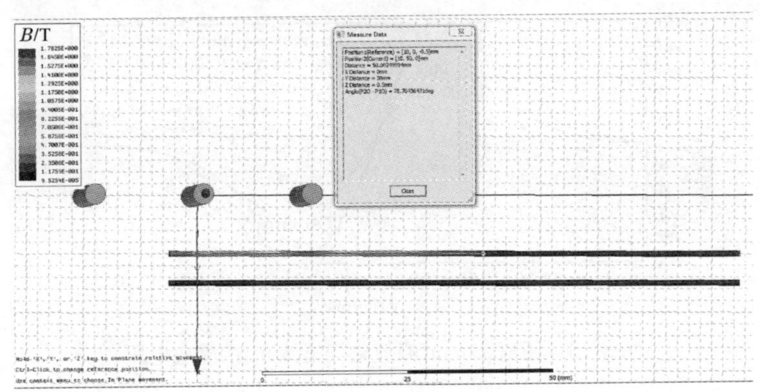

图 8.11　通信电线磁场分布图

8.3.2　感应电压电流仿真结果分析

低压电器的主回路都流过短路电流，而包含通信电路的控制器就在主电路的附近，只是不同的低压电器距离不一样。利用 Maxwell 建立的场线耦合电磁散射模型可以得到短路分断通过空间电磁场耦合在通信电路上的电流和电压响应。由前面的分析可知，在距离 15mm 内，空间磁场的幅值较大，结合 CPS 产品实际通信电缆距离通电导体最短距离为 10mm 以及正常的壳体间距为 93mm，后面分析在距离 10mm(最短间距)、15mm(峰值磁场范围)和 93mm(壳体间距)的感应电压和电流。

1. 感应电压结果分析

由图 8.12～图 8.14 可知，在 $T=0.0018$s 时通信电缆感应电压出现峰值，在 $T=0.003$s 时通信电缆感应电压出现谷值。表 8.6 为在间距 10～93mm 范围内的峰谷值感应电压，感应电压幅值随距离的分布如图 8.15 所示。

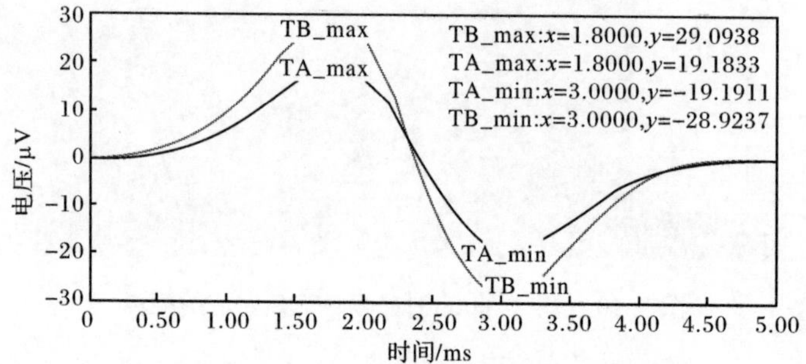

图 8.12 距离 10mm(最短间距)时的感应电压

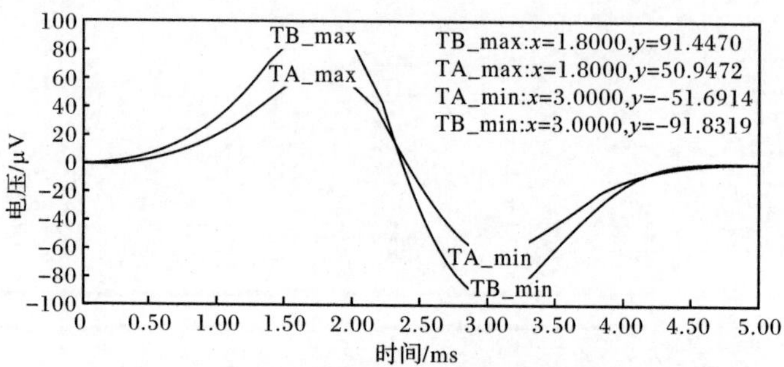

图 8.13 距离 15mm(峰值磁场范围)时的感应电压

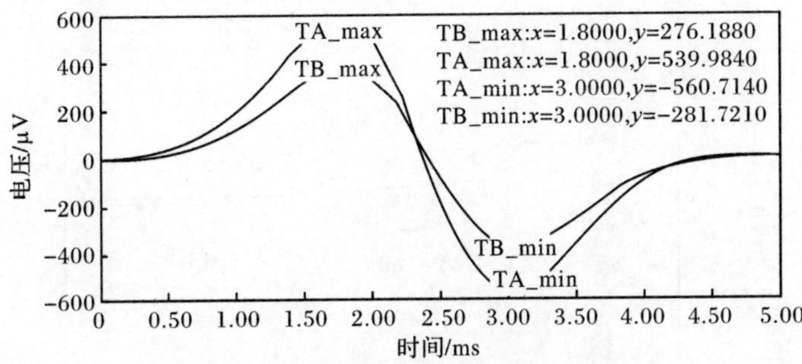

图 8.14　距离 93mm(壳体间距)时的感应电压

表 8.6　间距 范围内的峰谷值感应电压

间距/mm	TA_max/μV	TA_min/μV	TB_max/μV	TB_min/μV
10	112.1	−112.83	91.44	−91.83
15	70.1	−70.4	67.17	−67.9
20	50.94	−51.7	45.87	−45.78
25	45.12	−45.52	42.39	−42.63
30	44.74	−45.23	29.09	−28.92
35	32.17	−32.35	16.19	−16.32
40	25.46	−25.34	13.47	−13.51
45	24.51	−24.54	11	−11.31
50	19.18	−19.2	8.96	−8.9
55	18.55	−18.91	6.05	−6.1
60	3.83	−3.89	4.28	−4.3
65	3.82	−3.88	4.08	−4.14
70	3.17	−3.15	4.08	−4.14
75	2.66	−2.69	2.73	−2.75
80	1.97	−1.94	1.26	−1.2
85	1.82	−1.93	0.46	−0.44
93	0.54	−0.56	0.28	−0.28

2. 感应电流结果分析

由图 8.16 可知，短路分断电流对通信电缆耦合产生的感应电流在纳安级别，可以忽略不计。对通信的影响主要在耦合产生的感应电压。

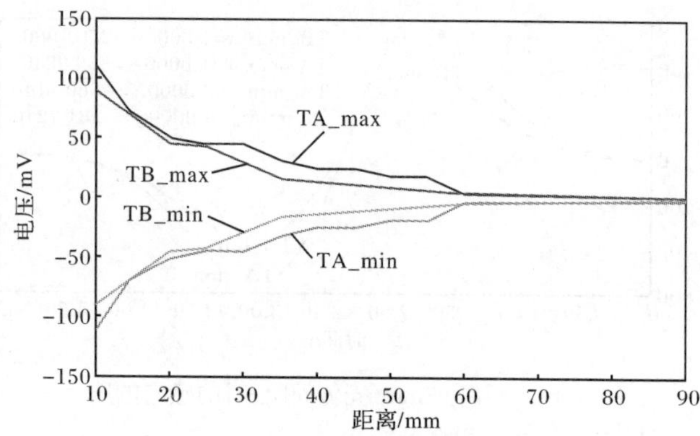

图 8.15　感应电压幅值随距离变化的分布图

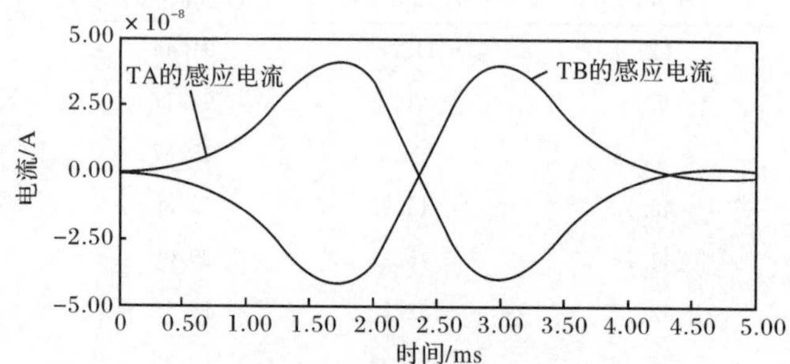

图 8.16　短路分断电流的感应电流

8.4　通信电路抗干扰分析

本书选用的 CPS 产品为浙江中凯科技股份有限公司生产的数字化智能型控制与保护开关 KB0-T，智能控制器模块为 T45 系列控制器，其通信协议为 RS-485 协议。电子工业协会(EIA)于 1983 年制订并发布 RS-485 标准，并经通讯工业协会(TIA)修订后命名为 TIA/EIA-485-A，习惯地称为 RS-485 标准。

在 RS-485 协议中，数据信号采用差分传输方式(differential driver mode)，也称作平衡传输，它使用一对双绞线，将其中一线定义为 A，另一线定义为 B，收、发端通过平衡双绞线将 A-A 与 B-B 对应相连。当在接收端 A-B 之间有大于 +200mV的电平时，输出为正逻辑电平；小于 −200mV 时，输出为负逻辑电平。在接收发送器的接收平衡线上，电平范围通常为 200mV～6V。

前面获得了短路分断通过空间电磁场耦合在通信电路上的电流和电压响应，就可以对 RS-485 电路进行电路分析。低压电器不管是 Modbus 现场总线还是

Profibus 现场总线，都采用的是 RS-485 通信电路。根据产品的不同，有隔离电源的 RS-485 电路和不隔离电源的 RS-485 电路。本节主要研究当干扰施加在通信线上时，利用叠加原理计算干扰对 RS-485 电路输出波形的影响，进一步分析影响后的波形能否被正确地识别。

通过改变低压电器的额定参数，如额定运行短路分断等级、控制电压；通过改变低压电器的空间结构，如含通信电路的控制器与主回路的距离；通过改变控制器电路的参数，如增加隔离电源和滤波等，运用本节建立的数学模型，探讨短路分断对通信电路的主要影响。进一步地，通过增加一些解决措施，从理论上定性分析能否解决对通信电路的干扰问题。

8.4.1　通信线布线方向对通信的影响

由于低压电器受开关柜体积的限制，通信线的布置上通常会贴着产品边缘走线，最后从开关柜出线口出线，然后沿墙壁与上位机连接。通信线与开关主体的相对位置根据实际情况可能会做出不同的调整，但总结起来，主要有通信线与通电导体平行和垂直两种情况。

因此，这里研究在相同短路电流激励下，通信线布置在通电导体不同位置时，所产生的干扰大小，为低压电器网络系统中的通信线的布线方式提供一定的建议。

1. 对比分析

如图 8.17 所示，通电导线与电缆线的相对位置总结起来分为四种，即垂直、平行、倾斜和垂直相交四种情况。下面就这四种相对位置下在同一短路电流激励作用下所产生的感应电压大小进行分析，同时分析不同位置下通信波形是否符合通信要求。

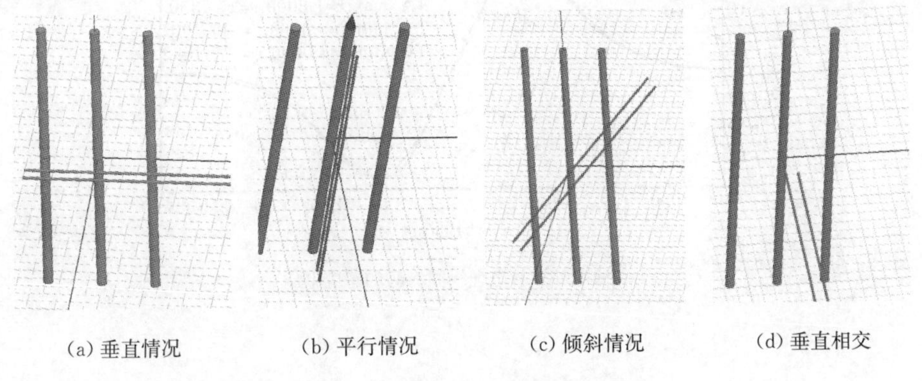

(a) 垂直情况　(b) 平行情况　(c) 倾斜情况　(d) 垂直相交

图 8.17　通电导线与电缆线相对位置

对某 KB0 系列 CPS 产品进行短路电流激励下的电磁场仿真，在四种相对位置下，分别仿真得到在相同激励下的感应电压如图 8.18 所示，由图可知：当通信电缆与通电导线呈垂直布置时，所产生的感应电压最小，而两者呈平行布置时所产生的感应电压最大，其他情况介于这种极限情况之间。

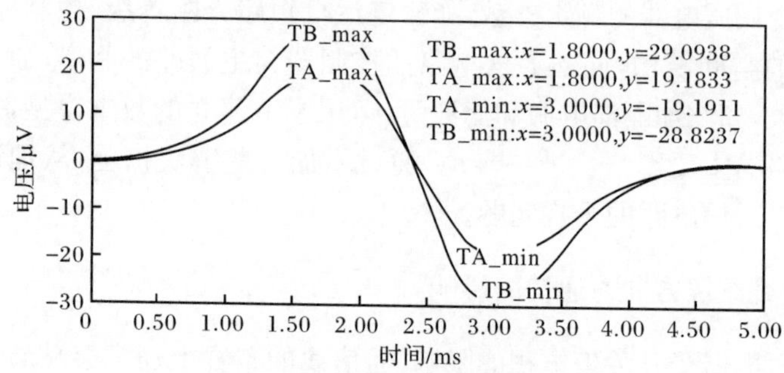

(a) 通电导线与电缆线垂直时的感应电压

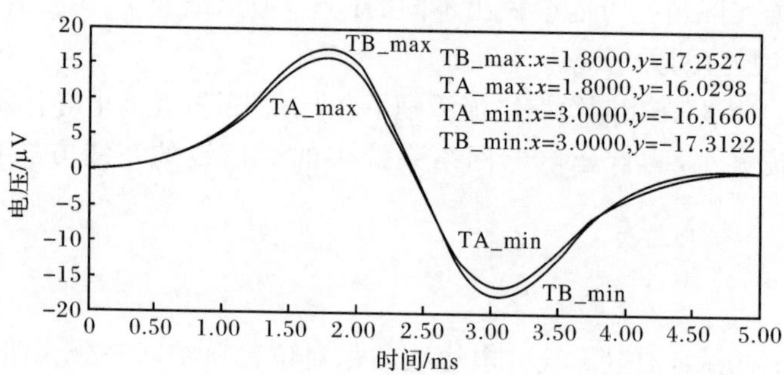

(b) 通电导线与电缆线平行时的感应电压

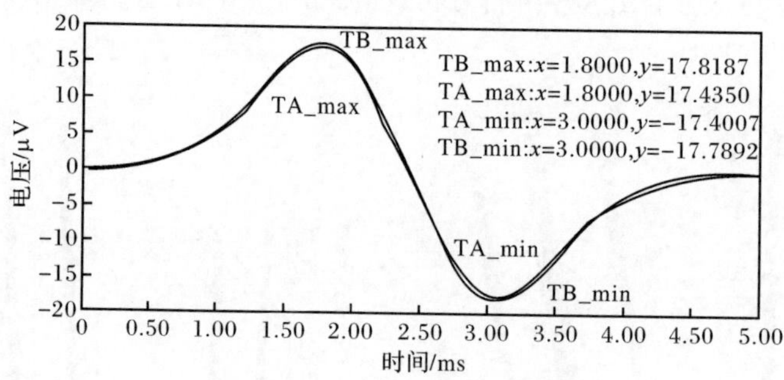

(c) 通电导线与电缆线倾斜时的感应电压

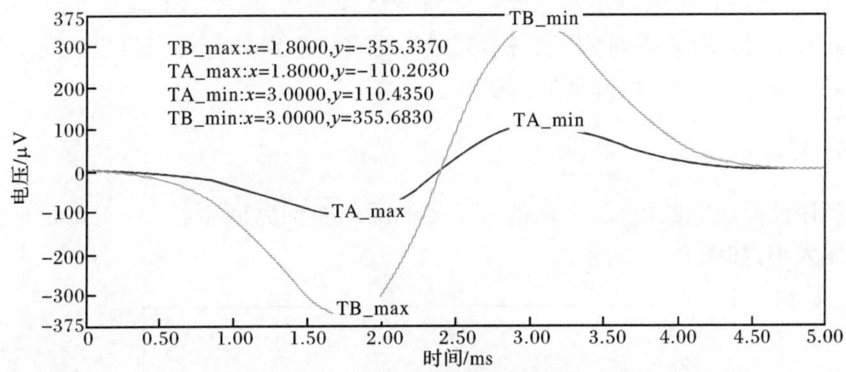

(d) 通电导线与电缆线垂直相交时感应电压

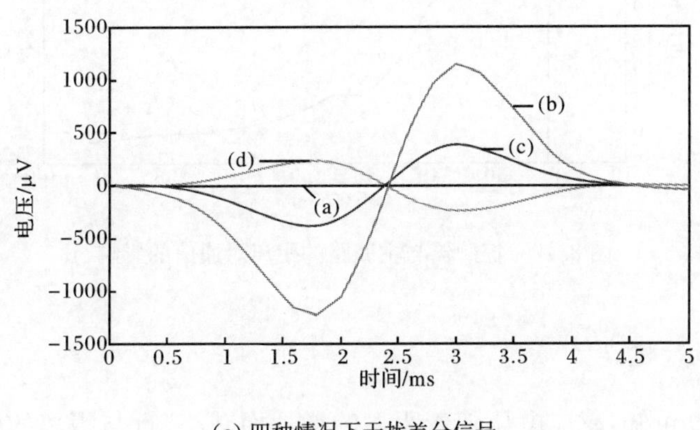

(e) 四种情况下干扰差分信号

图 8.18　仿真得到在相同激励下的感应电压

2. 产品设计运用建议

在产品设计应用中,由于通信电缆与通电导线呈平行布置时所产生的感应电压较大,严重影响通信质量,因尽量避免这种布线方式,而应更多地采用垂直的布置方式。受开关柜体积和产品外形限制,走线将不可避免地会形成通信线与通电线平行的情况,这时应延长相对位置呈垂直的情况,在远离开关主体的地方再采用平行的布线方式。

8.4.2　控制器与主回路的距离对通信的影响

低压电器的主回路都流过短路电流,而包含通信电路的控制器就在主电路的附近,只是不同的低压电器距离不一样。低压电器的设计趋向于小型化设计,以提高空间利用率、便于管理和节约成本。同时,产品外形大也会带来重量加重、不利于生产、销售和使用等不足。受产品自身体积的影响，控制器与主回路的距离在不断减小，以 KB0 系列 CPS 为例，其最短距离缩小到 10mm，而过短的间距势必会带来感应电压的增大，降低通信质量。

1. 对比分析

利用前面建立的模型，分别仿真了控制器与主回路间距在 5～93mm 时的感应电压大小，如图 8.19 所示。

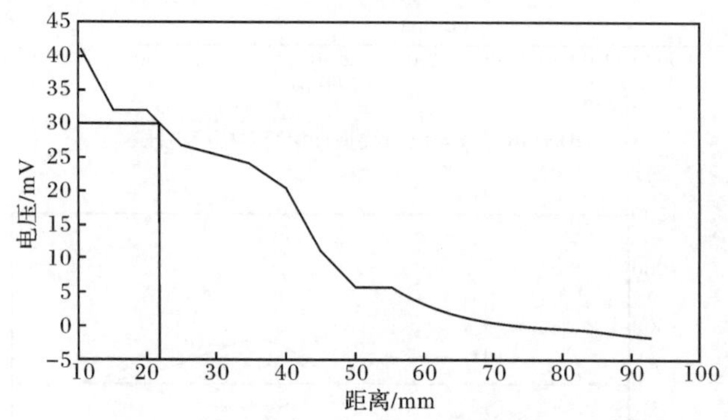

图 8.19　控制器与主回路的距离对通信的影响

2. 产品设计建议

由图 8.19 可知，感应电压随着距离的增加而减小，且与距离的倒数成正比，这与基于有限元的空间电磁场仿真方法的假定完全一致。控制器与主回路在小于 20mm 的范围内时，所产生的感应电压较大，当间距大于 50mm 时，产生的感应电压较小但是不利于产品的小型化设计。而在 20～50mm 间距范围内，存在一个感应电压较小的区域，因此综合通信质量和产品设计等多方面因素考虑，控制器与主回路的间距应控制在 20mm 左右。

8.4.3　分断电流对通信的影响

KB0 系列 CPS 的短路分断过程是触头分断和机械分断的配合过程，当短路电流刚产生时，由于系统作用力较小，此时，系统处于触动阶段，机构尚未动作；随着电流的持续增大，当系统作用力大于弹簧反力时，触头分开，产生电弧，由于受到电磁力及气动斥力的作用，电弧向灭弧栅片运动，电弧电压不断增大；当电弧电压大于电源电压时，短路电流开始变小，直至为零，电弧熄灭，如果电弧熄灭时，触头位移还没到达触头开距则触头发生抖动，反之，触头系统能可靠分断。

灭弧系统的开断过程分为短路脱扣器触动、铁心空载、铁心负载、电弧停滞、电弧运动和电弧熄灭六个阶段。

从理论上分析，感应磁场的强度取决于短路峰值电流的大小和短路电流的变化率。在短路电流产生阶段，提高电源电压峰值 U_m，将使短路电流的增长率变大，系统的作用力也将随之变大，从短路电流产生到触头分开所需的时间越短，反之，则会使触头分开前的机构动作时间越长；在电弧熄灭阶段，如果电源电压峰值 U_m 变大，则熄弧时间变长。同时，在不同的电压合闸相角下，短路分断的动态特性包括峰值电流、燃弧时间、分断时间等都有很大的区别。

因此，短路分断电流对通信的影响主要体现在产品的分断电压和电压合闸相角上。

1. 对比分析

预期分断电流 15kA、功率因为 0.3、电压合闸相角 105°保持不变，分断电压从 380V 改为 690V，短路电流波形如图 8.20 所示。

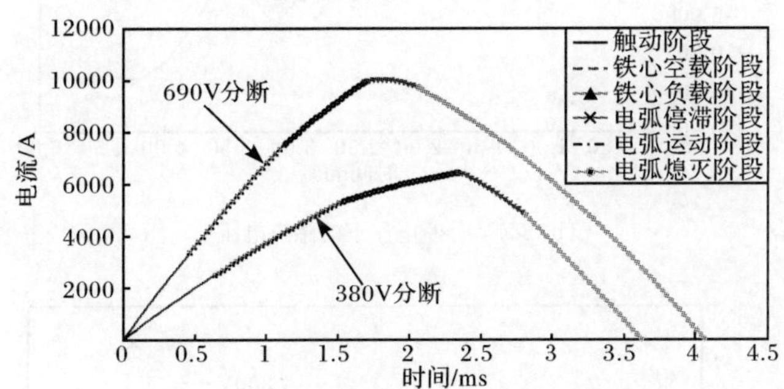

图 8.20　不同分断电压下的短路分断电流

对于短路分断电流采用高斯拟合逼近，得到激励源的表达式如下。

690V 分断时，五阶高斯拟合逼近：

$$i_1=a_1\mathrm{e}^{-\left(\frac{t-b_1}{c_1}\right)^2}+a_2\mathrm{e}^{-\left(\frac{t-b_2}{c_2}\right)^2}+a_3\mathrm{e}^{-\left(\frac{t-b_3}{c_3}\right)^2}+a_4\mathrm{e}^{-\left(\frac{t-b_4}{c_4}\right)^2}+a_5\mathrm{e}^{-\left(\frac{t-b_5}{c_5}\right)^2} \tag{8.1}$$

式中，$a_1=944.4$；$a_2=1.083\times10^6$；$a_3=4.928\times10^4$；$a_4=1959$；$a_5=-1.125\times10^6$；$b_1=0.00336$；$b_2=0.004619$；$b_3=0.004593$；$b_4=0.007753$；$b_5=0.004619$；$c_1=0.0004564$；$c_2=0.00173$；$c_3=0.00147$；$c_4=0.0008653$；$c_5=0.00171$。

380V 分断时，二阶高斯拟合逼近：

$$i_2=a_1\mathrm{e}^{-\left(\frac{t-b_1}{c_1}\right)^2}+a_2\mathrm{e}^{-\left(\frac{t-b_2}{c_2}\right)^2} \tag{8.2}$$

式中，$a_1=-2.955\times10^6$；$a_2=2.961\times10^6$；$b_1=0.002854$；$b_2=0.002855$；$c_1=0.001085$；$c_2=0.001086$。

将不同分断电压下产生的短路分断电流作为激励源代入电磁场仿真模型。仿真模型采用垂直布线、主回路与控制器间距设置为 10mm，得到感应电压结果如

图 8.21 所示。

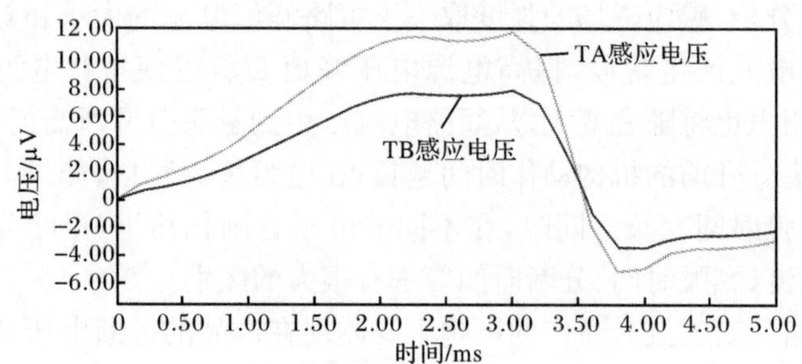

(a) 690V 分断电压下的感应电压

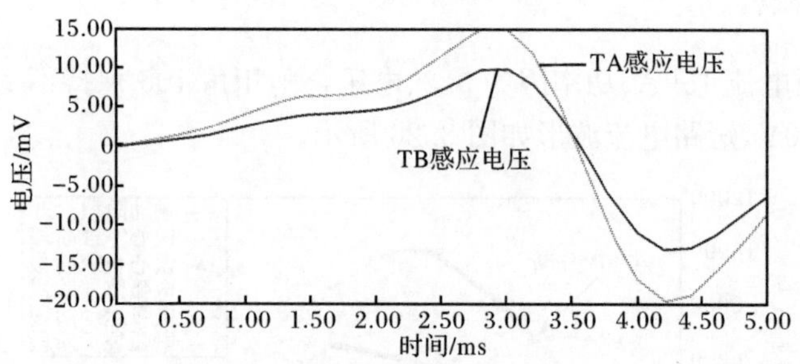

(b) 380V 分断电压下的感应电压

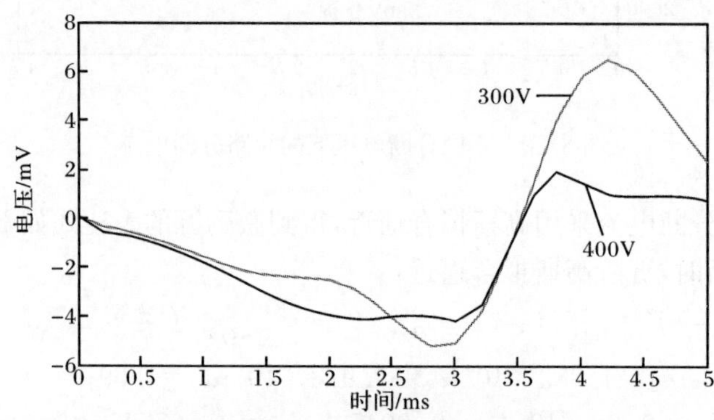

(c) 690V、380V 分断电压下的感应电压

图 8.21　仿真得到的感应电压结果

由图 8.21 可知，短路电流的变化率是影响感应电压的关键因素，在短路电流产生阶段，690V 分断的短路电流变化率大，因此产生的感应电压较大，而在后续的电弧熄灭阶段，690V 分断的熄弧时间长电流变化率较缓，因此后续的感应电压较小。

预期分断电流为15kA，功率因数为0.3，分断电压为380V，分析不同电压合闸相角下的短路分断过程，仿真结果如图8.22和图8.23所示。

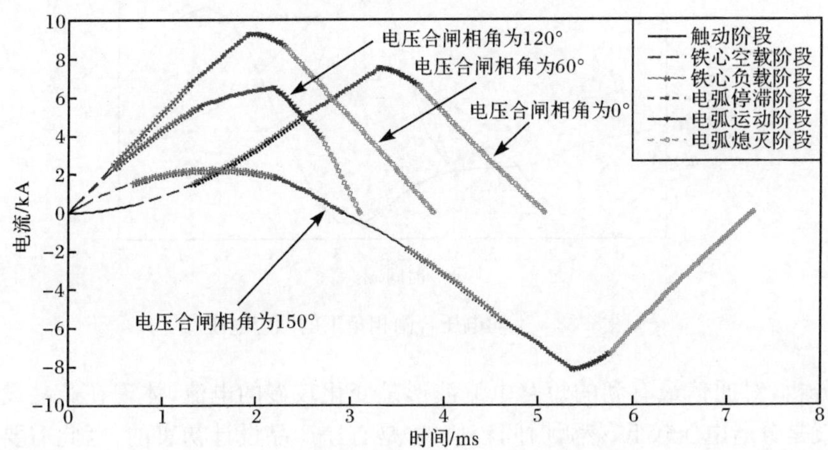

图8.22　不同电压合闸相角下的短路分断电流

对于短路分断电流采用高斯拟合逼近，得到激励源表达式如下。

0°合闸相角分断时同式(8.2)。

60°合闸相角分断：

$$i_3=a_1\mathrm{e}^{-\left(\frac{t-b_1}{c_1}\right)^2}+a_2\mathrm{e}^{-\left(\frac{t-b_2}{c_2}\right)^2} \tag{8.3}$$

式中，$a_1=1414$；$a_2=9120$；$b_1=0.0008378$；$b_2=0.002061$；$c_1=0.0005601$；$c_2=0.001153$。

120°合闸相角分断：

$$i_4=a_1\mathrm{e}^{-\left(\frac{t-b_1}{c_1}\right)^2}+a_2\mathrm{e}^{-\left(\frac{t-b_2}{c_2}\right)^2} \tag{8.4}$$

式中，$a_1=4149$；$a_2=5264$；$b_1=0.002333$，$b_2=0.001396$；$c_1=0.0005556$；$c_2=0.0009378$。

150°合闸相角分断：

$$i_5=a_1\mathrm{e}^{-\left(\frac{t-b_1}{c_1}\right)^2}+a_2\mathrm{e}^{-\left(\frac{t-b_2}{c_2}\right)^2} \tag{8.5}$$

式中，$a_1=-1.564\times10^6$；$a_2=1.567\times10^6$；$b_1=0.001465$；$b_2=0.001465$；$c_1=0.0007551$；$c_2=0.0007557$。

经过分析可以得知：合闸相角通过影响短路电流的变化率来影响感应电压。

由于短路电流的随机性，对于产品的通信可靠性设计时必须考虑电压合闸相角对短路分断性能的影响。

2. 产品设计建议

短路分断电流对通信的影响主要体现在产品的分断电压和电压合闸相角上。

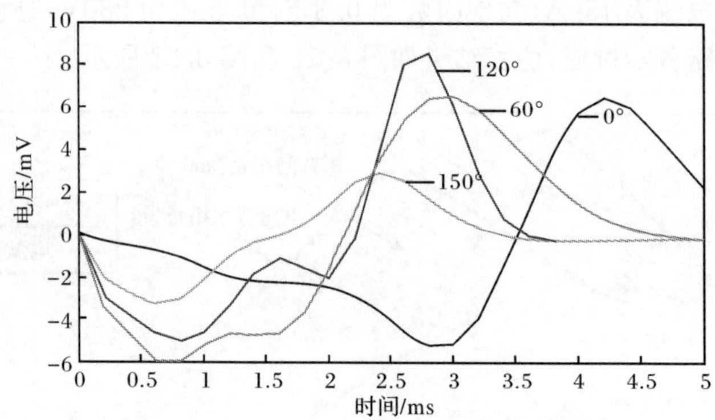

图 8.23　不同电压合闸相角下的感应电压

通过分析，对通信最有利的短路电流波形是变化较慢的电流，体现在产品设计参数上就是分断电压较低、燃弧时间较长，这是有违产品设计初衷的，因此需要综合考虑。

参考文献

[1] 黄永红,张新华. 低压电器. 北京:化学工业出版社,2007:1.

[2] 张泽军. 低压电器故障诊断与维修. 北京:化学工业出版社,2009:2.

[3] 陆俭国,仲明振,陈德桂,等. 中国电气工程大典(第 11 卷):配电工程. 北京:中国电力出版社,2009.

[4] 陈德桂,李兴文. 低压断路器的虚拟样机技术. 北京:机械工业出版社,2009.

[5] 王国强,张进平,马若相. 虚拟样机技术及其在 ADAMS 上的实践. 西安:西北工业大学出版社,2002.

[6] 傅云. 复杂产品数字样机多性能耦合分析与仿真的若干关键技术研究及其应用. 杭州:浙江大学博士学位论文,2008.

[7] 宁芊. 机电一体化产品虚拟样机协同建模与仿真技术研究. 成都:四川大学博士学位论文,2006.

[8] 周长城,胡仁喜,熊文波. ANSYS 11_0 基础与典型范例. 北京:电子工业出版社,2007.

[9] 孙明礼. ANSYS10. 0 电磁学有限元分析实例指导教程. 北京:机械工业出版社,2007.

[10] 蒋后仲. UG 软件在低压电器产品设计中的应用. 江苏电器,2005,(03):38,39.

[11] 同济大学计算数学教研室. 现代数值计算. 北京:人民邮电出版社,2009.

[12] 王永鑫. 低压断路器电磁脱扣特性的研究. 上海:同济大学硕士学位论文,2008.

[13] 孔令齐. 基于 ANSYS 的正交磁化可控电抗器电磁场数值计算研究. 北京:北方工业大学硕士学位论文,2013.

[14] 张冠生. 低压电器. 北京:中国工业出版社,1961.

[15] Ito S,Takto Y,Kawase Y,et al. Numerical analysis of electromagnetic force in low voltage AC circuit breaker using 3-D finite element method taking into account eddy currents. IEEE Transactions on Magnetics,1998,34:2597-2600.

[16] ANSYS Corporation. ANSYS 耦合场分析指南. 北京:ANSYS,2002.

[17] ANSYS Corporation. ANSYS 电磁场分析指南. 北京:ANSYS,2000.

[18] Meunier G,Abri A. Simulation of arc interruption in circuit breaker. The 5th Int. Symp. on Switching Arc Phenomena,Lodz,1985.

[19] Belbe E M,Lauraire M. Behaviour of switching arc in low-voltage limiter circuit breakers. IEEE Transactions on CHMT,1995,8(1).

[20] 成大先. 机械设计手册. 5 版. 北京:化学工业出版社,2008.

[21] 沃尔 A M. 机械弹簧. 北京:国防工业出版社,1981.

[22] 边凯,陈维江,王立天,等. 高速铁路牵引供电接触网雷电防护. 中国电机工程学报,2013,10:191-199.

[23] Montrose M I. EMC and the Printed Circuit Board: Design, Theory, and Layout Made Simple. New Yorks:John Wiley & Sons,2004.

[24] 中华人民共和国国家质量监督检验检疫总局,中国国家标准化管理委员会. 低压开关设备

和控制设备 第 6-2 部分：多功能电器（设备）控制与保护开关电器（设备）CPS）（GB 14048.9—2008）. 北京：中国标准出版社，2009.

[25] 陈德桂，曹庆荣，辜晓川，等. 双断点断路器的电弧数学模型及开断过程仿真. 低压电器，1997，04：8-13.

[26] Elsherbeni A Z，Demir V. The Finite-difference Time-domain Method for Electromagnetics with MATLAB Simulations. Raleigh：SciTech Publishing，2009.

[27] Courant R，Friedrichs K，Lewy H. On the partial difference equations of mathematical physics. IBM Journal of Research and Development，1967，11(2)：215-234.